小惑星探査機「はやぶさ」の超技術

プロジェクト立ち上げから帰還までの全記録

川口淳一郎　監修

「はやぶさ」プロジェクトチーム　編

ブルーバックス

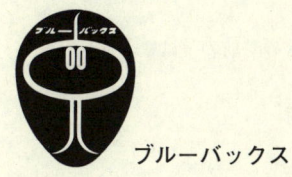

●カバー装幀／芦澤泰偉・児崎雅淑
●カバー写真／ KAGAYA
(ウーメラ砂漠上空。燃え尽きる直前の「はやぶさ」)
●本文似顔絵／むろふしかえ
●目次・本文図版／さくら工芸社

●構成／松浦晋也・大塚 実

まえがき

「はやぶさ」プロジェクトは、最初にストーリーや目的があって、それに向けてシステムが構築されたのかというと、実はそうではありません。もちろん、最終的にはきちんとした科学目的と、志向した技術開発要素が、統一されて1つのプロジェクトとなっていますが、「はやぶさ」は、いわば、いくつもの実証すべき各種の技術要素という薬を調合した、ブレンドとして企画されたのです。どの分野の技術者・研究者も、それぞれにトップクラスの挑戦をすること、それらを束にした計画を目指したわけです。言うまでもなく、それらは、科学目的を目指して実証飛行をするという形で仕上げられるわけで、ミッション自体が1つの作品なのです。技術実証だけを考えた場合、「はやぶさ」のミッションは、うまい方法とはいえません。技術実証だけを行うのであれば、1つの実証が不調でもそれに影響されずに他の実証ができるようにすればよいわけで、その意味で言うならば、小惑星に行かなくてもよいとさえ言えるかもしれません。しかし、我々は、1つの「航海」というシナリオの実証に何よりもこだわっていました。それができなければ、その先もできない。そういう気持ちで、「はやぶさ」ミッションを作り上げたわけです。

どこまでその目的が達成できたのか、本書を通して皆さんでご判断ください。

まえがき　3

第1部「はやぶさ」の飛行計画

第2部「はやぶさ」探査機の全貌

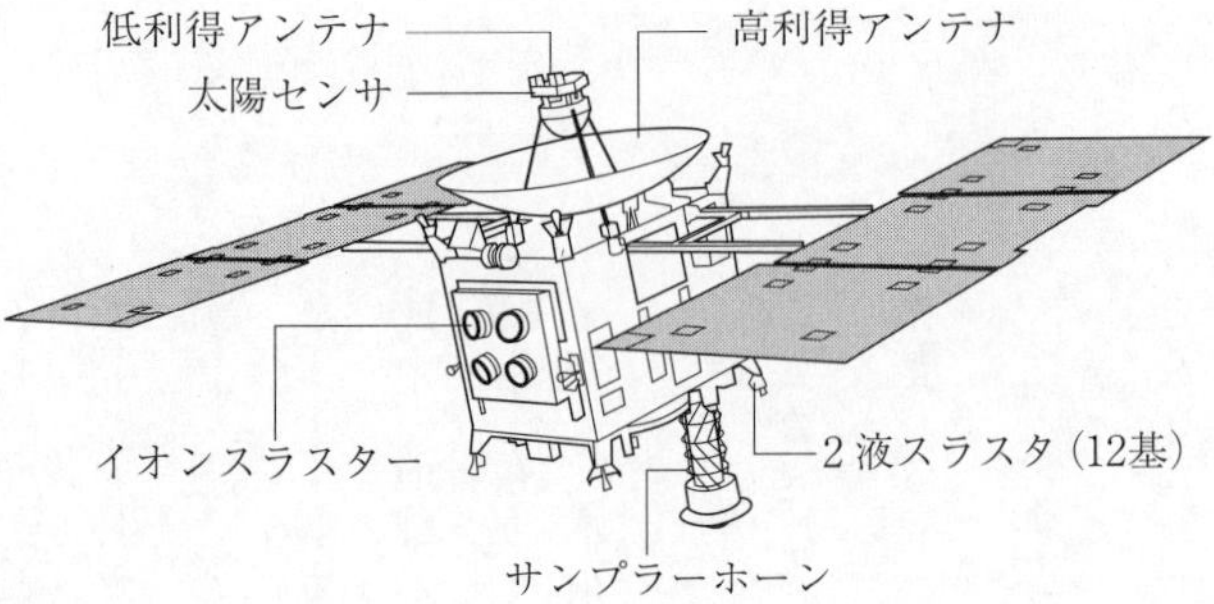

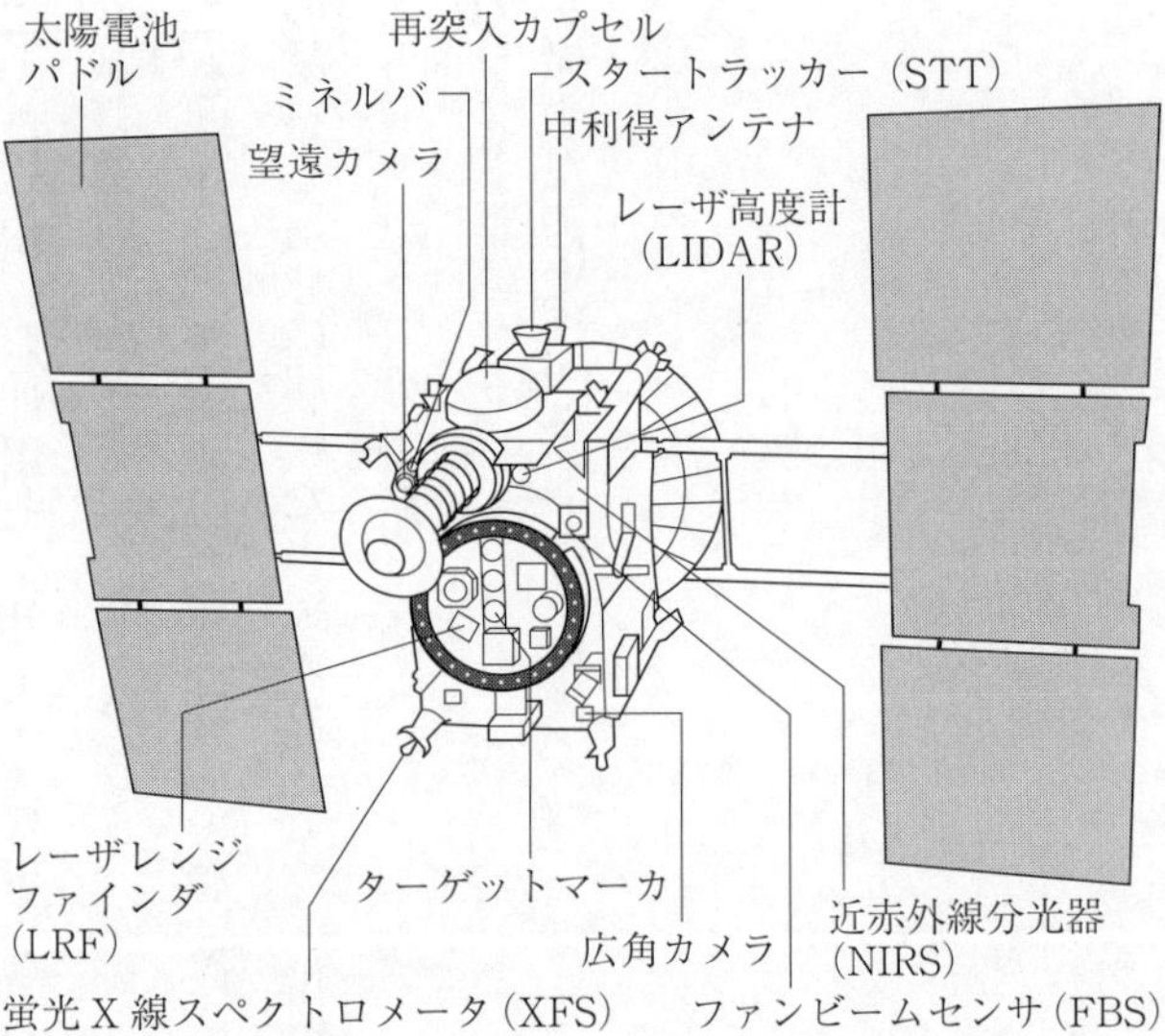

大きさ：6m×4.2m×3m（太陽電池パドル、サンプラーホーン展開時）
　　　　1m×1.6m×1.1m（衛星本体）
重量：510kg（打ち上げ時、燃料重量含む）

第1部　「はやぶさ」の飛行計画

なぜ「はやぶさ」だったのか

川口淳一郎

宇宙航空研究開発機構・宇宙科学研究所・宇宙航空システム研究系教授、月・惑星探査プログラムグループ　プログラムディレクタ。「はやぶさ」プロジェクトマネージャー。「はやぶさ」のプロジェクト立ち上げから運用に携わる。

「はやぶさ」は２００３年５月９日に鹿児島県の内之浦宇宙空間観測所から打ち上げられ、２０１０年６月13日にオーストラリアのウーメラ砂漠に帰還しました。７年と35日、２５９２日の宇宙の旅の間に、小惑星イトカワを探査し、世界初の地球・小惑星間の往復飛行を達成しました。

帰還以来、「はやぶさ」は様々な栄誉に恵まれました。打ち上げから帰還に至るまで、何度も絶体絶命に思われた状況を切り抜け、最後に結果を出すことができたのですから、本当に運の良い探査機でした。「素晴らしい」「感動した」というお褒めの言葉も多数頂きました。

しかし、「はやぶさ」の企画立案から開発、運用に携わった者としては、「素晴らしい」と言って下さる皆さんに、もう一歩踏み込んで、「はやぶさ」を理解してもらいたいと切に願います。「なぜ『はやぶさ』だったのか」「どうやって、『はやぶさ』という形にまとめ上げたのか」「目標達成のためにどんな工夫をし、どんな技術を開発したのか」、そしてなによりも「『はやぶさ』を実施したことで、日本という国にどんな展望が開けたのか、『はやぶさ』の先にどんな世界が開けるのか」といったことを、分かってもらえればと思うのです。「はやぶさ」の飛行は7年強でしたが、開発は１９９６年から始まっています。さらに遡って、「小惑星を探査できないか」という議論は１９８０年代初頭からしていました。飛行7年の背後には探査機の開発開始から15年、小惑星探査の検討開始から30年という時間が横たわっています。

それだけの時間をかけて、私たちが何をしたかったのか、目標を達成するために何をしたのか、どんな未来を目指して、「はやぶさ」に力を注ぎ続けたのか。

歴史を追って順番に、「なぜ小惑星であり、なぜＭＵＳＥＳ－Ｃであり、『はやぶさ』だったのか」というところから説明していきましょう。

小惑星に行く理由

小惑星は、地球を初めとした惑星と同じく太陽の周りを回っていますが、ずっと小さな天体です。太陽系には8つの惑星があります。太陽に近い内側から水星、金星、地球、火星、木星、土星、天王星、海王星です。かつては海王星の外の冥王星も惑星と分類されていましたが、後述する理由で、現在は惑星に分類されていません。

1801年1月1日、つまり19世紀最初の日に、イタリアの天文学者ジュゼッペ・ピアッツィ(1746―1826 図I-1)が、火星と木星の中間の軌道に最初の小惑星ケレスを発見しました。それ以降、多数の小惑星が見つかっています。最初、「小惑星とは、主に火星と木星の間で太陽を巡る小天体」ということになっていましたが、その後、地球より内側に入ってくる小惑星や、土星よりも遠くにも行く小惑星が見つかり出しました。なによりも1990年代に入ってから、冥王星より遠くに冥王星類似の小天体が次々に見つかるようになりました。その中には冥王星よりも大きい可能性のある星までありました。

そこで、世界中の天文学者の集まりである国際天文学連合(IAU)は2006年に、太陽系を巡る天体を分類する定義を変更しました。惑星(planet)は「太陽の周りを回り」「十分大きな質量を持つために自己重力が固体としての力よりも勝る結果、重力平衡形状(ほぼ球状）を持ち」「その軌道近くから他の天体を排除した」天体と定義されました。

さらに新たな準惑星という区分を創設し、「太陽の周りを回り」「十分大きな質量を持つために自己重力が固体としての力よりも勝る結果、重力平衡形状（ほぼ球状）を持ち」「その軌道近くから他の天体が排除されていない」「衛星でない」天体と定義しました。それよりも小さな天体はすべて「太陽系小天体（Small Solar System Bodies）と総称する」ということにしました。冥王星は準惑星ということになり、惑星の仲間から外れたのです。

この定義に従うと、従来小惑星と呼ばれていた天体は、大きなものは準惑星となり、その他大多数は太陽系小天体ということになります。考えてみれば当たり前で、火星と木星の間にある小惑星の中でももっとも大きいケレスは９５２キロメートルもありますが、私たちが「はやぶさ」で探査したイトカワは５３５×２９４×２０９メートルのいびつな形をしています。この２つを同じ「小惑星」と分類するほうが無理があります。

とはいえ、ここでは従来から使ってきた小惑星という言葉を使うことにしましょう。

図Ｉ－１　イタリアの天文学者ジュゼッペ・ピアッツィ

「多くは、火星と木星の軌道の間で太陽を回っているが、地球に近づくものや、土星より遠くに行くものもある、地球の月よりは随分と小さい天体」という理解で十分だと思います。

そんな小惑星に探査機を送り込んで探査したいという考えは、ずいぶんと昔からありました。私たちの宇宙科学研究所では、1971年に大先輩の大林辰蔵先生が、太陽系探査の目的には「生命の起源」「宇宙の構成」「太陽系の起源」という3つのテーマがあるとして、その解明には小惑星や彗星のサンプルを持ち帰ることが重要になると指摘しています。

なぜ、小惑星や彗星を調べたいのかといえば、そこには太陽系ができたごく初期の状態がそのまま残っていると考え得るからです。太陽系は宇宙を漂うガスやチリが集まって形成されたと推定されています。惑星のように大きな天体では形成初期にいったん構成物質が高温で融けて変成していることが分かっています。つまり、太陽系が出来た当初の状態は少なくても表面近くには残っていません。一方、小惑星や彗星では、表面であっても惑星のような変成作用を受けないままの物質がそのまま残っている可能性があります。つまり太陽系が出来た当初、場合によっては太陽系が出来る前に宇宙を漂っていた物質を見つけることができるかも知れないのです。

大林先生の指摘は慧眼と形容できる素晴らしいものでしたが、1971年当時の私たちに、彗星や小惑星のサンプルを持ち帰ることができる能力はありませんでした。宇宙科学研究所のルーツは1955年に、東京大学・生産技術研究所の糸川英夫先生（1912―1999）が発射実験を行ったペンシルロケットにあります（図I-2）。たった全長23センチメートルの小さなロケットでしたが、その後継機種は大きく発展し、予算規模も大きくなって、1964年には東大・宇宙航空研究所が設立されます。そして、1970年2月11日、日本初の人工衛星「おおすみ」の打ち上げに成功しました。旧ソ連、アメリカ、フランスに次いで日本は世界で4番目に人工衛星を打ち上げた国になりました。

しかし、その「おおすみ」の重量は、たったの24キログラムしかありませんでした。大林先生が彗星・小惑星探査が必要だと指摘した1971年の時点では、地球を回る軌道に小さな衛星を打ち上げるのが私たちの精一杯だったのです。

図I-2　糸川英夫先生とペンシルロケット
©JAXA

国際的に見ても、小惑星や彗星の探査は、月探査や金星・火星の探査に比べてずっと遅れました。人間の認識は、先入観に大きく左右されます。地球から見て、一番大きく見える月や、夜空に明るく輝く金星や火星に向けて、探査機はどんどん打ち上げられました。アメリカとソ連は有人月着陸レースを繰り広げ、1969年7月20日には、「アポロ11号」の月面着陸がありました。しかし、小さくて目立たない小惑星や、しばし夜空に尾を引いては消えていってしまう彗星の探査は、ずっと後回しにされました。

私は、1978年4月に大学院生として東大・宇宙航空研究所にやって来ました。当時、研究所は東大の駒場キャンパスにあって、なんとかしてロケットの打ち上げ能力を向上させようと研究開発を続けていました。

実のところ私の第一印象は「なんて時代遅れの場所に来ちゃったんだろう」というものでした。アメリカは9年も前の1969年に、人間を月に送り込んでいます。1978年時点では、次世代の宇宙輸送システムとしてスペースシャトルを開発していました。実際、それは1981年に就航することになります。しかもスペースシャトルが運航を開始したら、効率の悪い使い捨てのロケットはすべて引退させると公言されていました。そんな状況の中で、研究所は小さなロケットを一生懸命大きくしようとしていたのです。それが当時の私には、時代遅れの努力に思えました。研究棟の入り口には、ロケットの模型をくくりつけた郵便箱がありました。私にはその郵便箱が浮世離れした研究をしている研究所の象徴に見えました。

私は、もちろんアポロ計画に大きな影響を受けましたが、1960年代から70年代にかけて、アメリカが果敢に実施した無人惑星探査に感動して、宇宙工学の道を選びました。木星・土星に飛ばした「パイオニア10号」と「11号」、そしてなによりも火星に軟着陸して鮮明な映像を送ってきた「バイキング1号」「2号」は本当に素晴らしかったと今も思っています。人が作った機械が、はるか彼方の惑星できちんと動作し、知らない風景の画像を送ってくる――こんなにもすごいことが人間にはできるのです。私は、自分でもそんな探査機を作って飛ばしたいと思いました。でも、研究所の課題は、当時の自分には時代遅れに思えたロケットの大型化でした。

そのままだったら、私は研究者の道を選ぶことはなかったでしょう。ところが、１９７９年に状況が大きく変わりました。ハレー彗星の探査プロジェクトが、宇宙科学研究所（１９８１年に改組された）で持ち上がったのです。

大きなステップだったハレー彗星探査

ハレー彗星探査をやろうと提案したのは、私の所属した研究室のボス、秋葉鐐二郎《りょうじろう》先生を中心としたグループでした。秋葉先生は糸川英夫先生から直接教えを受けたロケット工学の専門家で、彗星を調べる天文学者ではありません。工学者です。この工学者のグループは、技術で宇宙空間での活動範囲を拡大して、未知探究に貢献して行こうということを目指していました。非常に卑近に言えば、大型のロケットを作る理由を探していてハレー彗星に行き当たったということでもあるでしょう。ハレー彗星は76年周期で太陽を回っています。探査のチャンスも76年に1回の待ったなしです。きっと「これは工学技術を伸ばすきっかけになる」。ないしは、「ロケット大型化の予算が取れる」という計算もあったかと思います。

ただし秋葉先生のアイデアに対して、平尾邦雄先生など天体や物理現象を調べる研究者の側から「よし、やろう」という声が上がったということが大事です。最近よく「目的のための手段だ」あるいは「目的あっての手段だ」という言葉を聞きます。まず、「なにかをしたい」という目的があって、そこから手段を考えるべきという考え方です。なにかをするために道具を用意するのであって、道具が欲しいから目的を作り出すのではない、というわけですね。これは、日常生活レベルでは決して間違ってはいません。ネジを締める用事もないのに、ドライバーを買ってくるのはバカバカしい話です。

この考え方からすると、大きなロケットを作りたいから、ハレー彗星を探査するというのは本末転倒です。しかし、大きなロケットがなければハレー彗星の探査はできなかったということもまた事実なのです。

太陽系探査のような最先端分野では、目的のために新しい道具を開発しなくてはなりません。このような分野における目的と手段は、目的に手段が従属するものではありません。秋葉先生の提案に平尾先生が賛同したように、相互に影響を与え合って、より高い目標へと進んでいくべきものなのです。太陽系探査の分野において、目的と手段は理学と工学といいかえることができるでしょう。太陽系を調べるという目的を持つのが理学で、そのために必要な探査技術を開発するのが工学です。しかし、それは理学に工学が従属するということではありません。対等に影響を与え合い協力し合って、より困難で、より価値ある探査に向けて進んでいくべき関係なのです。

ハレー彗星探査は日本にとって初めての太陽系探査プロジェクトでした。予算が付いて計画が動き出したのが1980年です。ハレー彗星は刻一刻と近づいてきています。地球とハレー彗星の位置関係から、打ち上げのチャンスは1985年1月と8月の2回だけ、そのタイミングになんとしても探査機を打ち上げねばなりません。準備しなければならないのは、探査技術を試験する試験機に本番のハレー彗星探査機という2機の探査機、新型のロケット、そして太陽系間空間との超遠距離通信を可能にする通信施設です。4つもの新規開発アイテムが並行し

図Ｉ－３　Ｍ－3SIIロケット
©JAXA

て走るという、かつてない忙しい計画となりました。1981年4月に、東大・宇宙航空研究所は、文部省・宇宙科学研究所に改組されました。ハレー彗星探査は、新生宇宙研にとって最初の大仕事となったわけです。

私も大学院生から、博士論文を書いて宇宙研に助手として就職する時期を、新しいM《ミュー》-3SIIロケット開発に参加しました（図I-3）。今、私は「はやぶさ」のプロジェクトマネージャーとして知られるようになりましたけれど、自分では人生の半分をロケットに費やしてきたと思っています。

図I-4　技術試験機「さきがけ」
©JAXA

1985年1月8日、技術試験機「さきがけ」（図I-4）が、同年8月19日に本番のハレー彗星探査機「すいせい」が打ち上げられました。「さきがけ」は1986年3月11日にハレー彗星に699万キロメートルまで接近、「すいせい」は1986年3月8日にハレー彗星に15万キロメートルまで近づいて磁場やプラズマの観測を実施しました。

「さきがけ」と「すいせい」は、日本初の太陽系探査の試みでした。当時は皆一生懸命頑張って、それなりの成果を出しましたが、はるかに先行しているソ連やアメリカの探査に比べるとまだまだ足元にも及ばないレベルでした。

探査はまず、フライバイという手法で始めます。観測目的の天体の近くを通過して観測するというものです。通過するのではなく、天体にぶつけてしまって衝突する直前までの観測データを得るという方法もあります。このやりかただと、探査機と目的の星の位置を合わせてやるだけで済むので、地球から目的地までの軌道計画は簡単になりますし、探査機に積む軌道変更用エンジンもごく小さなもので用が足ります。米ソの初期の月探査、火星探査などはこの手法でした。しかし、横を通り過ぎるだけですから、観測にかけられる時間は非常に短くなります。「さきがけ」と「すいせい」のハレー彗星探査は、このフライバイによるものでした。

次に行うのが、目的の天体に探査機がランデブー（接近・遭遇）して、長期間にわたって観測を実施するという手法です。火星や金星などの重力をもつ天体については、その周囲を回る軌道に入って、時間をかけてじっくりと観測を行うことになります。ランデブーは、フライバイに比べると技術的難度は上がります。相手の星の近くを正確に通過して、ぴったりのタイミングでロケットエンジンの噴射を行って、地球からその星の周りを巡る軌道に乗り移らなければなりません。１９８５年の時点で、アメリカもソ連も金星と火星の周回軌道に、探査機を送り込んでいました。

上から見ているだけでは分からない、どんな地質かといった調査を行いたければ、目的の天体に着陸する必要があります。着陸となると、ランデブーとは違った技術が必要になります。安全に目標の星に降りていくためには、相手の星がどんな環境かを予め調べておいて、環境に合わせた着陸機を開発する必要があります。例えば金星ならば、分厚い二酸化炭素が主成分の大気に覆われて地表は90気圧、400度Cの高温高圧です。この環境で壊れない着陸機を作らねばなりません。あるいは火星だと希薄な大気がありますが、月は大気がありません。これだけ環境が異なると、安全に着陸するための技術もそれぞれの星で違ってくることになります。着陸機が車輪などで移動できれば、探査の自由度は各段に拡がります。1985年当時、すでにアメリカは火星に「バイキング1号」と「2号」を着陸させていました。一方、ソ連は金星表面に「ベネラ」探査機を送り込むことに成功していました。

着陸機に積める調査のための機器は限られています。また、搭載できる観測器は、探査機が開発された時点で確立されたものでなくてはなりません。つまり枯れた古い技術に基づかなくてはならないわけです。できれば、地球上の大がかりで分解能が高く、最新鋭の施設で存分に岩石や土を分析したいところです。そのためには目的の星を構成する物質を地球に持ち帰る必要があります。これがサンプルリターンです。サンプルリターンは、ランデブーや着陸に比べて、一層難しい事業です。目的の星に探査機を送り込むだけでも大仕事なのに、単純に考えれば帰り道には行きと同じぐらいの装備が必要になります。しかも、旅の終わりには、地球という大気を持つ星への安全かつ確実な着陸を行わねばなりません。後に「はやぶさ」が行った探査は、このサンプルリターンでした。

私たちが「さきがけ」と「すいせい」を打ち上げた１９８５年の時点で、アメリカとソ連がそれぞれ月からのサンプルリターンに成功していました。アメリカは言わずとしれたアポロ計画です。１９６９年７月の「アポロ11号」から、１９７２年12月の「アポロ17号」までに６回の有人着陸に成功し、全部で３９０キログラムほどの月の岩石標本を持ち帰りました。ソ連は、１９７０年９月に打ち上げた「ルナ16号」、１９７２年２月の「ルナ20号」、１９７６年８月「ルナ24号」で、無人探査機による月の土壌サンプル持ち帰りに成功しています。入手できたサンプルは合計３００グラムと少ないのですが、今に比べればコンピューターが未発達だった１９７０年代の技術で無人機によるサンプルリターンに成功していたことは特筆に値する業績だと思います。

まとめると、太陽系探査はフライバイ（突入）、ランデブー、着陸、サンプルリターンという手法があって、この順番に難しくなります。そして、「さきがけ」と「すいせい」で私たちが行ったのは、ハレー彗星へのフライバイという一番簡単な探査でした。

１９８０年代半ばの私たちにはフライバイが精一杯でした。一方米ソは、とっくにサンプルリターンまで成功させていたのです。

フライバイによる彗星サンプルリターン

実は「さきがけ」と「すいせい」の計画が動き出すのと前後して、日本にはサンプルリターンをなるべく簡単に行うことはできないかという考え方が入っていました。

新しい考えを日本に持ち込んだのは、私の先輩の上杉邦憲先生です。上杉先生は1981年の1年間、アメリカの太陽系探査の中心地であるジェット推進研究所(JPL)に滞在しました。当時、JPLではもっとも簡便なサンプルリターンとして、彗星から吹き出す微粒子を採取して地球に持って帰るための基礎的な検討を行っていました。

彗星は太陽に近づくと温められ、水蒸気を吹き出して長い尾を引きます。この時、水蒸気と一緒に彗星を構成する物質も、微粒子の形で吹き出して周囲の宇宙空間にばらまかれます。そこに探査機を送り込んで、彗星の横を通り過ぎる時に吹き出した微粒子をキャッチし、地球に帰還することはできないだろうか、とJPLの研究者は考えたのです。

この方法は、先ほどの太陽系探査の分類では、一番簡単なフライバイに相当します。うまく実現できれば、フライバイでありながら、一番難しいサンプルリターンに相当する成果を挙げることができるわけです。

上杉先生は、「これは面白い」と思ったそうです。上杉先生は秋葉先生や私と同じく工学者ですから、面白いというのは、「工学的に意義がある。実現に向けて努力する価値がある」ということです。

少し考えれば分かることですが、この方式の実現はそんなに簡単ではありません。なによりも微粒子をどうやって捕まえるかが問題です。直径0・1ミリメートルもないような粒ですが、通り過ぎる探査機に対する相対的な速度が、秒速数キロメートルと非常に大きいのです。

金属の板のようなものでがっちり受け止めると、一瞬にして運動エネルギーが熱エネルギーに変わって蒸発してしまいます。蒸発しないまでも、過剰な熱が加わると物質が変成してしまい、結晶の構造や微粒子内部の元素の分布状態といった情報が失われてしまいます。先に、小惑星や彗星のサンプルを持ち帰る意義は、太陽系創成時の状態のままの物質を手に入れられることにあると書きました。熱で微粒子が変成してしまったら、太陽系創成時そのままではなくなってしまい、探査機を飛ばしてまで地球に持ち帰る意義がなくなってしまいます。やんわりと、時間をかけて運動エネルギーを吸収しながら、微粒子を受け止める必要があるのです。逆に、やんわりと受け止める仕組みを工学的に開発することができれば、フライバイの簡便さでサンプルリターンを実現することができます。

上杉先生が滞在していた当時のJPLでは、どんな材質で微粒子を受け止めるべきか、発泡スチロールをはじめとした発泡樹脂の素材に高速の微粒子をぶつける基礎的な実験を行っていました。

ＪＰＬから帰ってきた上杉先生が、「アメリカではこんなことをやっている」と宇宙研の所内で話したことで、サンプルリターンという難しい探査を自分たちの現実的な目標として考えるきっかけになったということは言えるのではないかと思います。

その後、上杉先生はＪＰＬと協力して、この方式によるサンプルリターンを日米共同計画として実施することはできないかと模索しはじめることになります。私もその検討に参加するのですが、そこで実感したアメリカとの大きな格差が、後に「はやぶさ」となる構想を考えるきっかけとなったのでした。

最初の研究会

１９８５年1月、「さきがけ」の打ち上げが終わると、5年間フル回転をしてきた研究所にも、少しずつ先のことを考えようという余裕が出てきました。そんな雰囲気の中、１９８５年6月29日に、宇宙研で「小惑星サンプルリターン小研究会」という勉強会が開催されました（図Ｉ-5）。主宰したのは、惑星大気やプラズマの研究者であり、後に宇宙研の所長も務めた鶴田浩一郎先生です。宇宙研では、研究所内外を問わず、研究者が短いまとめを持ち寄って検討結果を発表して議論し合う、大小様々なシンポジウムが頻繁に開催されています。小惑星サンプルリターン小研究会も、そんなシンポジウムの1つでした。理学・工学、双方の研究者が集まって、小惑星からのサンプルリターンを実施する意義や、実施にあたっての課題を議論し合ったのです。

しかし、このシンポジウムで具体的なサンプルリターン計画が議論されたわけではありません。「さきがけ」を打ち上げたM－3SIIロケットの開発時点から、私たちは「このロケットを使えばどこに行けるだろうか」という試算と検討を行っていました。目的地は、地球から小さなエネルギーで行けるところが望ましいです。M－3SIIは、それまでの宇宙研のロケットに比べれば約2倍に大きく能力アップしたロケットでしたが、それでも太陽系探査に乗り出すには非力でした。

図1－5　「小惑星サンプルリターン小研究会」資料
（宇宙研資料より）

当時、90年代以降に主力となる、次の世代のロケットが構想されていました。今のM－Vロケットです。M－3SIIに比べて、さらに3倍の能力をもつ打ち上げ機ですが、同時に地球低高度周回軌道に、M－3SIIの4倍の能力のあるロケットも検討されていました。もちろん、4

倍であっても世界第一線からすると非力です。非力なロケットで、フライバイではなく、ランデブーで現実的な大きさの探査機を送り込める場所は限られています。その有力候補の1つが、地球に近い軌道を巡っている小惑星だったのです。

小惑星サンプルリターン小研究会は、そういう下地があったなかで「サンプルリターンが実施できれば、その意義はとても大きい。だからせっかくシンポジウムを開催するなら、将来実施できるかもしれない、このサンプルリターンも視野に入れて自由に議論しよう」という意識から開催されたのでした。

シンポジウムは「それいいな。是非やろうよ」という盛り上がりがあれば、第2回、第3回と続くものなのですが、小惑星サンプルリターン小研究会はこれ1回きりで終わってしまいます。小惑星サンプルリターンに取りかかる前に、宇宙研にはやれること、やらねばならないことが一杯あったということなのでしょう。しかし、この研究会を開催したことで、皆の意識に「小惑星サンプルリターンという目標がありうるぞ」ということが刷り込まれたのだと思います。それは、酒の醸造でいうところの「仕込み」のようなものでした。

小惑星アンテロスへのサンプルリターンの検討

「はやぶさ」計画に注目するならば、1980年代後半は小惑星サンプルリターンを現実の計画として考えるための条件が整っていった、静かな準備期間でした。私も含めて宇宙研の若手が集まって、「一体自分たちは、どんな探査をやるべきなのか」をずいぶんと議論しました。当時自分たちは30代そこそこの年齢です。１９９０年代には40代になって、諸先輩方と同様に宇宙研の衛星計画の責任者を務めることになるわけで、そのために自分たちが何をやりたいのかをはっきりさせておくことは、大切なことでした。

その時の検討を私は１９８６年に「90年代中期以後に予想される科学ミッションと衛星規模推定」という報告書にまとめました。「１９９０年代には、こんなことをする必要があるけれど、そのための探査機の大きさはこれぐらいになるよ」ということを推定した内容です。ここで初めて、地球近傍にやってくる小惑星へのサンプルリターンについて定量的な検討を行いました。地球との往復に必要なエネルギーが小さく、なおかつ１９９０年代半ば以降に打ち上げのチャンスがある小惑星を探し、アンテロスという小惑星を検討の対象に選びました。

アンテロスは、太陽に一番近い近日点が地球軌道とほぼ同じところにあり、一番遠い遠日点では火星軌道の向こう側まで行く、アモール群と呼ばれる一群の小惑星の１つです。アンテロスからの帰還に、Ｍロケットと同じ固体ロケットを使うと仮定して探査機の重量を大雑把に見積もってみると、地球出発時の探査機重量は３トンになりました。これはＭ－３SIIロケットの能力の４倍近い数字です。これでは、Ｍ－３SIIロケットではとても打ち上げられません。

しかし、このとき私たちは2つの理由から「これはひょっとしていけるかも」という感触を得ました。1つは、計算が大雑把なもので、詰めて検討すればもっと探査機を軽くできそうだったからです。もう1つは外的な要因で、この時すでにM-3SIIロケットの次の世代の大型ロケットの検討を始めていたからです。次の大型ロケット、後にM-Vロケットという形で現実のものとなりますが、このロケットは2トンクラスの打ち上げ能力を目指していました。前述の私の検討レポートでは、90年代には3トンの能力が必要になると説いていましたが、頑張れば次世代のロケットで小惑星サンプルリターン探査機を打ち上げることが、もしかしてできるかもしれないと思えたのです。

ロケットの打ち上げ能力は、探査機を投入する目標の軌道の種類や打ち上げる場所、打ち上げの時にロケットがたどる軌道や各段に搭載する推進剤の量などで生き物のように変化します。宇宙研では、伝統的に北緯31度に位置する、鹿児島県・内之浦宇宙空間観測所から真東に打ち上げて、軌道が赤道に対して31度傾いていて高度が250キロメートルの円軌道に打ち上げた場合を、打ち上げ能力を比較する指標にしていました。小惑星アンテロスへサンプルリターンをかける探査機が3トンというのも、新ロケットの打ち上げ能力が2トンというのも、この指標に換算した場合の数字です。ちなみにこの指標で表したM-3SIIロケットの打ち上げ能力は770キログラムで、「さきがけ」、「すいせい」の質量は140キログラムでした。

MUSES-A「ひてん」

1987年になると、上杉先生が米JPLの研究者と語らって、彗星サンプルリターンの共同研究グループを立ち上げ、本格的な検討を開始しました。彗星の横を通り過ぎる時に、吹き出した微粒子をつかまえて地球に持ち帰る計画です。課題だった微粒子の捕獲に、エアロゲルという物質が使えそうだというメドが得られたので、日米で計画実現に向けて動くことになったのです。上杉先生はこの計画に「サッカー（SOCCER）」という名前をつけて熱心に推進していきました。共同研究グループでは、小惑星探査も議題に上がりました。火星や金星、さらには木星や土星の探査に比べると地味な印象の小惑星探査は、アメリカにおいても予算獲得に苦戦していたのです。

1990年代に宇宙研が何をすべきかという議論も、新ロケットの検討作業と共に現実味を帯びてきます。打ち上げ能力が大きくなる新ロケットでは、それまでの地球回りの科学衛星打ち上げだけではなく、必然的に本格的な太陽系探査へと歩を進めるという方向性が出てきます。月、金星、火星、小惑星、彗星といった固体の岩石や金属でできた星を調べていこうということで、1988年には月研究の第一人者である水谷仁先生が、名古屋大学から宇宙研に着任しました。水谷先生は、固体惑星の専門家として理学面から小惑星探査計画に関わっていくことになります。1989年の夏からの1990年度予算折衝では、次世代ロケットM-Vの開発にゴーサインが出ました。M-Vは1990年から、1995年度打ち上げを目指して開発が始まりました。

1990年には、後の「はやぶさ」に繋がる重要な衛星打ち上げがありました。工学試験衛星「ひてん」です（図I-6）。

図I-6　工学試験衛星「ひてん」

©JAXA

1971年の「おおすみ」打ち上げ以降、宇宙研は年に1回衛星の打ち上げを実施し、5年間に4回から5回の打ち上げを行って、次の新型ロケットに移るという開発サイクルを繰り返してきました。新型ロケットの1号機打ち上げは、どうしても失敗が心配です。そこで、ロケット開発の中心となる工学系が責任をとる、というわけではないのですが、1号機には伝統的に工学系の開発した工学試験衛星を搭載してきました。

工学試験衛星は、姿勢制御システムやスラスターという衛星用小型エンジンなどの新しい衛星技術の開発と、新ロケットの性能検証という2つの役割をもっていました。開発コードネームは「MS-T」で、Mu Satellite-Testの略です。Mロケットで打ち上げる試験衛星という意味です。最初の工学試験衛星「たんせい（MS-T1）」（1971年打ち上げ）以来、「2号」

「3号」と打ち上げを重ねてきたのですが、5号機のMS－T5で役割が変わりました。衛星技術の開発ではなく、より大がかりな太陽系間空間に飛び出すための技術試験機、となったのです。

そう、M－3SIIロケット1号機で打ち上げた「さきがけ」こそが、5代目の工学試験衛星MS－T5だったのです。

その後、将来の科学衛星に必要な技術を開発するという目的で工学試験衛星は新たにMUSESというシリーズに衣替えしました。MUSESはMu Space Engineering Satelliteの略、「Mロケットで打ち上げる工学試験衛星」という意味ですが、文芸と学問の女神たちミューズ（Muses）にもかけています。そのMUSESシリーズの1号機がMUSES－Aこと「ひてん」でした。

「ひてん」は、日米協力で1992年に打ち上げることになっていた磁気圏観測衛星「ジオテイル」のための技術を試験する衛星でした。地球の磁場には「しっぽ」があります。太陽から吹き付ける電子や陽子、ヘリウム原子核などの荷電粒子が磁場を押し流して、太陽と反対方向に100万キロメートル以上も引き伸ばしているのです。そこでは荷電粒子と地球磁場が複雑な相互作用を起こしています。「ジオテイル」は、その「地球の磁場のしっぽ」を調べる衛星でした。

長く伸びた地球磁気圏の、地球に近いところ、中ぐらいのところ、ぐっと遠いところでは、それぞれ起きている物理現象が違います。なるべくしっぽの中に留まって、色々な場所を通過して観測を行いたいところです。最初は日米で違う場所を通過する軌道にそれぞれ衛星を打ち上げようとしたのですが、ご多分に漏れず予算の問題があって、衛星は1機だけとなりました。日本が衛星を作って運用も行い、打ち上げはアメリカのデルタロケットで行うという分担です。結果、「ジオテイル」には軌道をどんどん変えていく機能が必要になりました。地球磁気圏の尻尾は、太陽と反対側に延びているのですが、人工衛星の楕円軌道は、地球の公転に無関係に固定されてしまうので、尻尾の方向に留まりません。だから、尻尾の方向に楕円方向の軸を留めておくということは、実はどんどん軌道を変えて、言い換えれば、楕円の軸を回転させていく必要があるのです。

しかし衛星にロケットエンジンを積み、その噴射で軌道を変えていくとなると、大量の推進剤を衛星に積まなくてはなりません。衛星が重くなると大きなロケットが必要になります。衛星開発から打ち上げ、そして運用にかかるお金は増えていって、ついには支払いきれなくなるということにもなりかねません。

そこで「ジオテイル」では、月の重力を使ったスイングバイを繰り返す技術で、軌道を変え、磁気圏の様々な場所を通過する軌道計画を立てました。しかし、宇宙研はそれまでスイングバイを実際に行ったことがありませんでした。そこで、スイングバイを実際に繰り返して行う試験衛星として、「ひてん」が計画されたのです。「ひてん」計画のトップには大先輩の林友直先生が立ちましたが、実際面では上杉邦憲先生が大活躍しました。私も衛星設計や打ち上げや月スイングバイの軌道計画作成など、かなり計画の中心に近いところで参加しました。

ロケットを使わない軌道変更の技、スイングバイ

スイングバイは、大きな星の重力を利用して衛星や探査機の速度を変える技術です。月や惑星に、遠くから探査機が近づいていくところを想像してみてください。重力に引かれてだんだん探査機の速度は速くなります。探査機が星に一番近づいたところで速度は最大になり、離れるに従ってまた速度は落ちます。星の上に立っている人から見ると、近づく前の探査機の速度と遠ざかっていった後の速度は同じに見えます。星の周りをぐるりと回り込むので、方向は変わるのが普通ではありますが、「星の上に立っている人からは」というところがミソです。

しかし実際には星も動いています。惑星なら太陽の周りを回っていますし、月なら地球の周りを回っています。星の動く速度がベクトル的に加算されるので、遠くから観察してみると探査機の速度は増えたり減ったりします。これがスイングバイです（図Ｉ－７）。

ベクトルを知っている人は、日常的に速度といっているものが実際には大きさと方向を持つ

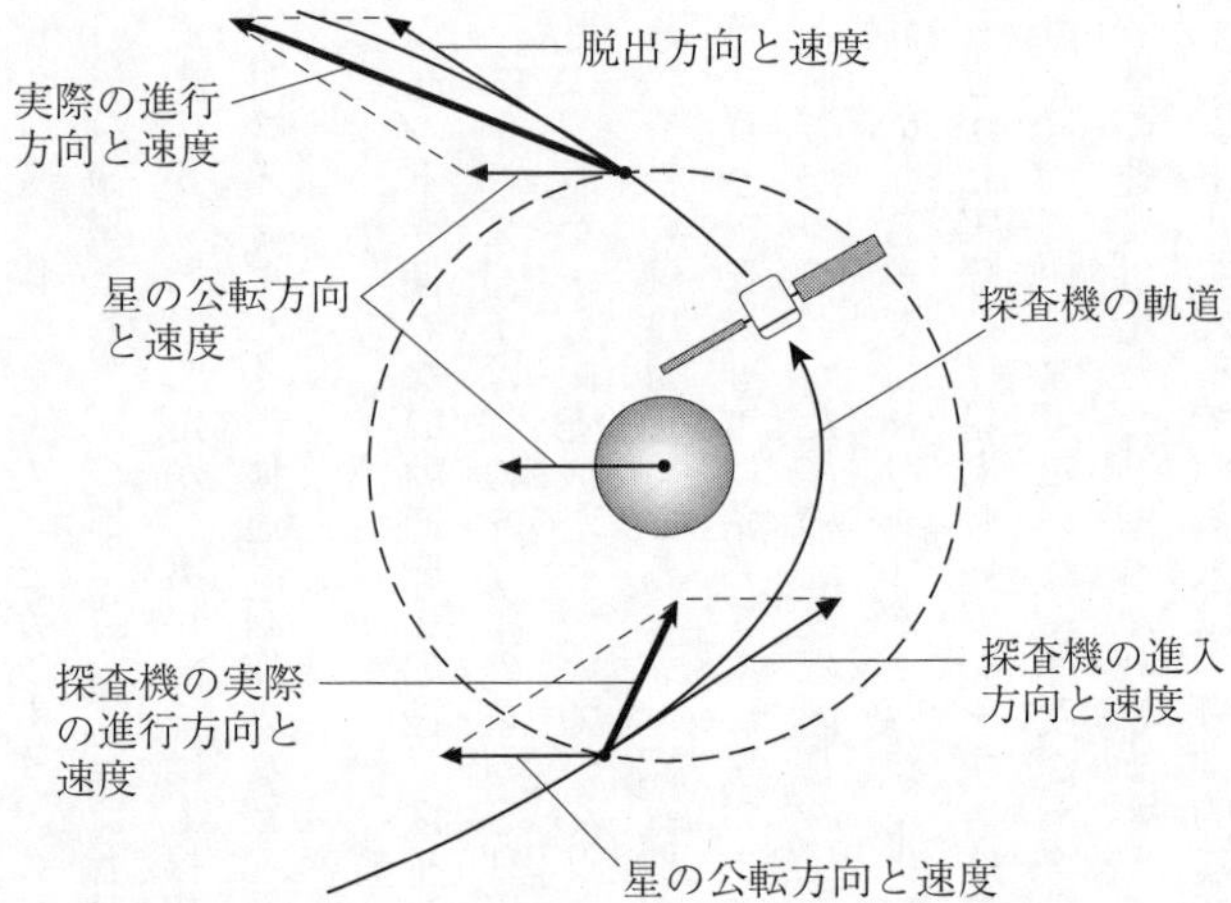

図Ⅰ－7　スイングバイの原理　（宇宙研資料より）

速度ベクトルであることを理解しているでしょう。「探査機の速度ベクトル」と「星の速度ベクトル」が、星の重力場を仲立ちにして足し算されて、探査機の速度ベクトルが変化するわけです。星の上に立っている人から見た探査機の速度の方向が変わるからです。運動エネルギーは、探査機と星の間で保存されます。探査機が速くなれば、その分星が遅くなるし、探査機が遅くなればその分星が速くなります。もっとも、星は探査機よりもはるかに質量が大きいので、速度の変化は事実上観測できません。星に近づいた探査機だけが加速したり減速したりするわけです。

「分かりにくいぞ」と感じた方は、月や惑星の重力は、ちょうど坂道のようなものだと想像してください。星の表面が坂の下で、星から離れるにつれて坂を登っていくと思ってください。重力は無限遠まで届くので、坂道も無限遠まで続きますが、無限に高く登る坂道というわけではありません。一定の高さに近づくだけです。ですから、ある程度星を離れてしまえば、実用上は坂の落差を無視しても構いません。

このように考えると、最初に示した探査機が星に近づいてまた遠ざかっていくという例は、「坂道を駆け下りて、その勢いでまた坂道を駆け上っていく」ということになります。星が動いているということは、「坂道が動いている」ということに相当します。坂道に押されるようにして、探査機の速さと向かう方向が変化するわけです。

「ジオテイル」は、月スイングバイを使って、地球磁場のしっぽである地球磁気圏を通過するよう楕円軌道の軸方向を回転させていく予定でした。専門用語では「二重月スイングバイ」というテクニックです。これを、私たちは本番前に「ひてん」で練習したのでした。

スイングバイを練習しただけではありませんでした。「ひてん」はスイングバイのために月の近くを通過するので、月を周回する軌道にごく簡単な衛星を投入することにして、「はごろも」というビーコン信号を発信するだけの小さな衛星を積みました。「せっかく月まで行くんだから、これぐらいはやってみようよ」ということです。

それだけではなく、「ひてん」では、エアロブレーキングという世界初の実験も行おうとしました。月スイングバイを使うと、「ひてん」を地球大気の上層をかすめる軌道に入れることができます。高度120キロメートルのあたりを通過して、また宇宙に戻っていくのですが、その時に空気抵抗で少し減速して、軌道を変えることができるのです。

エアロブレーキングは、「ひてん」打ち上げの4ヵ月ほど前に決まったので、準備はとても大変でした。衛星を作ったメーカーのNECに無理を言って、ほぼ出来上がっていた「ひてん」に、簡単な耐熱シールドを急遽装備しました。

1990年1月24日に「ひてん」はM－3SII ロケット5号機で打ち上げられました。「ひてん」の運用は、とても大変でしたが同時に楽しいものでした。打ち上げ直後、「ひてん」からの電波が一時受信できなくなって大騒ぎしましたし、電波が受信できて軌道を測定してみたら、予定から大きくはずれていて、あわててバックアップで用意していた軌道を使うように運用計画を修正したりしました。最初に月に近づく途中で、「はごろも」の試験をしていたら、トラブルから「はごろも」の電波を出す回路が故障してしまいました。そのままでは、月周回軌道に入ったかどうかを確認できません。結局、地上からの望遠鏡観測で、「はごろも」を月周回軌道に投入するロケットモーターの噴射の輝きを観測し、「正しい姿勢で『ひてん』から分離した『はごろも』のロケットが、予定通り噴射したのだから、月周回軌道に入ったことは力学的に間違いないだろう」ということにしました。

しかし、その後は順調でした。予定していた月スイングバイによる軌道変更を10回行ってすべて成功しました。1991年3月19日と30日には、「ひてん」は秒速約11キロメートルの速度で地球大気をかすめて飛び、エアロブレーキング実験を行いました。エアロブレーキングでは、速度はほんの秒速2メートルほど変化するだけです。それでも、「ひてん」が地球からもっとも遠ざかる遠地点の高度は、1万キロメートルも低くなるのです。この時は、エアロブレーキングで、探査機に伝わる熱量の計測にも成功しました。

この世界初のエアロブレーキング実験は、日本ではほとんど黙殺に近い扱いを受けたのですが、国際的には大きなセンセーションを巻き起こしました。アメリカからも欧州からも、「どうやってやったのか」「実験データは公表しないのか」と問い合わせが殺到しました。この飛行実験の直後に訪れた、ジョンソン宇宙センターでは、我々のエアロブレーキングの実験結果を話す場に大勢のNASA研究者が詰めかけました。

「世界で尊敬されるような存在になるためには、世界初を狙わなければいけないのだ」ということを実感したのは、このエアロブレーキング実験の時です。NASAはよっぽどくやしかったのでしょう。1994年に、ひととおりの観測計画を終了した金星探査機「マジェラン」を使って、金星大気によるエアロブレーキング実験を実施しました。地球以外の惑星でのエアロブレーキングは世界初です。その後、アメリカは火星探査機で、当たり前のようにエアロブレーキングを使用するようになりました。「ひてん」は、その引き金を引いたのです。

私たちはその後、「ひてん」を月周回軌道に投入しました。投入にあたっては、私たちが見いだした投入に必要なエネルギーが最小になる新しい軌道を使いました。太陽の引力（潮汐力）を使って、「ひてん」が月に接近する速度を低下させたのです。「はごろも」が「月周回軌道に投入できたと判断できる」という結果に留まったので、本体をきちんと月周回軌道に投入したかったのです。その後、搭載推進剤を使い尽くしたので、1993年4月11日に「ひてん」を月面に計画的に落とし、運用を終了しました。日本は、「ひてん」の落下によって、ソ連、アメリカに続いて月面に人工物体を到達させた世界で3番目の国となりました。

小惑星アンテロス探査構想

「ひてん」が打ち上げられた1990年、宇宙研の工学系若手が集まって、M-Vロケットで実施すべき将来計画を議論し、3つの案を提出しました。当時、「工学三案」と呼びましたが、①金星エントリー気球、②月面ローバー（探査車）、③小惑星ランデブーというものです。これらは、工学側からの提案ですから、工学者として面白いと思える「実現に努力する価値がある研究テーマ」を含んでいます。金星の濃密な大気の中に気球を投入して、金星大気の風力、温度や組成を連続的に計測する金星エントリー気球は、地球と全く異なる環境で安定して浮揚する気球を開発する必要があります。月面を走破する探査車が日本にとって大きな挑戦であることは言うまでもありません。そして小惑星ランデブーは、小さくて重力の弱い小惑星に正確にランデブーし、つかず離れずの位置関係を保って表面を観測する技術が課題とされました。念のため書いておくと、この計画はサンプルリターンではなく行きっぱなしのランデブーです。

これらのうち、小惑星ランデブーだけが、地味ではありますが、真に新しい世界初の構想でした。世界初の金星気球は、1985年にソ連のハレー彗星探査機「ベガ1号」「2号」が金星の側を通過する際に、金星大気に投下しています。ソ連の気球は高度55キロメートル付近を2日間浮遊して、金星大気の状態を計測しました。また、月面ローバーもアメリカは「アポロ15号」から「17号」で有人ローバーを月面に持ち込んで使っています。また、ソ連は1970年と73年に無人の「ルノホート」を月面に送り込みました。特に73年の「ルノホート2号」は4ヵ月間に37キロメートル以上を走り回り、月面の探査を実施しました。

この小惑星ランデブーは、後の「はやぶさ」につながる最初の一歩でした。目的地は、1986年の報告書でサンプルリターンをかける対象として想定した小惑星アンテロスです。一番太陽に近づく近日点が、地球軌道にごく近いところにあって、一番太陽から遠くなる遠日点が火星軌道の向こう側にある岩石でできたS型小惑星で、差し渡し3キロメートルほどの大きさがあります。打ち上げは1997年から99年を想定していました。ちなみに、「はやぶさ」とは異なり地球には帰ってこないので、イオンエンジンは使いません。もちろん、カプセルもありません。

構想では、小さなアンテロスにランデブーするために、ある程度アンテロスに近づいてから探査機に積んだ光学センサーでアンテロスを観測し、得られたデータを使ってアンテロスにランデブーする、光学複合航法という手法を試すことになっていました。後に「はやぶさ」がこの手法で、小惑星イトカワにランデブーすることになります。

また、アンテロスの観測では、重力の弱いアンテロスの表面から30センチメートルから1センチメートルというぎりぎりまで近づいてホバリングして地表面を調べることにしていました。そのために、地表にターゲットマーカーを投下してアンテロスに近づいていく手法を考案しました。これも後に「はやぶさ」が、イトカワへのタッチダウンに使うことになりました。

ターゲットマーカー事始め

相手の星に近づいていって着陸するというのは、そう簡単なことではありません。安全に着陸するのに必要な情報は2つあります。1つは、相手の星との距離です。これは割と簡単に測定することができます。電波やレーザー光線を発射して、反射が戻ってくるまでの時間を測定して、距離を算出すればいいのです。

もう1つは、自分が表面に対して横方向にどれだけの速度を持っているかです。着陸の瞬間、横方向の速度はゼロにしなくては、着陸時に姿勢を崩してひっくり返ることになります。横方向の速度の計測は、そう簡単ではありません。人間の目と判断力があれば、表面の模様の動きを見て、自分が横のどの方向にどれだけの速度で流れているかを知ることができます。しかし、探査機のコンピューターとセンサーにそれだけの賢い判断力を要求することはできませんでした。あるいは今の高性能コンピューターと撮像センサーならばできるかもしれませんが、少なくとも当時の探査機搭載用コンピューターとセンサーには無理でした。

それでは、1970年代のアメリカやソ連の無人探査機が月や火星に着陸する際に、どうやって横方向の速度を測定したかというと、ドップラーレーダーという装置を使いました。ドップラーレーダーは、電波を発射して帰ってきた反射波のドップラーシフトを測定する装置です。

ドップラーシフトというのは、移動する物体が発する波の周波数が変化する現象です。日常生活でも、近づいてくる救急車のサイレン音が甲高くなり、遠ざかる時には低くなるのはよく体験します。これがドップラーシフトです。どれだけ音の周波数が変化しているかを測定すると、救急車の移動速度がわかります。どんな波でもドップラーシフトは発生します。音波でも電波でもいいわけです。

米ソの探査機では、直交する2方向に電波を発射し、反射して返ってくる電波のドップラーシフトを測定します。すると、探査機が地表に対してどんな速度でどの方向に流れているかが分かるというわけです。

この方法は確実なのですが、重くて電力を食うドップラーレーダーを探査機に搭載する必要があります。私たちは打ち上げにM-Vロケットを使う予定でした。M-Vは米ソが探査機打ち上げに使ったロケットに比べれば小さいので、探査機も軽くしなくてはなりません。もっと簡便に横方向の速度を測定する仕組みが必要です。

そこで、最初にアンテロスの表面にターゲットマーカーを落としておくという方法を考えました。ターゲットマーカーは、周囲の環境から明確に区別できるものなら何でも構いません。探査機は画像センサーでアンテロス表面を撮影しながらゆっくりと降りていきます。撮影した画像のどこにターゲットマーカーが写っているかは、画像処理で簡単に知ることができます。特徴点抽出といって、画像処理は必要になりますが、時間をおいて撮影した画像の、それぞれどこにターゲットマーカーが写っているかを調べれば、探査機の横方向の速度を知ることができるわけです。

リスクテイカー

私たちの小惑星アンテロス探査構想は、１９８９年から90年にかけて、Ｍ－Ｖロケット2号機で打ち上げる探査機の候補として、宇宙研の宇宙理学委員会の選考候補となりました。この時は、月にペネトレーターという槍のような観測機器を落とす月探査、金星の上層大気を調べる金星探査、そして小惑星アンテロスランデブーの３つの候補が競い、結局ペネトレーターによる月探査が選ばれました。月探査はＬＵＮＡＲ－Ａという名前を与えられ、１９９１年から開発が始まりました。残念なことにＬＵＮＡＲ－Ａは１９９５年打ち上げ予定だったのですが、ペネトレーターの開発が難渋を極めて遅れに遅れ、結局２００７年に計画中止となってしまいました。

選考に落ちたとはいえ、私たちは落胆はしませんでした。上杉先生が進める日米協力の彗星サンプルリターン構想「サッカー」は、１９８７年以来何度もの日米会合を重ねてかなり現実的になってきていました。小惑星探査にしても検討してみた結果、Ｍ－Ｖロケットでも実施できるという感触でした。研究所全体としても、彗星や小惑星はＭ－Ｖによって実施すべき重要な目標であるという合意が徐々に形成されていました。どういう形になるかは別として、いずれ彗星や小惑星への探査は動き出すことになるだろうという雰囲気だったのです。

１９９１年から92年にかけて、ＮＡＳＡはかなり混乱していました。国際宇宙ステーション計画が、大幅な予算超過を起こして、規模縮小を余儀なくされていたのです。混乱の中で科学計画にも予算削減の波が押し寄せてきました。

当時アメリカは、土星探査機「カッシーニ」と、彗星ランデブー・小惑星フライバイ探査機「CRAF」という2つの巨大探査計画を推進しようとしていました。「CRAF」は、火星軌道と木星軌道の間を回るメインベルトの小惑星をフライバイ観測し、さらに彗星にランデブーしようというかなり欲張った計画で、探査機本体は「カッシーニ」と共通設計にしてコストを下げようとしていました。私たちのアンテロス探査構想も、「CRAF」と協力できる可能性はないかという検討を行っていました。「カッシーニ」は最終的に34億ドルを使った巨大計画です。「CRAF」も実現していれば30億ドル超のデラックスな計画となったことでしょう。

しかしNASAは1992年の初頭に「CRAF」を中止し、生じた予算的余裕をすべて「カッシーニ」に回すという決定を下しました。いかなNASAであっても巨大計画を2つ同時に推進する余裕はなくなっていたのです。

このことは、私たちの「サッカー」や、小惑星探査にとっては追い風であるように思われました。アメリカ側の巨大計画が中止になった結果、日米協力で彗星や小惑星探査を実施できる可能性が高まったと考えたのです。実際アメリカ側もそのような提案をしてくるようになりました。

そんな状況の中で1992年4月に就任したダニエル・ゴールディンNASA長官は、科学探査に対して大胆な改革を行いました。「キャデラック（アメリカを代表する豪勢な高級車です）のような大型探査機は開発に時間がかかりすぎる。もっと短期間に小さくて安い探査機を開発して次々に打ち上げよう」との考えから、〝faster, better, cheaper（素早く、よりよく、より安く）〟というスローガンを提唱して「ディスカバリー計画」という新しい探査機シリーズを立ち上げたのです。開発期間は3年、予算は打ち上げや運用も含めて3億ドル以下というものでした。

これはチャンスでした。１９８７年以来5年も時間をかけて日米共同で検討を進めてきた「サッカー」は、十分に煮詰められた実現可能な計画を提案できる状態になっていました。「サッカー」の共同検討グループでは、アメリカから共同で小惑星探査を行うことはできないかという話も出て、共にディスカバリー計画での採択を目指すことになりました。

宇宙研も、月の専門家である水谷先生はＬＵＮＡＲ－Ａ計画が動き出して多忙になったため、彗星や小惑星の専門家を招く必要が出てきて、京都大学から藤原顕先生がやってきました。１９９２年10月、カリフォルニアでディスカバリー計画のワークショップが開催され、宇宙研からは上杉邦憲先生、宇宙研に赴任間もない藤原先生、そして私が参加しました。

ところが、渡米の前から雲行きが怪しくなってきました。ディスカバリー計画は当初海外との国際協力計画でもＯＫという話だったのが、いつの間にかアメリカ単独実施計画のみということになっていたのです。いざワークショップに出席すると、すでにアメリカは単独で小惑星ランデブーを進める意志を固めていました。それどころか、彗星フライバイによるサンプルリターンについても、アメリカ単独で進めるという流れになっていったのです。「一緒にやろう」ということで協力して検討してきた成果をアメリカに持って行かれた、というのが私たちの偽らざる実感でした。

この時、アメリカが単独で進めると表明した小惑星ランデブー探査は、後に「ニア・シューメーカー」探査機（1996年打ち上げ）による小惑星エロス探査として実現します。また、「サッカー」として検討を進めてきた彗星の横を通り過ぎてサンプルを採取する構想は、アメリカ単独の「スターダスト」探査機（1999年打ち上げ）となりました。

気をつけねばならないのは、アメリカに悪気があるわけではないということです。研究者はいつだって探査をやりたくてたまらないのですから、チャンスがあれば飛びつくのは当然です。この時痛感したのは、巨大な予算を持ち、パワフルに探査を実施するアメリカに、予算も人員も少ない日本の私たちが対抗して探査を進めるのは容易なことではないということです。

では一体どうすればいいのか。

「リスクをとるしかない」というのが私の出した答えでした。アメリカは確実にできると判断した探査を、豊富な予算と人員、さらには1950年代から営々と積みかさねてきた技術力を背景に、一歩一歩進めてきます。王道の行き方といってもいいでしょう。日本が少ない予算と人員に乏しい技術蓄積で、アメリカに負けない世界一線級の結果を出すためには、リスクをとる、つまりアメリカが手を出さないであろう、斬新でその分失敗の可能性も高い世界で初めてのことに挑むしかないのです。

アメリカのやったことを後追いでやっても、それなりに細かい成果は出るでしょう。しかし、それは本番の麦刈りではなく落ち穂拾いになります。そんな探査では、成果をまとめた論文だって、『ネイチャー』や『サイエンス』といった一流の論文誌には載らず、特定の専門分野向けの論文誌に載るだけということになってしまいかねません。それはそれで重要なことですが、日本が堂々と太陽系の探査をやっているということにはなりません。前人未到の場所に赴き、過去に誰もやったことのないことをするべきなのです。

シンポジウムで、アメリカが単独で小惑星探査をやる方針だと聞いた直後、すぐに私の心の中では、小惑星へのランデブーよりもはるかに難しい小惑星サンプルリターンをやるしかないという意志が固まりました。

NASAとの協同研究の席上、私は「日本としては小惑星サンプルリターンの検討を進める」とはっきり発言しました。かなり強い調子で言ったつもりだったのですが、残念なことにあまり印象には残らなかったようです。誰も日本が小惑星サンプルリターンのような難しい探査に一気に挑むとは考えもしなかったからかも知れません。

しかし私は本気でした。帰国後、上杉先生や藤原先生、水谷先生、さらには当時所長を務めていた秋葉鐐二郎先生などと相談したところ、基本的な認識は一致しました。

1993年、宇宙研で本格的な小惑星サンプルリターンを目指す「小惑星サンプルリターン・ワーキンググループ」という組織が立ち上がりました。リーダーは最初上杉先生が務め、やがて私が引き継ぎました。

イオンエンジンの必要性

カリフォルニアで「日本としては小惑星サンプルリターンの検討を進める」と発言した段階で、すでに私は「これはイオンエンジンを使うしかない」と決意していました。1986年に行った、アンテロスに向けてサンプルリターンを実施する検討では、探査機は3トンもの重さになっていました。しかし日本独自でサンプルリターンを行うと決意した以上、打ち上げに使えるのはM-Vロケットだけです。

1993年当時、日本の宇宙開発事業団ではM-Vよりずっと大型のH-Ⅱロケットを開発している最中でした。しかし、私たち宇宙科学研究所と宇宙開発事業団の間には、所轄官庁である文部省と科学技術庁が1960年代に宇宙の管轄を巡って争ったという歴史的経緯があって、妙な話ですが宇宙研単独で計画した衛星の打ち上げにH－Ⅱを使わないという雰囲気がありました。また、後述しますが実際問題として、静止軌道や地球低軌道への実用衛星打ち上げに特化したH－ⅡやH－ⅡAロケットは、科学観測のための条件にあわせて様々な軌道へと打ち上げる科学衛星打ち上げには、必ずしも向いていないのです。

小惑星への往復飛行が可能な探査機を、M－Vロケットで打ち上げ可能な重さで作り上げるためには、電離したイオンを電力で加速し、噴射するイオンエンジンが必要不可欠でした。

イオンエンジンは比推力という、自動車の燃費に相当する性能の指標が非常によく、搭載する推進剤の量を大きく削減できるのです。その一方で、推力はとても小さいです。「はやぶさ」に積んだイオンエンジン「μ《ミュー》10」の推力は８ミリニュートン（mN）です。１円玉の重さほどの推力も出ません。しかし何ヵ月も連続して加速し続ければ、塵も積もって山となるで、非常に大きな速度を得ることができるわけです。

また、イオンエンジンは惑星探査に向いています。というのも、イオンエンジンと探査用の観測機器は共に電力を消費しますが、イオンエンジンが稼働している航行中は観測機器は休止しており、目的地に着いてからの観測時には逆にイオンエンジンが休止しているからです。太陽電池の発生する電力を無駄なく有効利用できるのです。

幸いなことに、宇宙研では國中均先生が１９８８年以来イオンエンジンの開発をずっと続けていました。國中先生は、私の後輩に当たる工学の研究者ですが、博士号を取って宇宙研に就職して以来、一貫して宇宙空間で長期間の使用に耐えるイオンエンジンを完成させようと努力してきました。

國中先生のイオンエンジン研究は、もともと「この探査に使おう」というメドがあって始まったものではありません。「これは工学的に面白い、やる価値のある研究だ」という判断があって、いわばシーズ先行で始まったものです。ですから研究の途中では、所内においても「それはいったいどこに使うのか」「使うあてのない研究をいつまでも続けるべきではない」と言われ、かなりつらい思いもしたようです。しかし、彼らが先行してイオンエンジンの開発に取り組んでいてくれたおかげで、小惑星サンプルリターンを目指そうと決心した時には、目の前に必要不可欠なイオンエンジンが存在するという環境ができていたのでした。

とはいえ、1993年の時点で、國中先生のイオンエンジンの完成度はまだまだ先は長いといったところでした。実際に探査機に積むことのできるエンジンに仕上げるまでには解決しなければならない課題が沢山ありました。

イオンエンジンだけではなく、小惑星にランデブーし、着陸してサンプルを採取し、地球に持ち帰るという行程の全ての局面で、解決しなければならない課題は山積みでした。NASAとの研究会で大きく出たものの、実際のところ「絶対にできる」という確信は自分にもありませんでした。自分に確信がなければ、他人を説得することはできません。ワーキンググループで、より一層詰めた構想の検討を行って、本当に実現できると確信を持って言える計画を作り上げる必要がありました。

アイデアから実際の探査計画まで

ここで、「はやぶさ」の検討を行っていた時期の、「日本という国が宇宙の科学探査を実施に移すための手順」を説明しましょう。

宇宙研では、日頃の議論や研究会で目指すべき衛星なり探査機なりの概要が見えてくると、ワーキンググループという公式の組織を立ち上げます。そこに宇宙研内外の研究者やメーカー技術者などが参加して、詳細な検討を進め、実現可能な計画をまとめ上げます。

宇宙研には宇宙工学委員会と宇宙理学委員会という2つの諮問組織があります。それぞれ、理学と工学の分野で、宇宙研が何をするかを議論して所長に諮問する組織で、委員の半数を所内から、残る半数を所外から迎えることになっています。ワーキンググループでの検討が成熟してきて、これは予算を付けて開発に入ることができる、と判断されると、計画はこの2つの委員会で宇宙研として実施すべきものかどうかを審議します。理学主導の計画は宇宙理学委員会で、工学主導の計画は宇宙工学委員会で審議を行います。小惑星サンプルリターン・ワーキンググループは、「小惑星サンプルリターンの技術を実証する」という目的を立てて工学主導で計画を作っていきました。だから審議を行ったのは宇宙工学委員会です。

1980年代から90年代にかけて宇宙研は年1機の衛星や探査機を上げていたので、審議はほぼ年に1回の割合で行われていました。宇宙研の中では常時複数のワーキンググループが活動しています。それぞれ「次こそは自分たちだ」と考えて、計画を練り上げてきます。その中を勝ち抜いていく必要があります。

年によっては、宇宙理学委員会と宇宙工学委員会がそれぞれ「これをやりましょう」という別の計画を推薦することがあります。その場合は、企画調整会議という会議を開いて、どちらを実施するかを決定します。これにより、「次はこの計画を実施しましょう」という宇宙研としての意志が決まります。

次に来るのは、宇宙研の意志を国の意志にする仕事です。当時宇宙研は文部省直轄の研究所でしたから、文部省に計画を説明して了承を得る必要があります。文部省がOKすると、今度は日本の宇宙開発に関する内閣総理大臣の諮問機関である総理府・宇宙開発委員会に「文部省としてはこの計画を実施したい」と提案し、審議にかけます。宇宙開発委員会が「国としてこの計画を実施しましょう」と了承すると、今度は予算折衝です。どんな計画であっても予算が取れなければ動きませんから、文部省と大蔵省が次年度の予算折衝の中で「新規のこの計画にこれだけ欲しい」「それをやる意味は？　ちょっと高くないか？」とか色々と交渉を行って、予算案ができ、予算案が国会で成立することによって、はじめて新しい科学衛星や探査機の開発がスタートするのです。

これら一連の流れの起点はワーキンググループでの議論であり検討です。ですからワーキンググループでは、実現可能な計画を組み上げるのと同時に、知識のレベルもバックグラウンドも異なる多種多様な人々に対して自分たちの計画の価値をきちんと説明できるように、計画を煮詰め、磨き上げ、練り上げていかねばなりません。

1993年から95年にかけて、小惑星サンプルリターン・ワーキンググループは、小惑星のサンプルを地球に持ち帰るという目的を具体的にどのような探査機を作りどのような手順で実施するかを形にしていきました。新たに開発しなければならない技術を洗い出し、実験を行って、確実に実機を開発できることを示さなくてはなりません。

まずイオンエンジンです。これは言うまでもありません。次に、惑星に比べればはるかに小さな小惑星にランデブーするための電波・光学複合航法、そして安全に着陸するためのターゲットマーカーを使った誘導システム、絶対確実なサンプル採取機構、そして惑星間空間から安全確実にサンプルを地表に持ち帰る再突入カプセル。これだけの仕組みを新たに開発し、しかもM‐Vロケットで打ち上げ可能な重量の探査機としてまとめ上げないと、小惑星サンプルリターンは成立しないのです。

ワーキンググループは、各課題毎にサブグループを作って、検討を進めていきました。ワーキンググループは宇宙研の公式の組織ですから、研究資金も出ます。それを使って先行試作や実験を行うわけです。しかし、これだけ項目が多いと宇宙研からの資金だけでは足りません。色々な名目であちこちの公募に応募して、研究のための資金を獲得する必要がありました。

その中で、計画の理学側の代表であるサイエンス・マネージャーを藤原顕先生が務めてくれたのは幸運なことでした。私は上杉先生の「サッカー」の検討の中で藤原先生と出会いました。「サッカー」は秒速数キロメートルの高速ですれ違いざまに、彗星の吹き出す微粒子を捕獲する構想でした。ですから、私は最初、藤原先生は衝突の専門家だとばかり思い込んでいました。確かに藤原先生は衝突による惑星形成の先駆的研究をした方でしたが、実際には衝突に限らず、小惑星や彗星など太陽系の起源を調べる研究者でした。私は大きな誤解をしていたわけです。

理学の研究者はみな貪欲です。「せっかく小惑星に行くのだから、あれもしたい、これもしたい」と色々な要求を出してきます。藤原先生は、そういった理学側の要求をうまくまとめて、現実の探査機に搭載可能なところに着地させるにあたって力を発揮してくれたのです。

大失敗に打ちのめされる

宇宙研は総勢300人ほどの小さな組織です。誰もがいくつものプロジェクトを掛け持ちしているといって過言ではありません。私も、小惑星サンプルリターンの検討を進める一方で、M－Vロケットの開発や、LUNAR－Aや後に「のぞみ」と命名された火星探査機PLANET－Bといった開発が始まっていた探査機の軌道計算も行っていました。そんな仕事の中に、毎年1機打ち上げているM－3SIIロケットの性能や軌道の計算というものがありました。地上で静止した状態から、ロケットに点火して打ち上げ、どの高度をどれぐらいの速度で通して、目的の軌道に到達させるかという飛翔の軌道のことをトラジェクトリといいます。飛行の間は、きちんと姿勢が安定していなければいけませんから、安定性の検証も必要です。それらを私は担当していました。

1995年1月15日、内之浦宇宙空間観測所からM－3SIIロケット8号機が打ち上げられました。M－Vへの移行を控えた最後のM－3SIIロケットです。積んでいたのは宇宙研の衛星ではなく、日本の通産省とドイツ宇宙機関が共同で開発した宇宙実験衛星「エクスプレス」でした。ロシア製の再突入カプセルを装備しており、軌道上で1週間ほど実験を行ってから大気圏に再突入して地上で回収するという計画でした。宇宙研はロケットを提供するのと引き替えにカプセルの一部に耐熱材料の実験試料を取り付けて再突入環境におけるデータを取得することになっていました。

この打ち上げが失敗したのです。第2段の姿勢が安定しなかったために、「エクスプレス」を近地点が予定よりも低い軌道に投入してしまいました。空気抵抗のため、「エクスプレス」は打ち上げ後数時間で墜落しました。

原因は私が中心で検討していた姿勢軌道制御グループのミスでした。「エクスプレス」は770キログラムと、M－3SIIロケットとしては過去最大の衛星だったのですが、その重量が、第2段の姿勢安定の条件、正確に言えば構造振動の安定限界をほんの少し踏み越えているのに気がつかなかったのです。それまでの機体と、わずか10パーセントほどしか重さは変わらなかったのですが、構造振動は不安定になっていました。第2段にはTVCという姿勢安定システムが積んでありました。ガスを噴射するノズルの中にフロンを噴射してガスの噴射方向を変化させ、姿勢の安定をとる仕組みです。ところが重すぎる「エクスプレス」を積んだロケット第2段は構造振動が安定せず、じきにTVCのフロンガスを使い切ってしまって、見当違いの方向に加速してしまったのでした。

この失敗で、自分は本当に打ちのめされました。それまで7回の打ち上げに問題は全くありませんでした。自分の専門分野で自信を持って行っていたことで、大きな見落としを犯していました。にもかかわらず、自分では気がつくことができず、結果としてロケット打ち上げ失敗という大事故を呼び込んでしまったのです。私は、ちょっとした不注意や「これぐらい、10パーセントくらいなら大丈夫だろう」という思い込みが、決定的な失敗につながるということを肝に銘じました。宇宙に関係する仕事は、どんなに慎重であっても慎重になりすぎるということはないのです。

「先に譲ってもいい」の言葉に勇気づけられる

小惑星サンプルリターンの検討も進み、1994年末には、宇宙研の次の計画として立ち上げるか否かという検討を行うところまでこぎ着けました。この時、次期計画の候補は、私たち工学の小惑星サンプルリターンと、理学の赤外線観測衛星の2つでした。後のASTRO－F「あかり」（2006年2月打ち上げ）です（図I－8）。

図I－8　赤外線観測衛星ASTRO-F「あかり」　©JAXA

小惑星サンプルリターン計画には、「本当にそんなことができるのか」と危惧する意見が強くありました。心配するのも無理はありません。私たちのまとめた計画は、新規開発の技術が直列につながっていました。

まず小惑星にむかうために、イオンエンジンを使います。イオンエンジンが動かなければその時点で、それより先の技術試験も探査もできなくなります。イオンエンジンが順調に動いても、光学複合航法がうまくいかなければ小惑星にランデブーできません。ランデブーができても、ターゲットマーカーを使う安全な着陸に失敗すればそこでおしまいです。うまく着陸できてもサンプル採取機構が動作しなければ、サンプルの採取はできません。

そして、サンプルを取って地球に帰ってきたとしても再突入カプセルが失敗すれば、小惑星のサンプルは入手できないのです。すべて新規開発の技術が順番に直列に並んでいて、そのどれが失敗しても小惑星サンプルリターンという目標は達成できないのです。

これに対して私たちは、「減点法ではなく加点法で考えてください」と主張しました。全部ができてはじめて100点になるのではなく、どれか1つでもできればそれは新技術を実証できたことになるのだから100点と考えてもらいたかったのです。たとえ途中で決定的な事態が起きて、そこから後の実証ができなくても十分な成果は得られるということです。打ち上げの後にトータル500点満点の採点表を公開しましたけれど、考え方は同じです。

1つ、私たちには赤外線観測衛星に対する強みがありました。1995年時点での私たちの計画は、探査対象としてネレウスという小惑星を選んでいました。当初の検討対象であったアンテロスと同じ地球の近くに来るアモール群の小惑星です。アンテロスからネレウスに変更した主な理由は打ち上げ時期です。相手が小惑星ですから、地球とネレウスの位置関係で打ち上げのチャンスが決まります。ネレウスへの打ち上げのチャンスは2002年初頭でした。アンテロスにはこの時期、良い打ち上げチャンスがなかったのです。

探査機の開発にはだいたい6年かかります。逆算すると1996年度から開発を始めないと間に合いません。1996年度の予算折衝は1995年の春から始まります。それまでに宇宙研として小惑星サンプルリターンをやるという意志を決めないと間に合いません。

一方、赤外線観測衛星は地球回りの軌道に打ち上げますから、このような制約はありません。つまり「先に譲って待つことができる」のです。

1995年1月、私は観測ロケット打ち上げに参加して内之浦に滞在していました。この時赤外線観測衛星のリーダーを務めていた奥田治之先生も内之浦に来ていて、私に「小惑星サンプルリターンが先になってもいい」と言ってくれたのです。ライバルである赤外線観測衛星のボスが「先にやってもいいよ」と言ってくれたこの一言はとてもうれしいもので、私は初めて小惑星サンプルリターンを実施できるかもしれないという手応えを得ました。その後宇宙研としては小惑星サンプルリターンを先に実施するという方針が固まり、予算折衝に入りました。

最初から最後まで新技術が直列につながった、リスクを取った計画が評価され、実施が認めてもらえた原因は色々あると思います。すでにバブル経済は崩壊しており、日本は「失われた

10年」に突入していましたが、それでも宇宙研は新しいM－Vロケットの打ち上げを控えて元気があり、自分たちで新しい分野を切り開くのだという意志を共有していました。また、秋葉鐐二郎先生、西田篤弘先生という2代続けての所長が、共に小惑星サンプルリターンの意義を理解してバックアップしてくれたことも大きかったと思います。総理府・宇宙開発委員会での審議では、ハレー彗星探査をはじめとした過去の経緯から「宇宙研の計画はリスクを取るものだ」という認識ができあがっているのを感じました。諸先輩方の積み上げの上に、小惑星サンプルリターンを実施できるだけの土壌が準備されていたのです。

１９９７年度から、小惑星からのサンプルリターン技術の実証を目的とした第20号科学衛星「ＭＵＳＥＳ－Ｃ」の開発がスタートしました。ちなみにＭＵＳＥＳ－Ａが「ひてん」だということは前に述べましたが、ＭＵＳＥＳ－Ｂは軌道上で直径8メートルもの大きな高精度パラボラアンテナを展開する工学試験衛星でした。もちろん展開の試験だけではもったいないので、展開後は電波望遠鏡衛星として使用します。ＭＵＳＥＳ－Ｂは１９９７年2月にM－Vロケット1号機で打ち上げられて、「はるか」と命名されました。初物ロケットに工学試験衛星を載せるという伝統がここでも生きていたというわけです。

「工学試験だけではもったいない」という態度は、ＭＵＳＥＳ－Ｃにも引き継がれました。実施するのはあくまで小惑星サンプルリターンのための技術実証です。しかし、小惑星に到着できたならば、探査をしないということは考えられません。せっかくのチャンスは最大限に生かして探査を行うのは当然なのです。

アメリカと協力し、アメリカを牽制する

探査機の開発が始まると、それまでとは桁違いのお金が動き、計画に参加する人の数も一気に増えます。宇宙研スタッフの仕事量も同様に増えますが、なにしろ〝少数精鋭〟の宇宙研ですので、全員がその他の仕事も掛け持ちという状況に変化はありません。

この時期私が心を砕いたのは、アメリカとの協力関係の構築でした。1つの理由は牽制です。「日本もやるなら自分たちもやろう」とアメリカが小惑星サンプルリターン計画を立ち上げたら、資金力にも技術力にも大差がある以上、あっという間に追い抜かれてしまうでしょう。その時に協力関係があれば、アメリカ国内で計画が立ち上がろうとしても、小惑星探査の主力となる研究者がこちらと協力をしていれば、「今は、先行している日本と一緒にやろう」ということになります。

実際問題としても、MUSES－C計画の実施は、アメリカの協力なしにはできません。まず通信システムの問題があります。日本は、「さきがけ」「すいせい」によるハレー彗星探査を実施した時に、長野県・臼田町（現在は佐久市の一部）に惑星探査機との通信ができる64メー

図I－9　惑星探査機との通信ができる64mパラボラアンテナ
©JAXA

トルのパラボラアンテナを建設しました（図I－9）。しかし、地球は1日24時間で自転しています。臼田からの通信が可能なのは1日8時間ほどに過ぎません。小惑星への飛行や帰還飛行時は1日8時間でも足りるでしょう。しかし、目標の小惑星への着陸となると24時間連続の運用が必要になることはまず間違いありません。

　そのために必要な通信設備はアメリカしか保有していません。ディープスペースネットワーク（DSN）です。カリフォルニアのゴールドストーン、スペインのマドリード、オーストラリアのキャンベラ（図I－10）と、経度の異なる世界3ヵ所に70メートル級を初めとした複数のアンテナを持ち、アメリカが太陽系各所に向けて打ち上げた探査機の運用を行う施設です。MUSES－CはDSNを借りることで初めて、小惑星に着陸が可能になるのです。

　もう1つは再突入カプセルの帰還地の問題です。惑星間空間から直接地球大気圏に再突入するので、カプセルの帰還場所を自由に選ぶことができません。地球と相手の小惑星の位置関係から、帰還の時期、つまり季節が決まります。探査機は、相手の小惑星の公転面に沿って帰ってきますが、地球の公転面との傾きの差は数度ですから、ほぼ地球の公転面（黄道面）に沿って帰ってくると考えても構いません。しかし、地球の地軸は黄道面に対して23・4度傾いています。探査機はほぼ黄道面にそって地球に帰ってきますが、地軸の傾きがあるので帰ってくる軌道は、帰還の季節によっては地球に対して大きく傾きます。この効果だけで、最大23・4度傾いて地球に進入するわけです。加えて、小惑星軌道面のわずかな傾きは地球に対して相対的に拡大されます。地球の公転速度と探査機の速度は毎秒30キロメートル。小惑星軌道面、つまり探査機の軌道面が黄道面に対して1・4度傾くと、黄道面に対して垂直方向に毎秒0・75キロメートルの速度をもちます。一方、黄道面内の地球と探査機の相対速度は毎秒3キロメートルくらいになるので、結局、探査機が地球に進入してくる黄道面に対する角度は、10倍に拡大されて14度にもなります。この2つの効果のために、進入方向は傾き、それが回収地点、つまり帰還地の緯度に影響を与えます。回収地は、広大で安全な地域を確保する必要もあり、ネレウスをターゲットにした場合、帰還は2006年初頭、回収地はアメリカ・ユタ州の砂漠地帯となりました。

図1－10　ディープスペースネットワーク（DSN）。写真はキャンベラ　©NASA

私たちはこれらの条件を利用して、アメリカとの協力関係を作っていきました。まず採取できたサンプルのうち10パーセントをアメリカに提供するという条件を提示して、アメリカの小惑星研究者たちにMUSES－C計画に参加してもらいました。さらに、NASAが開発する超小型無人探査車「ナノローバー」を無償で搭載することにしました。それに合わせてMUSES－C本体のセンサーによる観測にはアメリカの研究者が参加し、ナノローバーによる観測には日本の研究者が参加するという相互協力を構築しました。これら協力関係の上に立って、DSNの追跡とカプセル回収作業の支援を受けるということにしました。

採取できたサンプルは、まさに虎の子の成果ですから、その10パーセントをも提供するというのは、アメリカにとって非常に魅力的な提案です。また、ただでさえぎりぎりまで重量を軽くしなくてはならない探査機に、本体と支援機器をまとめれば数キログラムになるナノローバーを載せるというのは、当方にとって身を切られるほどつらいことでした。なにしろ、日本の科学観測器は、サンプラーやカプセルを除くと、全部で6キログラムしかなかったのですから。それでもアメリカの協力は取り付けねばならなかったのです。

このあたりはお互いの駆け引きが複雑に絡まり合うところです。アメリカのナノローバーを搭載すると同時に、私たちは「探査機に重量的余裕が生じた場合のオプション」という名目で、独自のローバー「ミネルバ」の検討を開始しました。これは実のところ、アメリカが搭載を断念することもあり得ると想定した2段構えの姿勢だったわけです。

私たちの提案に乗ったアメリカ側の思惑は「お手並み拝見」といったところだったのではないかと思います。それまで、我々の実績は、ハレー彗星にフライバイした「さきがけ」「すいせい」と、月スイングバイを行った「ひてん」だけでした。1960年代から多数の探査機を水星から海王星まで太陽系の各所に送り込んだ実績のあるアメリカとは全く比較になりません。そんな日本が、いきなり小惑星サンプルリターンをやるというのですから、たとえ「どうせ失敗するぞ」と思われていても文句は言えない状況でした。

目的地を変更する

1997年2月12日、待望のM-Vロケット1号機が内之浦から打ち上げられました。M-Vの成功は、MUSES-Cにとってロケット側の打ち上げ能力が確定するということを意味しました。それまではロケットの打ち上げ能力も分からずに、「設計上はこんなものだ」という数値に基づいて探査機の設計を進めていたのですが、M-Vの運用が始まったことで、はっきりとした数字で「これだけ軽量化する必要がある」という目標が見えたわけです。

通常の行きっぱなしで帰ってこない探査機でも、軽量化にはかなりの努力が必要です。この時期、宇宙研では火星探査機PLANET-B、後の「のぞみ」を開発していましたが軽量化にはかなり苦しみました。MUSES-CはPLANET-Bと同等の質量でありながら、サンプルを採取して帰ってくるための装備を詰め込まねばなりません。軽量化要求は非常に厳しいものでした。設計会議ではグラム単位の軽量化を巡って議論を戦わせました。MUSES-Cを担当したNECやその他のメーカーの技術者の方々は大変だったと思います。NEC側のプロジェクトマネージャーを務めた萩野慎二さんは、私たちが突きつける厳しい要求をうまく設計に反映するべくぎりぎりの努力をしてくれました。

探査機の開発は、何度も試作を繰り返して実機を作っていきます。その過程でプロトフライトモデル（PFM）という実機にかなり近い試作品を作ります。1999年にはPFMができたのですが、この段階でどうしても探査機重量を小惑星ネレウスに向けて打ち上げ可能な重量に抑え込むことができないということがはっきりしました。

実のところこのような事態が起こりうることは予想していました。そのため事前に、ネレウス以外の目的地となりうる小惑星をリストアップして探査機の設計に関係する事項の検討と調査を行っていたのです。たとえば小惑星の表面の温度は、着陸に当たって重要な要素です。探査機は小惑星表面からの照り返しにあぶられながら降下していきます。その時に探査機の温度を一定に保つように設計するためには、小惑星表面の温度を知っておかねばなりません。このような調査はあらかじめ行ってありました。

目標を変えることができるというのは、MUSES－Cの大きな特徴といえるでしょう。主目的は「小惑星サンプルリターンの技術実証」ですから、向かう小惑星は、その技術実証という観点では、どこでもいいのです。理学側としても小惑星に行くのは初めてですから「どうしてもこの小惑星に行かねばならない」ということはありません。目指した小惑星は、S型小惑星でしたが、それらは、太陽系の物質分布でいえば、もっとも内側に存在しているので、最終的にターゲットとなるイトカワも含めて、S型小惑星が候補対象大体になったのはいわば当然の議論の帰結であるわけです。極端な話、技術実証がメインですから「小惑星ならどこでもいい」と言っても過言ではありません。これが火星探査や金星探査なら、火星や金星に行けないのでは論外です。しかしMUSES－Cの場合は、第一目標に行けないのならば、行ける小惑星に目的地を変更することが可能だったのです。

実際問題としてMUSES－Cの性能で、往復飛行可能な軌道を巡っている小惑星の数はそんなに多くありません。正確にいえば、少々大きなロケットをもってきても、実は往復できる候補は増えません。イオンエンジンを使う往復飛行の場合、ロケットの性能が上がれば、それまで行けなかった場所の探査が可能になるというのは幻想です。往復の飛行には、イオンエンジンのような高性能エンジンが不可欠です。つまり、探査機の性能は使えるイオンエンジン次第であり、探査機の重さも、また往復飛行の可能性も打ち上げロケットではなく、イオンエンジンの能力で決まってくるのです。

ただし小惑星は日々発見されていますから、目的地リストに載る小惑星は少しずつ増えていきます。私たちはリストアップした目的地の中から、往復に必要なエネルギーが少なくてすむ1989MLという小惑星に目標を変更しました。こぼれ話ですが、この時アメリカの関係者には、「ネレウスのほうが1989MLよりも大きいのに」と不思議がられました。彼らは単純に大きいということが好きなようです。

こう書くと簡単なようですが、変更作業は大変でした。たとえば打ち上げ時期は同じ2002年ですが年度をまたぐことになるので、年度ごとに策定されている国の宇宙計画を書き換えねばなりません。そのためには宇宙開発委員会に要望を出して審議する必要があります。「見直し要望」と呼ばれていました。また、相手の小惑星が変われば着陸の時の温度も変わり、探査機の温度を一定に保つ設計を見直す必要があります。また自転軸方向や自転周期が変わるなど、シナリオ成立性に大きな変更が必要でした。

しかし、2000年になってそれどころではないトラブルがMUSES－Cを襲いました。

ロケット打ち上げ失敗で窮地に立たされる

2月10日、X線観測衛星ASTRO－Eを載せたM－V4号機が打ち上げられました。打ち上げそのものは比較的低い軌道への打ち上げでさほど難しいものではありませんでした。ところが第1段のノズルの一部が噴射の最中に壊れて、打ち上げは失敗してしまいます。事故原因の対策ができるまでM－Vの打ち上げは休止となりました。

この事故より、MUSES－C計画は一気に危地に追い込まれました。小惑星への打ち上げは、地球とその星の位置が最適な時に行う必要があります。そのタイミングを逃すと何年も次の機会を待たねばなりません。1989MLの場合、打ち上げのチャンスは約5年ごとに訪れます。2002年を逃すと次は2007年まで延びてしまうのです。

その場合、一番恐ろしいのはアメリカとの協力関係が崩れてしまうことです。協力関係がなくなれば彼らは独自に小惑星サンプルリターンを立ち上げ、我々より先に実施してしまう可能性すら出てきます。そうなるとここまでせっかく準備してきたMUSES－Cはアメリカの後追いとなってしまいます。

実際M－V4号機の事故の後、NASAはMUSES－Cに搭載する予定だったナノローバーをキャンセルしてきました。公式には開発費用がかさんだことと重量超過を抑え込むことができなかったことが理由となっていますが、「もう駄目だろう」と見切りをつけられた側面も否定できません。

そこで浮上したのが、第三の目標候補である、1998SF36という小惑星に目標を変更することでした。このナンバーで分かるように、この小惑星はMUSES－Cが開発に入った後の1998年に発見された星です。1998SF36への打ち上げ機会は3年ごとに訪れ、まっすぐ地球から向かう軌道をとれば2004年に打ち上げ可能な窓が開きます。イオンエンジンによる加速期間を考慮すれば2002年か2003年に打ち上げることができる軌道を設計できそうでした。

ところが難関が控えていました。1998SF36への飛行は、1989MLよりもエネルギー的に「高い」のです。すでにMUSES－Cは設計が確定して推進剤のタンクの製造が終わっていたのです。このままでは1998SF36には到達できないのです。

何か新しい手法で解を見つけなければなりません。そこで考えたのが「スイングバイを利用しよう」ということでした。正確にはイオンエンジン運転と「併用」しようということです。「ひてん」が月で試した、星の重力を使って加速するスイングバイです。

私たちは、MUSES－Cを1998SF36に向かわせるためにEDVEGA（Electric Delta-V Earth Gravity Assist：イーディーヴェガ）と後に命名する新しい軌道技法を設計しました。これは我ながら実にうまい軌道で、MUSES－Cを救う決定打となりました。

新しい軌道計画EDVEGA

燃費の良いイオンエンジンですが、欠点がないわけではありません。一番の問題点は、太陽電池を電源に使う場合、太陽光が十分に太陽電池に当たる太陽に近い軌道でないと十分な推力を発生できないということです。当然です。MUSES-Cが目指す小惑星は、ネレウスも1989MLも1998SF36も、すべて太陽から一番遠い遠日点が、火星軌道の向こう側にある楕円軌道で太陽を回っています。地球から出発して小惑星にランデブーするためには、探査機の軌道の遠日点を太陽から遠い位置に来るようにイオンエンジンを噴射します。ところが遠日点が遠くなると、太陽電池の発生電力が低下してイオンエンジンが使えなくなり、その分加速が足りなくなります。「遠日点でもイオンエンジンを使えるだけの大きな太陽電池パドルを探査機に付ければいい」と思うかも知れません。しかしそうすると、逆にイオンエンジンの推力を大きくしなくてはならなくなり、また電力増を要求するめぐりあわせになるわけです。探査機が重くなって打ち上げに支障を来します。そもそも私たちのMUSES-Cはすでに製造に入っていたので、太陽電池パドルを大きくする設計変更は、その時点で不可能です。しかも、エンジンだけの変更で乗り切るしか手はありませんでした。

そこで、EDVEGAです。以下、私たちがMUSES-Cを1998SF36に向かわせるために設計した軌道を説明しましょう（図I-11）。

まず、MUSES-Cを2002年12月に打ち上げます。MUSES-Cは直接1998S

Ｆ３６に向かう方向に加速を開始するのではなく、まずほぼ地球と併走する軌道で、軌道の離心率を大きくするようにイオンエンジンを噴射します。イメージとしては地球と同じ軌道をそのまま太陽に対して「横にずらす」と思ってもらって結構です。地球との軌道離心率のずれという形でエネルギーを蓄えるのです。

　地球近傍でおよそ１年半かけて地球と共に太陽を１周半して、軌道の離心率を大きくしたＭＵＳＥＳ－Ｃは２００４年５月に地球スイングバイをします。このとき地球の重力場を使って、離心率のずれに蓄えたエネルギーを一気に運動エネルギーに変換して加速します。そして、２００５年９月に１９９８ＳＦ３６にランデブーするのです。

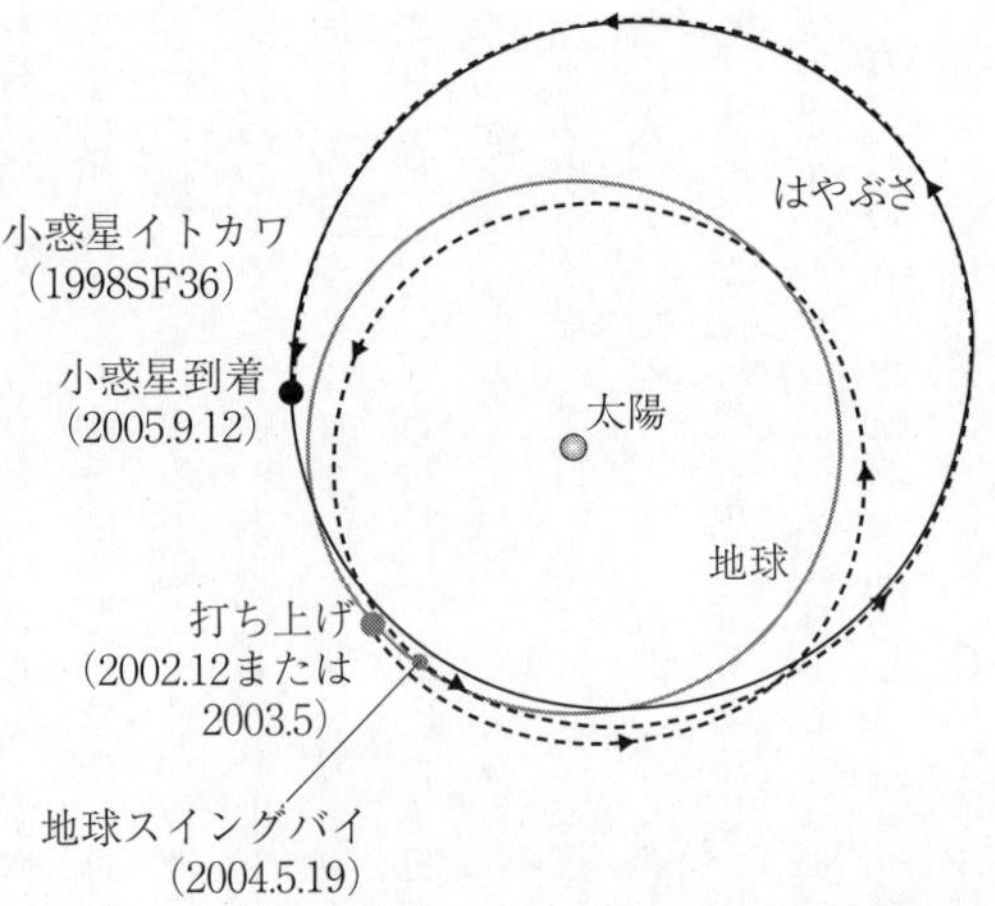

図Ｉ－11　MUSES-Cを1998SF36に向かわせるために設計した軌道　（宇宙研資料より）

　この軌道の利点は３つあります。まず、この方法は、ロケットの最上段にステージをもう１

段追加するようなものなのです。多段式効果をさらにもう1段増やすということです。イオンエンジンによって軌道離心率を大きくする操作を、太陽光が十分にある地球近傍、つまりほぼ太陽—地球間距離を保って行えるということです。それだけイオンエンジンを効率よく、十分に運転できるわけです。最後は、イオンエンジンによる加速だけではなく、地球スイングバイによって、地球の運動エネルギーも余計に受け取ることができるということです。理論的には最大でイオンエンジンで離心率に蓄えたエネルギーと同じ量の運動エネルギーを地球から受け取ることができます。イオンエンジンで時間をかけて貯めたお金に地球が利息をつけてくれるのです。最大100パーセントの利息です。実際にMUSES-Cこと「はやぶさ」がたどった軌道では、イオンエンジンはまだ非力だったのですが、それでも貯めたエネルギーが地球スイングバイによって約1・3倍になりました。30パーセントの利息がついたわけです。

この軌道にはもう1つ、私好みの利点がありました。2002年12月だけではなく、2003年5月にも打ち上げのチャンスがあるのです。これは、特異軌道と言って、ブーメランのように打ち上げた地点の地球に戻ってこさせる特殊な条件をもった軌道です。打ち上げ機会が増えただけではなく、この特異軌道は、地球脱出の速度が少々ずれても同期性を失わない、つまり正確に地球スイングバイができるという隠しメリットもある優れものでした。

2004年5月の地球スイングバイは変えられませんので、2003年5月打ち上げの場合はイオンエンジンによる軌道離心率をずらすための加速期間は1年になります。打ち上げを遅らせることによるデメリットは、その1年の間、ぎりぎりまでイオンエンジンを連続運転しなければならないことです。1年のうち約8〜9割の時間はイオンエンジンを噴射しなければならないのです。打ち上げてからのイオンエンジンの調整や軌道の測定などになるべく時間の余裕を持ちたいところですから、打ち上げが遅れると探査機の運用が大変つらいことになります。実際には、「はやぶさ」は、2003年5月に打ち上げられたので、運用面ではちょっと苦しかったわけです。

EDVEGAを考案したことで、すでに製造が進んでいたMUSES-Cで1998SF36に向かうことが可能になりました。これにより、M-V4号機の事故後、初めて打ち上げるM-V5号機にはMUSES-Cを搭載することが決まりました。

1998SF36に向かう場合、帰還はユタ州ではなく南半球のオーストラリア・ウーメラ砂漠となります。これは1998SF36の軌道の傾きで決まってしまいます。ナノローバーのキャンセルに加えてユタ州での回収もなくなるわけですから、これらを前提に組み上げてきたアメリカとの協力関係が崩れそうになりました。結局アメリカと協議を行って、ナノローバーによる観測に参加する予定だったアメリカの研究者が探査機本体のセンサーによる観測に参加するということで、協力関係は継続することができました。回収したサンプルの10パーセントを渡すという約束はユタ州での回収の代償だったわけですが、そのまま続けました。そんなところでケチをしても仕方ないというのが私の判断でした。

もちろん、目標天体が変わったことでMUSES－C本体の設計にも変更が必要となります。開発スケジュールはじりじりと遅れていきました。それだけではなく、続発する事故がMUSES－C計画に追い打ちをかけます。2002年2月4日、宇宙開発事業団（NASDA）はH－IIAロケットの試験2号機を打ち上げました。このロケットに私たちは、「DASH」という再突入試験機を搭載していました。MUSES－Cの再突入カプセルは、惑星間空間から秒速12キロメートル近い速度で地球大気圏に突入し、最後にパラシュートを開いて着地します。「DASH」は、MUSES－Cの打ち上げ前に耐熱防護材の性能評価と再突入と回収の手順の妥当性を確認することを目的としていました。しかし、機体がロケット第2段から分離せず、実験は失敗してしまいました。設計図面から製造現場で使用する製造図面を作成する際に誤りが入り込み、分離機構で誤配線をしてしまったのです。「DASH」の失敗により、MUSES－Cの再突入カプセルの突入は、事前試験なしのぶっつけ本番で実施することとなりました。もちろん、加熱風洞試験で性能は確認してはいましたが……。

2002年4月には、高圧ガス系に使っていた気密を保つためのOリングという部品が破損するという事故が起き、部品を交換したところ指定とは異なる材質のOリングを組み付けていたことが判明しました。すでに組み込んであるOリングが正しい材質であることを確認するのに時間がかかったため、2002年9月になってから打ち上げを2002年12月から2003年5月に延期しました。実際のところは、Oリングのトラブルが起きなくとも、その他の機器の開発が大幅に遅れていたために、この延期は不可避の情勢でした。まったく新しい技術のかたまりの探査機を開発すること、それも打ち上げ時期の期限つきで、というのは、挑戦の極みだったわけです。

開発が大変だったのは全く新しい機器か？　というと実は違います。特に大変だったのは、小惑星への着陸時に、探査機と小惑星表面との距離をレーザー光線で測定するライダー（LIDAR）という装置です。装置の温度変化で測定値が狂ってしまう、しかも後遺症が残るという問題がなかなか解決しませんでした。担当者は、なんとか頑張って完璧なライダーを作りたいと主張しましたが、私はこのままでは打ち上げに間に合わないと判断し、問題を運用によって解決することを決心しました。打ち上げ後、ライダーを保温するヒーターに優先的に電力を割り当てて温度を一定に保ち、狂いが出ないように運用することにしたのです。太陽電池パドルの発生電力は限られていますから、この決定は打ち上げ後の電力配分にきびしい枷《かせ》をかけるものでしたが致し方ありません。2003年5月の打ち上げチャンスを逃すわけにはいかないのです。

それでもライダーの開発はぎりぎりまで遅れ、結局探査機は2003年3月、ライダーを取り付けない未完成な状態で打ち上げを行う内之浦に出荷しました。ライダーは遅れて内之浦に届き、打ち上げ前整備と並行して取り付けました。ここまでぎりぎりの綱渡りのスケジュールで打ち上げに持ち込んだのは、私が知る限りMUSES－Cだけです。

2003年5月9日、MUSES－CはM－Vロケット5号機によって打ち上げられました（図I－12）。打ち上げは成功し、MUSES－Cは「はやぶさ」と命名されました。

「はやぶさ」の打ち上げ前後、日本の宇宙分野では大がかりな組織改編が続きました。2001年12月には文部省と科学技術省が統合され、文部科学省になりました。それに伴い打ち上げから半年後の2003年10月、宇宙開発事業団と宇宙科学研究所、航空宇宙技術研究所が統合されて、独立行政法人の宇宙航空研究開発機構（JAXA）が設立されました。私たちの宇宙研は、文部省・宇宙科学研究所から、文部科学省・宇宙科学研究所となり、宇宙航空研究開発機構・宇宙科学研究本部へと変転しま

図I－12　M-Vロケット5号機によって打ち上げられたMUSES-C
©JAXA

した。

宇宙科学を支えてきてくれたメーカーでも、2001年4月にはNECの宇宙部門が東芝の宇宙部門と合弁会社NEC東芝スペースシステムに改編されましたし、長年Mロケットの製造を担当してきた日産自動車の航空宇宙部門は、日産の経営不振と仏ルノー資本導入に伴って2000年に石川島播磨重工業（IHI）に売却され、IHIエアロスペースとなっていました。

そんな、激しい変化の渦中から、「はやぶさ」は飛び立っていったのです。

ロケットの最適化を極めた打ち上げ

ここでM-Vロケットのことを説明しましょう。M-Vは、宇宙研の科学衛星を打ち上げることを目的に開発されたロケットです。その大きな特徴の1つに、科学衛星が要求するどんな軌道に向けての打ち上げに対しても、最大の重量を打ち上げられるように機体をカスタマイズして最適化することができるということでした。「はやぶさ」の打ち上げを例に取ると、第4段にあたるキックモーター「KM-V2」は、「はやぶさ」の打ち上げ専用に開発したものです。それだけではなく、打ち上げる「はやぶさ」の重量が最終的に確定した時点で再度キックモーターに搭載する推進剤の最適量を算出し、その値にぴったり一致するようにキックモーター内に充塡した固体推進剤を削って調整するということも行っています。

このような柔軟性が、逆に「高コストである」と批判されて、M－Vは2006年9月の打ち上げを最後に廃止になってしまいました。しかし、私は探査機の打ち上げに関して、キックモーターは探査機の一部と考えて、打ち上げごとに最適なキックモーターを作るのがむしろ当然だと考えてます。

M－Vでは打ち上げのトラジェクトリ、すなわちロケットに点火して打ち上げ、どの高度をどれぐらいの速度で通して、目的の軌道に到達させるかという飛翔の軌道も打ち上げ重量が最大になるように最適化しています。ここまでぎりぎりに最適化を施したロケットは世界を見渡してみても他にありません。探査機もロケットも同じ組織の中で設計され、非常に密接な連携をはかって開発した結果だったといえるでしょう。その結果、「はやぶさ」の打ち上げでは、打ち上げ時重量140トンのM－Vで、総重量510キログラムの「はやぶさ」を惑星間軌道に打ち上げることができました。

一方、2010年の金星探査機「あかつき」の打ち上げではH－IIAロケットが使われました。この時は打ち上げ時重量は280トンのH－IIAで、500キログラムの「あかつき」と300キログラムのソーラー電力セイル試験機「イカロス」他超小型衛星3機の合計800キログラム強を惑星間空間に打ち上げています（小型衛星のうち2機は地球低軌道で先に分離しました)。もともと「あかつき」だけを打ち上げるにも、振動環境を緩和するためにダミー質量が必要だったので、せんじつめて言えば、現H-IIAの惑星間軌道投入能力は500キログラムだということになります。H-IIAはM-Vの固体推進剤よりもはるかに高性能の液体水素を推進剤に使っています。にもかかわらずH-IIAでは280トンのロケットで800キログラムしか惑星間軌道に打ち上げることができませんでした。この主因は、H-IIAが2段式だからですが、より小さなロケットでより大きな重量を打ち上げることを「効率が良い」と定義するならば、あえて機体構成の違いを無視していうならば、H-IIAはM-Vに比べて効率が大きく劣っています。

注意してください。これはH-IIAが劣ったロケットだということではありません。目的の軌道に対する打ち上げ形態やトラジェクトリの最適化がこれほどまでに打ち上げ能力に影響するということを意味します。H-IIAは地球回りの比較的高度の低い地球低軌道と静止軌道の打ち上げに特化したロケットです。これらの軌道への打ち上げでは高効率を発揮しますが、設計時に想定していなかった惑星間軌道への打ち上げとなると、がっくり効率が下がってしまうということなのです。どんな軌道、ミッションにもすべての面で優れたロケットは存在しませんし、ロケットの性能はカタログデータを眺めただけでは分かりません。目的とする軌道に対するトラジェクトリや打ち上げ形態の最適化の度合いで大きく変化するのです。M-Vによる

「はやぶさ」打ち上げは、世界最高水準の高効率打ち上げでした。

ただしその実施は、「はやぶさ」の開発と相まって大変な作業でした。というのも、「はやぶさ」を打ち上げたM-V5号機は、「4~5機打ち上げたら次の新ロケットに移行する」宇宙研ロケットの伝統にのっとって、第2段がほとんど別物といっていいほど改良されていたのです。事実上の新ロケットといっても過言ではありませんでした。4号機の事故後初めての打ち上げ、しかも第2段は完全な新設計の炭素系複合材料製で、姿勢制御装置も新型という初物です。加えて第4段は「はやぶさ」専用のキックモーターということで、安全な打ち上げを実施するために細心の注意を払いました。

イオンエンジン始動

打ち上げ後、最初に行うのは探査機からの電波を受信し、正常に動作していることの確認です。

打ち上げ直後、「はやぶさ」は太陽電池パドルを展開しました。次いで地上からのコマンドで、小惑星サンプルを採取するサンプラーホーンを伸ばします。共にロケット先端のフェアリングに格納するために折り畳んでいたものです。太陽電池パドルは開かなければ電力が得られませんから、打ち上げ直後に自動で展開します。一方、サンプラーホーンは、実際に小惑星に着陸するまでは畳んでいても構わないのですが、宇宙空間では金属部品が真空環境で固着して動かなくなる可能性もあるので、打ち上げ直後に展開しました。次にきちんと目的の軌道に入っているかどうか、探査機の送ってくるビーコンから軌道を計測します。

最初の軌道の計測ぐらいまでの打ち上げ直後の管制は、内之浦から行いますが、その後の運用は、神奈川県相模原市にある宇宙研の管制室から行います。まずは打ち上げ時には電源を切っていた装置のスイッチを入れて、きちんと動くか、打ち上げ時の衝撃などで壊れていないかを1つ1つ確認していきます。

通常の探査機なら、この後は目的地まで異常が起きないか監視しつつの静かな巡航が続くのですが、「はやぶさ」はそうはいきません。イオンエンジンを使うからです。地球スイングバイまでの1年間のうち9割の時間でイオンエンジンを噴射し続けなければ、目的地の1998SF36に到達できないのです。

とはいえ、イオンエンジンを打ち上げ後すぐに起動することはできません。軌道を考えると一刻も早く起動したいところですが、イオンエンジンは高い電圧を使うので、すぐには使えないのです。

地上では、探査機は空気にさらされています。そのため探査機内外の表面には空気や水蒸気が吸着されています。真空の宇宙空間に出ると、吸着されていた空気や水蒸気、その他のガスが表面から離れて漂います。このため、一時的に探査機の内外にはごく希薄な気体が充満した状況になります。実は、希薄気体でこそ放電を起こしやすいのです。搭載機器で放電が起きると、ショートが発生します。放電の起きる場所によっては搭載機器を壊してしまいます。飛んで行ってしまった探査機を修理することはできませんから、壊れたらその機器はもうその時点でおしまい、ということになります。

このため、放電を起こしやすい高い電圧を使う機器は、ガスが宇宙空間に完全に拡散しきるまで使えません。まずは放電しにくい低い電圧を使う機器からスイッチを入れて動作を確認していきます。十分にガスが散るまで待ってから、高電圧の機器のチェックを行う必要があるのです。

イオンエンジンの運転は、打ち上げ後約3週間を経た5月27日から開始しました。イオンエンジンを開発した國中均先生、國中研究室の西山和孝君、國中先生と二人三脚でイオンエンジンを開発してきたNECの堀内康男さん（第2部2章参照）などイオンエンジンのグループが、慎重にエンジンを1基ずつ立ち上げて状態を調べます。

最初のチェックで、4基のエンジンのうち、エンジンAが不調であることが判明しました。実はこれはある程度予期していたことでした。エンジンAは2002年11月にイオンエンジンとしては最後の試験となる、イオンエンジン総合試験を行っている際に、エンジンにマイクロ波を供給するケーブルを焼損するという事故を起こしていました。このためケーブルを交換したのですが、イオンエンジンは安定した運転のためのノウハウが色々あり、そこにケーブルの特性も関係しているのです。本当ならば、十分な試験をして新たに取り付けたケーブルの特性を調べ、調整してから打ち上げるべきなのですが、時間がありませんでした。

「はやぶさ」には4基のイオンエンジンを搭載していますが、エンジンに電力を供給する電源は3系統で、3基の同時運転が基本という設計になっています。スラスターAは、それでも6〜7割の出力では運転できるので、予備ということにして、残るスラスターBからDで航行することにしました。

エンジンの安定運転には時間がかかりました。イオンエンジンのチームは運転の条件を色々とかえて試します。「はやぶさ」と臼田局が通信できるのは1日6〜8時間です。エンジンが稼働していることを確認して、通信を終了するのですが、この時「はやぶさ」には安全のために「このような状態になったらエンジンを停止しろ」というコマンドも同時に送り込んでおきます。エンジンが壊れてしまったら修理はできませんから、この停止コマンドは少しでも異常と判断できる状態が起きたらすぐにでもエンジンを止めるよう、慎重な設定にしてありました。

しばらくの間、次の日の通信が可能になってチェックすると、エンジンが止まっているということが続きました。通信不可能な時間帯に何が起きたかを調べるため、「はやぶさ」からデータをダウンロードし、対策を検討して新しい運転条件を考え、エンジンを起動して通信を終えます。そして次の日になると、またエンジンが停止している。この繰り返しです。エンジンを噴射し続けなければ、地球スイングバイまでに必要な加速を達成できません。時間的余裕は少なくなっていき、軌道計画はどんどん苦しくなっていきます。しかし、エンジンが壊れたら元も子もないので、「えいや、これでやってしまえ」というような無謀なエンジン運転はできません。

慎重に慎重にエンジンの運転条件を探り、連続したエンジン運転が可能になったのは打ち上げから2ヵ月が過ぎた7月になってからでした。わずかな異変にもぴりぴりして、多くの関係者が集まり協議を繰り返していました。西山君はこれを「異音円陣」と表していました。うまい言葉です。

イオンエンジンを使っていることで、軌道計画も他の探査機とは変わってきます。通常の化学推進剤を使う探査機では、目的地への軌道に入った後、探査機は慣性で飛んでいきます。軌道は最後の噴射が終わった段階でほぼ完全に決まるので、後は時折軌道を計測して計算の誤差や、太陽の光の圧力のような微小な要素で発生する誤差を見積もって、時々小さな噴射で修正をかけてやれば、予定通りの軌道をたどります。探査機からの電波のドップラーシフトを計測して、計算で軌道を求めることを、軌道決定といいます。

しかし、「はやぶさ」は日々イオンエンジンを噴射し続けています。ということは、軌道は刻一刻と変化しているわけです。そのまま放りっぱなしにしておくと、どこをどっちの方向に向かって飛んでいるのか分からなくなってしまいますから、頻繁に軌道決定を行う必要があります。ところが、精密な軌道決定のためには、イオンエンジンによる加速は邪魔になります。軌道決定のたびにイオンエンジンを止めなくてはなりません。

「はやぶさ」は、往路では、1週間に1回の割合でイオンエンジンを止め、軌道決定を行うようにしました。計算で得られた「はやぶさ」の軌道に基づいて、新しい軌道計画を策定し、それに沿ってイオンエンジンを噴射します。1週間後にまた軌道決定、軌道計画策定、イオンエンジン噴射。これを繰り返しました。その間、毎日イオンエンジンの状況を調べて、運転条件を調節していましたから、通常の探査機では考えられない忙しさです。

軌道決定は、富士通の大西隆史さんが担当してくれました。大西さんの算出した軌道に基づいて、「はやぶさ」をどのように飛ばすかの軌道計画は、NEC航空宇宙システムの松岡正敏さんが計算しました。2人が毎週計算してくる数値に基づき、イオンエンジン運転のスケジュールが決まります。もちろん、イオンエンジンが予定通り運転できる週も、できなかった週もありました。すると、また新たな軌道決定から軌道計画を計算し……、という手順で「はやぶさ」は、目的地である1998SF36に近づいていったのです（図I－11参照）。

2003年8月6日、1998SF36に「イトカワ（ITOKAWA）」という名前が付きました。小惑星の命名権は発見者のものです。1998SF36は米マサチューセッツ工科大学の小惑星研究チームが発見したのですが、彼らから命名権をゆずってもらい、宇宙研のルーツであるペンシルロケットによるロケット研究を開始した糸川英夫博士にちなんだ名前を付けたのです。

地球スイングバイ

管制室は、かってない忙しさで「はやぶさ」の運用を行っていましたが、「はやぶさ」が飛ぶ宇宙空間もまた平穏ではありませんでした。宇宙空間は空気のない静かで変化のない場所と思ったら大間違いです。太陽系の中心には太陽があります。太陽は活発に活動する恒星、つまり天然の核融合炉です。太陽からは光だけではなく、電子や陽子、ヘリウム原子核といった荷電粒子が吹き出しています。また、太陽系外からはもっと大きなエネルギーを持つ重粒子線が飛来してきています。これらは探査機にとってトラブルの原因となります。

太陽は、時折活動が活発になって表面で爆発を起こし、大量の荷電粒子をまき散らします。フレアと呼ばれる現象です。フレアが地球に飛来すると、極域にオーロラが出たり、電離層が乱れて遠距離の無線通信に影響が出たりします。甚だしい場合には、送電網に過電流が流れて大停電を引き起こしたりもします。探査機もフレアを浴びると、太陽電池の劣化、コンピューター内に保持した情報が狂うといった影響を受けます。宇宙に打ち上げるのですから、探査機はフレアの影響を受けにくいように作っていますが、それでもフレアの強さによっては影響を免れません。

打ち上げ半年後の2003年10月から11月はじめにかけて、太陽表面で大規模な爆発が起き、フレアが発生しました。特に11月4日のフレアは観測史上最大クラスという強力なものでした。「はやぶさ」も、このフレアの影響を受けて、搭載メモリの情報が一部狂い、太陽電池の劣化がガクンと進んで発生電力が低下しました。メモリの情報はもう一度書き直してやれば復旧できます。しかし太陽電池の劣化は直すことができません。太陽電池の発生電力は、即イオンエンジンの推力です。発生電力低下は、イオンエンジン推力の低下を意味します。ということは、イトカワにランデブーする軌道計画に影響してくるのです。

急いで軌道計画を検討し直しました。それまで2005年6月にイトカワに到着する予定だったのですが、イオンエンジン推力が低下する結果、より長期間のエンジン運転が必要になり、到着は3ヵ月遅れの9月となりました。それだけでは現地で探査やサンプル採取を行う時間が足りなくなるので、イトカワから地球への出発も、2005年10月から2005年12月へと最大限遅らせました。

２００４年５月19日、「はやぶさ」は地球に戻ってきてスイングバイを行いました。ＥＤＶＥＧＡです。日本時間の５月19日午後３時22分、東太平洋上空の高度３７００キロメートルを

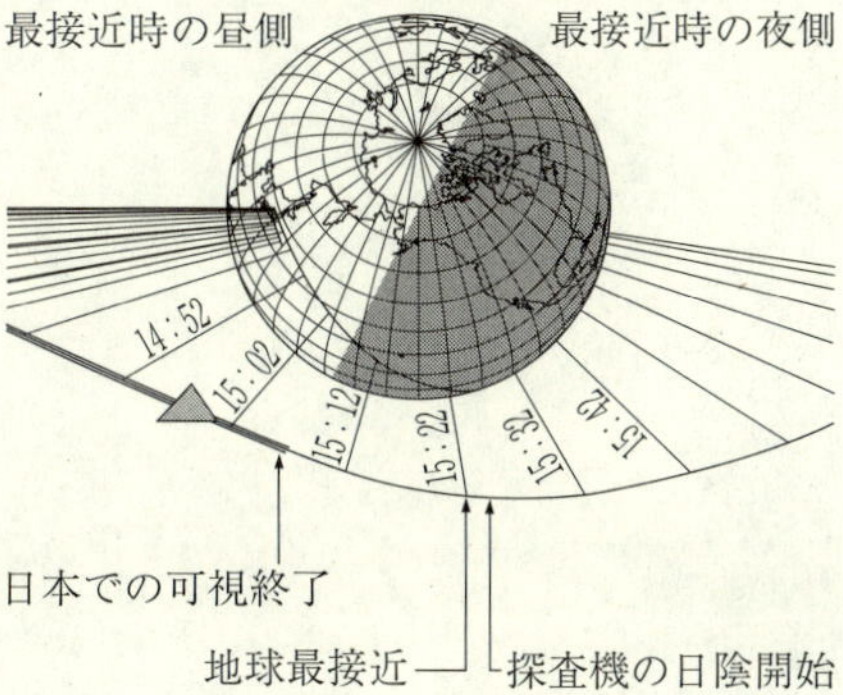

図Ⅰ－13　「はやぶさ」が地球に戻ってきて行ったスイングバイ　（宇宙研資料より）

通過して、それまでに軌道の離心率に蓄積したエネルギーを一気に運動エネルギーに変換し、同時に地球からの運動エネルギーも受け取り、イトカワを目指す軌道に入ったのです（図Ⅰ－13）。

スイングバイを正確に行うためには、「はやぶさ」を高精度で狙った通りの軌道に入れて、地球の横を通過させる必要があります。そのためには高精度の軌道決定と、軌道決定に基づく軌道の微修正が必要になります。まず、３月31日にイオンエンジンを止め、４月前半にかけてじっくりと軌道決定を行いました。ついで４月20日と５月12日に化学推進スラスターを使った軌道の微調整を実施。その結果、地球への最接近点の高度誤差が１キロメートルという申し分ない精度でス

図I－14　2004年5月18日、地球から29万5000kmのところから撮影した地球の映像　©JAXA

イングバイを行うことができました。スイングバイ時には一時的に地球の陰に入るので、その時間帯は搭載したリチウムイオン・バッテリーで運用しました。イオンエンジンで航行する探査機の、地球スイングバイ、正確にはＥＤＶＥＧＡ技法の適用は世界初です。

もう1つ、「はやぶさ」はこの地球スイングバイで世界初のことを行いました。前日の5月18日に地球から29万5000キロメートルのところから撮影した地球の映像です（図I-14）。北大西洋の北緯が画像の中心にあって、左側に南北アメリカ大陸、右側にアフリカ大陸が映っています。実は、この緯度の上空から地球全体を撮影した画像はそれまでありませんでした。撮影可能な軌道に打ち上げられたカメラ付き衛星がなかったからです。北緯30度の上空から撮影された地球全体の画像は、この「はやぶさ」の画像が初めてだったのです。

リアクションホイールの故障とイトカワ到着

「はやぶさ」が向かう小惑星イトカワは、差し渡し500メートル強の小さな星です。そこに探査機をランデブーさせるためには、少なくとも誤差500メートル以下で軌道を制御していかねばなりません。

着陸にあたって、近づいたり遠ざかったりする方向よりも、横方向の速度を計測するのが大変だと説明しました。イトカワへのランデブーでも同じことが言えます。地球からの距離や、視線方向の速度は電波によって非常に正確に計測できます。しかし、地球から見て、天球のどの位置にいるかという横方向の位置の計測は非常に難しいのです。イトカワの右か左か、上か下かはわからないのです。電波を使う場合、横方向の位置は地球の自転を利用してドップラー変化を計測することにより測定します。自宅の前を救急車が通過する瞬間が音程の変化でわかるのと同じです。この場合の角度精度は1×10^{-6}ラジアン程度なのですが、「はやぶさ」がイトカワにランデブーするのは地球から見て太陽を挟んだ反対側、3億キロメートル彼方なので、横方向の位置に換算して300キロメートルもの誤差が出てしまうのです。これではイトカワにランデブーできません。相手が金星のような惑星だと何の問題もありません。金星は半径が6000キロメートルもあるのです。そこで、「はやぶさ」では光学観測と電波による軌道決定の2つを併用した複合航法を採用しました（第2部4章参照）。

ある程度までイトカワに近づいたら、「はやぶさ」搭載カメラでイトカワがある方向を撮影します。もちろん、イトカワはかすかに輝く点としか映りませんが、画像中のどの輝点がイトカワかを同定できれば、「はやぶさ」から見たイトカワの横方向の位置は高精度に測定することができます。この位置を連ねた軌跡が観測データになります。

撮影にはスタートラッカーという、「はやぶさ」の姿勢がどちらを向いているか星を撮影することで測定するセンサーを使いました。「はやぶさ」には、イトカワの観測に使うONCというセンサーも積んでいて、広角レンズを装着したONC－Wというセンサーも光学航法に使えます。ただしスタートラッカーのほうが感度や観測できる波長範囲、視野などの点でこの目的に特化されていたので、こちらを光学航法のメインとして、ONC－Wを予備としました。

2005年7月29、30日、8月8、9、12日と、スタートラッカーでイトカワの撮影を行い、その結果と地上からの電波測定を組み合わせて精密軌道決定を行いました。地球から見て奥行き方向は電波による測定結果を使い、「はやぶさ」から見たイトカワの視線方向に垂直な、つまり横位置方向の情報をスタートラッカーで得て、それらを組み合わせて軌道決定を行うのです。世界初の試みでしたから、十分な自信はなかったのですが、「はやぶさ」の航法システムを担当した橋本樹明先生やNEC航空宇宙システムの小湊隆さんなどの努力で、高精度の軌道決定を行うことができました（第2部図4−3参照）。

電波・光学複合航法のためのイトカワ撮影を行っている最中の7月31日、致命的ではありませんが決して軽微ではないトラブルが発生しました。姿勢を維持制御するためのリアクションホイールという装置の1台が故障して動かなくなったのです。リアクションホイールを一言で説明するとコマのように回転する円盤です。回転を加速、減速することで反力トルクを得て、「はやぶさ」の姿勢を制御できるのです。回転することによって「はやぶさ」本体の姿勢を安定させる機能も持っています。同時に、回転を上げると回転方向と逆方向に「はやぶさ」本体が回転するという方法で、「はやぶさ」の姿勢を制御します（第2部3章）。

「はやぶさ」にはx、y、zの3軸回りの回転を制御するためのリアクションホイールが3基搭載してありました。そのうち、x軸回りを制御していたリアクションホイールが動かなくなってしまったのです（第2部図3−1参照）。

この故障には前兆がありました。3ヵ月前あたりから、駆動トルクが大きめに必要になっていたのです。リアクションホイールの温度も上がり気味でした。回転する部品の温度が上がるとすれば何か摩擦が起きている可能性が高いです。故障しないように使い方を検討したのですが、温度の情報だけでは回転を上げた方がいいのか、それとも下げた方がいいのかも分かりません。結果として故障を防げませんでした。

図Ｉ－15　岩だらけのイトカワの表面
©JAXA

とはいえ、「はやぶさ」はこのレベルの故障は事前に想定して設計してありました。残る2基のリアクションホイールを使って3基で行うのと同等の姿勢制御ができるソフトウエアを事前に組み込んであったのです。トラブルをものともせず、「はやぶさ」はイトカワに接近を続けます。

ただし、故障への対処の間、イオンエンジンを止めていたので、そのままでは加速量が足りなくなる可能性が出てきました。最後の踏ん張りです。8月後半は電力を集中的にイオンエンジンに供給して、イオンエンジン3基による全力運転を行いました。

3基同時運転は、どのエンジンも最適でない点で運転するため、それまでも苦心を重ねていましたが、この最後のふんばりは見事に完遂できました。

9月に入るとイトカワへの距離は1000キロメートルを切りました。光の点だったイトカワが、だんだんと大きく見えてきます。細長い奇妙な形状と、その表面の状態がだんだん細かいところまで分かってきました。

2005年9月12日、「はやぶさ」はイトカワから20キロメートルの位置に到達、イトカワに対して相対的に静止しました。ランデブー成功です。イオンエンジンを使って小惑星と往復飛行をする、その前半の旅程は達成しました。

しかしこの時、私たちは重大な問題に気がつきつつありました。イトカワの表面は岩塊だらけで、降りられそうな場所が見つからなかったのです（図I‐15）。自動降下システムを担当した久保田孝先生、サンプラーホーンを担当した矢野創君などと、「さあ、どこに降りるべきなのか」と頭をひねることになりました。

2基目のリアクションホイールが故障する

小惑星の研究者たちは「はやぶさ」がイトカワに向かうと決まってから、集中して地上からイトカワの観測を実施していました。そのため到着以前から、イトカワが一番長いところが500〜600メートルのやや細長いジャガイモのような形をしており、周期約12時間で自転していることが分かっていました。しかし、表面がどんな状況かはまったく分かっていませんでした。

「はやぶさ」が送ってきたイトカワ表面の映像に写っていたのは、予想以上に岩の多いごつごつした地形でした。これだけ岩が多いと、降下していった「はやぶさ」の本体のどこかを岩に引っかけて破損する恐れがあります。サンプル採取機構は、表面がどんな状態であってもサンプルを採取できるようにと工夫して開発しましたが、それも「はやぶさ」が安全に着地できてこそです。サンプラーの筒の長さは1メートルです。その最下点から太陽電池までは2メートルほどしかありません。イトカワ上では、降りられる場所はほとんどないように思えたわけです。

実のところ、これだけ岩の多い地形だということは予想していませんでした。過去にアメリカの探査機が観察した小惑星の地形には、より細かな砂利や砂で覆われた表面が大部分を占めるのが一般的でした。イトカワがラブルパイル天体、「がれきの寄せ集め天体」と呼ばれる所以です。ですから、事前には、おそらくは安全に「はやぶさ」が着地できるだけの広さの平坦な地形があるだろうと希望的に考えていたわけです。

イトカワは、まっすぐではなく折れ曲がった形をしていました。すぐに、「ラッコみたい」ということになり、ラッコの顔や手を書き込んだ画像が出回りました。このたとえはイトカワ上の場所を示すのに「ラッコの顔のあたり」「手のあたり」といったふうに使えるので「ラッコ座標系」と称して便利に使わせてもらいました。

このラッコ座標系で言えば、ラッコの腹に乗った腕のあたり、折れ曲がりの谷の部分に直径

40メートル程の平坦な場所がありました。「ミューゼスの海（MUSES-Sea）」と仮に命名した地域です。着陸にはここが一番向いていると思われました。しかし、折れ曲がった一番奥の部分にあるため、ここへの降下は危険を伴うことが予想できました。細長いイトカワは12時間周期で自転しています。その中央の折れ曲がった部分にゆっくり近づいていくと、イトカワの端の部分に探査機が文字通り〝蹴飛ばされる、ひっぱたかれる〟可能性があります。

「はやぶさ」のサンプル採取機構は2ヵ所からのサンプル採取が可能なように作ってありました。ターゲットマーカーは予備も含めて3つ搭載していますし、サンプル採取機構の弾丸も3発装備しています。採取したサンプルの格納室は2つです。このため、小惑星の研究者たちは、2ヵ所からのサンプル採取を希望していました。2ヵ所からのサンプルが採れるならば、なるべく異なる地形から採取するのが望ましいです。もう1ヵ所として、ラッコのしっぽのあたり、仮に「ウーメラ砂漠」と命名した岩の多い地域が候補に上がりました。なお、イトカワに限らず地球以外の天体の地形名称は、国際天文学連合（IAU）で、既に他天体で付けた名称とバッティングしないかなどを調べた上で正式なものとなります。２００５年当時「ミューゼスの海」と呼んでいた地域は、その後「ＭＵＳＥＳ－Ｃ」という正式名称となり、「ウーメラ砂漠」は「アルコーナ（オーストラリア・ウーメラ砂漠にある地名）」となりました。ここでは、２００５年当時に使用した「ミューゼスの海」「ウーメラ砂漠」という名称を使います

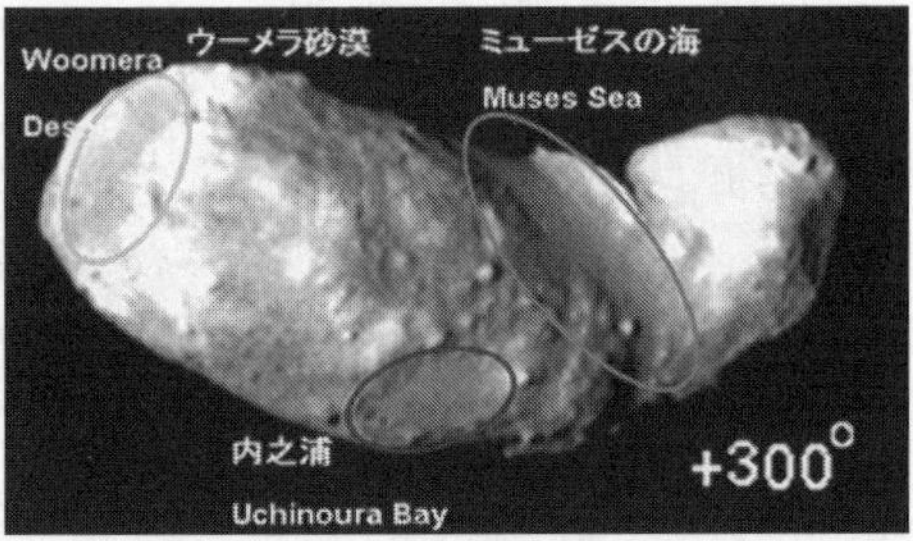

図Ⅰ－16　正式名称が決まる前の各部の呼び名
©JAXA

（図Ⅰ‐16）。

ともあれ、降りていくイトカワについてよく調べなければ、安全に着陸し、サンプルを採取する手段を検討することもできません。着陸とサンプル採取は危険を伴うので、上空からの探査が終わった11月に実施する予定でした。それまでは、成果を最大にするための科学探査を集中的に実施します。「はやぶさ」は、イトカワ周辺を飛び回り、様々な方法でイトカワを観察しました。

しかしさらなるトラブルが「はやぶさ」を襲いました。10月2日、残った2基のリアクションホイールのうち、y軸を制御しているホイールも停止してしまったのです。残るz軸のホイールだけでは、精密な姿勢制御はできません。「はやぶさ」には、化学推進剤を使うスラスターが12基搭載してあります。これをz軸ホイールと併用して姿勢を維持することになりました。

しかし、スラスターによる姿勢維持はどうしても精度がホイールによる姿勢制御よりも落ちます。姿勢がふらふらして定まりません。すぐに地球との通信に影響が現れました。大容量の観測データを高速に地球に伝送でする高利得アンテナ（HGA）は、正確に地球方向に向けないと通信を維持できません。2基のホイールを失ったことで、HGAを使った高速通信が不可能になりました。

通信には、それほど正確に地球を向けなくとも使用できる中利得アンテナ（MGA）や、どちらを向いていても使える低利得アンテナ（LGA）を使用せざるを得ません。共にHGAよりも通信速度が大幅に落ちます。画像のような大容量データの伝送は制限されるので、科学観測には打撃です。

幸いにして往路での化学推進剤の消費量は少なく、推進剤はほぼ3分の2残っていました。これならば、着陸を試み、復路の姿勢制御をスラスターで行っても大丈夫そうです。となれば、問題は姿勢制御の精度です。

2液式スラスター

「はやぶさ」の化学推進スラスターは、国産のこの規模の小推力スラスターとしては初の2液式という形式を採用しています。2液というのは燃料のヒドラジンと酸化剤の四酸化二窒素という2種類の液体を推進剤に使っているという意味です。これらは混ぜると勝手に着火する自己着火性という性質を持っています。スラスターに吹き込むだけで着火して燃焼ガスを噴射するわけです。１液式という方式もあって、こちらはヒドラジンだけを使います。ヒドラジンは窒素と水素の化合物です。イリジウムや白金の触媒にヒドラジンを吹き付けると、分解してガスが発生するという性質を利用しています。２液式は１液式よりも構造が複雑になりますが、高性能です。

２液式のもう１つの特徴は、ごく短いパルスとして噴射を行うことができるということです。私たちは、２液式スラスターのこの性質を利用して、姿勢制御の精度を向上させようとしました。「はやぶさ」のスラスターは、パッパッと30ミリ秒だけ噴射するモードを持っていました。これを10ミリ秒まで短くできないかと考えたのです。短くすればそれだけ１回のパルスが小さくなり、よりきめ細かな姿勢制御が可能になります。「はやぶさ」の２液式スラスターを製造した三菱重工業長崎造船所と連絡を取り、検討を開始しました。

パルスを短縮した場合の問題点は、燃焼が不完全になり燃え残ったヒドラジンや四酸化二窒素がスラスターの内部に滞留して凍結しないかということです。スラスター内に推進剤を噴射する噴射器という部位の小さな穴が凍結でふさがると事故の原因になりかねません。四酸化二窒素はマイナス30度Ｃまで凍結しませんが、ヒドラジンは２度Ｃで凍ります。

地上実験と検討を重ねた結果、パルス短縮のメドが立ちました。ただし、パルス短縮をもってしても、ＨＧＡを安定して地球に向けるには至りませんでした。その後のイトカワ着陸から地球帰還までの全行程を、「はやぶさ」はＨＧＡによる高速通信なしで乗り切ることになります。

ミューゼスの海への着陸目指す

2基のリアクションホイールが故障した結果、開発時に想定したのとは大分違う状況で、イトカワへの着陸を行うことになりました。

太陽の向こう側、地球から3億キロメートル離れた場所にいる「はやぶさ」との通信には、秒速30万キロメートルという電波の速度を持ってしても往復で約34分の時差が発生します。2000秒です。コマンドを送信してから結果が分かるまで34分、なにか「はやぶさ」側に異常が起きたとしても、異常発生を地上の私たちが知るのは17分後です。このため、開発時には、「はやぶさ」は搭載した人工知能的なプログラムで自律的に判断を行いつつ、自動着陸することを想定していました。実際、「はやぶさ」の着陸では、高度500メートル以下の領域では、完全に「はやぶさ」の自律性にまかせていました。しかし、それより高い高度の領域では、「はやぶさ」という機械と、相模原に詰めた運用関係者がマン・マシンで協力しつつ着陸を試みることになりました。

イトカワへの着陸は、想定していなかったこと、思ってもいなかったことの連続でした。例えばイトカワへの降下は、化学推進スラスターで降りていくのではなく、太陽電池パドルに受ける太陽光の圧力でゆっくり降りていくことになりました。こんなことは、実際にイトカワに行くまで考えてもいませんでした。有名になったイトカワ表面に「はやぶさ」の影が落ちた写真ですが、これも予想すらしていませんでした（図I-17）。

図I－17　イトカワ表面に「はやぶさ」の影が落ちたところ
©JAXA／宇宙研資料より

　想定していなかったといえば、開発が難航したライダーもそうです。往路では貴重な電力を割いて温度を30度Cにずっと保って、大事に大事にイトカワまで持っていきました。到着後、科学観測ではかなりの威力を発揮したのですが、リアクションホイールが2基壊れたことで、本来の目的である着陸時の「はやぶさ」とイトカワとの距離計測では、サブの役割に回ってしまいました。ライダーは発射するレーザー光線の往復時間でイトカワとの距離を測定します。ところがリアクションホイールの故障で「はやぶさ」の姿勢制御精度は落ちてしまいました。ぐらぐらと姿勢が安定しないわけです。こうなるとレーザー光線がイトカワのどこに当たって帰ってきているのかがはっきりしません。一応の距離は計測できますが、

「イトカワのどの部分との距離か」識別できなくなってしまったのです。実際の着陸では、カメラ画像に写るイトカワの大きさや、表面の特徴ある地形点からイトカワとの距離を推定するという手法を使い、ライダーの測定値は参考にするということになりました。

着陸にあたって「はやぶさ」は、地球とイトカワを結んだ線に沿ってイトカワに近づいていきます。その際にイトカワの中心、つまりは重心に向かって降りていくことが重要です。私たちが開発時に用意した手法は、撮影画像からイトカワの重心を搭載ソフトウエアで自動的に検出するというものでした。

「はやぶさ」は、撮影したイトカワの画像を中間の灰色がない白と黒だけのモノクロ2値画像に変換します。「はやぶさ」は、イトカワに太陽側から近づいていきますから、太陽に向かって突き出ているイトカワの中心が一番明るく光っています。画像を2値化すると、一番明るい中心部を画像から抽出することができます。その中心部のそのまた中心の1点を計算で算出し、そこに向かって降りていくというやりかたでした。

2005年11月4日、当初予定した自律航法機能を使って、最初の着陸リハーサルを行いました。しかしうまくいかず、イトカワまで700メートルまで降下したところで、「はやぶさ」の進路が予定から逸れだしたので降下を中止しました。事前に用意した降下誘導の手法がうまく働かなかったのです。

イトカワが予想以上に岩だらけの起伏の多いごつごつとした地形をしていたために、あちこちに太陽光の当たる明るい場所と日陰の暗い場所ができていました。2値化した画像にいくつもの明るい部位ができてしまい、「はやぶさ」の搭載ソフトウエアはそのうちのどの部位の中心を算出すべきか判断できなくなってしまいました。結果、「はやぶさ」はイトカワに向かうコースから誤って、逸れてしまったのです。

この問題を、どこまでの明るい灰色を白に割り振るか、暗い灰色を黒に割り振るかの境目の値をソフトウエア上で調整することで解決しようとしましたが、結局、この方法ではだめだとわかりました。

11月9日、再リハーサル降下試験を実施、イトカワ表面まで55メートルのところまで降りることに成功し、4日の結果を受けた改良、というか地上での処理が、ある程度うまくいくことを確認しました。ゆっくり降りていくとなると、地球の自転に伴って、臼田局からアメリカDSNのマドリード局への切り替えが必要になります。この切り替えがうまくできることも、この時にテストしました。

また、3個持っていったターゲットマーカーのうち1つを分離、投下しました。投下したターゲットマーカーはイトカワ表面には到達しませんでしたが、これは失敗ではなく、まずはターゲットマーカー回りの動作がうまくいくかを確かめたかったのです。

「はやぶさ」には、ターゲットマーカーを照らすフラッシュランプを装備しています。ターゲットマーカーの表面は照らしてきた方向に光を反射する素材（再帰反射性）が使ってあり、フラッシュランプで照射すると、光が「はやぶさ」に戻ってきて、カメラで撮影するとターゲットマーカーが輝く点に写るという仕組みです。ターゲットマーカーの分離機構は火薬を使っています。まず、打ち上げ以来2年以上もの間、宇宙環境に晒《さら》された分離機構がきちんと動作することを確認する必要がありました。

フラッシュランプも心配の種でした。というのも、「はやぶさ」以前の日本の宇宙開発では、宇宙空間で物体を照明する必要がなかったので、宇宙用フラッシュランプを製造した実績がなかったのです。「はやぶさ」に搭載したフラッシュランプは、専用に開発したものでした。フラッシュランプは高電圧電流を使います。イオンエンジンの説明で述べた通り宇宙での高電圧の取り扱いは注意を要します。ターゲットマーカーを1つ犠牲にした、というと表現がおかしいかもしれませんが、実際に分離を行ったことでターゲットマーカーの分離機構も、フラッシュランプも、きちんと動作するということを確かめることができました。

この降下リハーサルでは、着陸候補地の1つであったウーメラ砂漠の近接画像も取得できました。画像には予想以上に大きな岩が転がる険しい地形が写っていました。「はやぶさ」が破損する危険性が大きいので、ウーメラ砂漠への着陸は諦めて、ミューゼスの海へ2回の着陸をかけることに決定しました。

新たな地形航法

11月12日の降下試験では高度55メートルまでイトカワに近づき、接近のための新しい航法、私たちは「地形航法」と呼びましたが、それを試しました。

画像を2値化して得られた領域の重心に向かって降りていく手法がもはや使えないことは9日のリハーサルで分かりました。イトカワの自転によって太陽光の影は変化していきます。この変化に確実に対応できるとは言えなかったわけです。また、9日の降下では、前述した通りスラスターによる姿勢制御のせいで「はやぶさ」の姿勢制御が安定せず、ライダーの示すイトカワとの距離がブレることも明らかになりました。カメラの視野いっぱいにイトカワが写るところまで降下すると、2値化画像で重心を求める方法は、もはや使えません。ライダーを使って高度を測定しつつ降りていくはずが、ライダーの出力が不安定ということになると、別途高度を求める方策が必要になります。

そこで降下にあたっては、カメラが撮影しているのがイトカワのどの地域なのかという判断が重要になりました。カメラ視野がどこを写しているかが分かれば、「はやぶさ」のイトカワに対する位置とどちらの方向に誘導していけばいいかが分かります。

9月から10月にかけての観測の結果、すでにイトカワの3次元モデルは完成していました。原理的には写っている地形がどこかということは判断できるわけです。しかし、「はやぶさ」搭載のコンピューターとソフトウエアの能力ではとてもではないですが、イトカワの地形とイトカワの地図のマッチングを実時間ではできません。

この時、「はやぶさ」の姿勢系を担当していたNEC航空宇宙システムの白川健一さんが素早く便利なソフトウエアを作ってくれました。「はやぶさ」が撮影し、地球に送ってきた画像とイトカワの3次元モデルを、パソコン画面で比較・照合するソフトです。このソフトを使うと、人間の目で「この画像にはイトカワのこの場所が写っている」と判断することが簡単にできます。すると、「はやぶさ」をどの方向に向けて誘導すればいいかも分かります。「はやぶさ」に「画像のこの場所を目標にしろ」とコマンドを送ることができるわけです。コンピューターだけに頼るのではなく、人が得意なことは人がやろうというアイデアです（第2部5章参照）。

ただしこの方法だと、①「はやぶさ」が画像を送信して、②それを受信して人間が判断、③「はやぶさ」にコマンドを送る、という手間がかかるので、どうしても電波が往復する時間に加えて人間が画像を判断する時間の余裕をとることが必要になります。このため、「はやぶさ」の降下速度を非常にゆっくりにしなくてはなりません。化学推進スラスターの噴射を調整し、太陽電池パドルに受ける太陽光の圧力を活用して、1時間に100メートル降りるという非常に遅い降下を採用することにしました。

人間と「はやぶさ」とが往復通信の時差34分を越えて協力し合い、マン・マシンのシステムとして協働することで、イトカワに降下していくことになったのです。

ミネルバの投下に失敗する

11月12日の降下リハーサルでは地形航法と同時に、近距離レーザー高度計（LRF）が正しい値を出力するかの確認と、小型探査ローバー「ミネルバ」の投下を行いました。

LRFはイトカワにぎりぎりまで近づいてから使用する、探査機と表面との距離、また地形と探査機との傾きを調べるセンサーです。4方向に拡がる4本のレーザー光線のパルスを発射して、反射光が返ってくるまでの時間を測定します。4本の光が同じ時間で戻ってきたら、下のイトカワ表面は平ら、ないし現在の探査機の姿勢は表面に垂直であると判断できます。時間差があれば、そこからどの方向にどれだけ傾いているか、傾けなければならないかを計算できます。「はやぶさ」は着地の瞬間、可能な限りイトカワ表面に垂直な方向から接地する必要があります。傾いた姿勢のまま降りていったならば、サンプラーホーン先端以外の、太陽電池パドルや本体が接地して破損しかねません。そこで、LRFで探査機の直下の地形との傾斜を調べ、それに対して垂直になるように「はやぶさ」の姿勢を制御し、降りていくのです。

LRFはうまく動作することが確認できました。しかし、もう1つの目的であったミネルバの投下は失敗しました。ミネルバは、NASAのローバーがキャンセルになった後で搭載することを決定した日本の小型ローバーです。吉光徹雄君が中心となり、IHIエアロスペースと協力して作り上げたもので、はずみ車を使って、重力が小さいイトカワの表面を跳ねて移動します（図I－18）。

図I－18　ミネルバの落下の予想図
©JAXA

ミネルバの投下は、「はやぶさ」がゆっくりと降りている状態で分離することが必要でした。イトカワの重力はとても弱いので、「はやぶさ」が上昇している時に、ある程度の速度で分離するとイトカワに着地せずに宇宙空間に飛んで行ってしまいます。一番確実なのは、着陸の時、サンプラーホーンが接地する寸前に、速度をおさえて分離することです。もちろん、速度が速くても降下中に分離すれば表面に降りますす。私は着陸の時は、サンプル採取に専念すべきと考え、リハーサルでミネルバを分離することにしました。

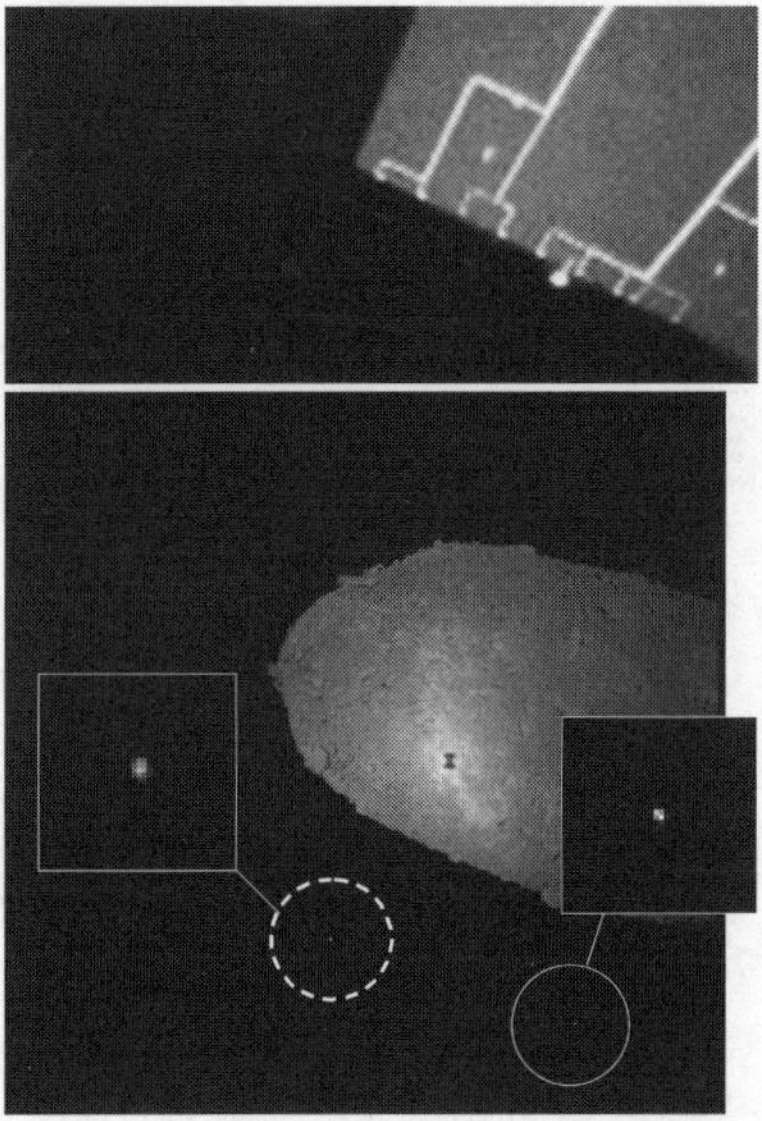

図1－19　分離時にミネルバが撮影した「はやぶさ」の太陽電池パドル（上）と宇宙空間に漂い出てしまったミネルバ
©JAXA

この降下リハーサルでは、LRFの動作チェックを行ったので、降下速度をLRFが出力する高度情報を使って自律的に行うのではなく、レーザー高度計（LIDAR）を使って、地上からのコマンドで行っていました。「はやぶさ」は放置しておくとイトカワの小さな重力と太陽光の圧力とで、ゆっくりとイトカワ表面に落ちていきます。一定高度に保つには、スラスター噴射が必要です。この噴射は、電波が「はやぶさ」に届く時差を考慮した上で、地上からのコマンドで行っていました。タイミングを見計らってコマンドを送るのですが、どうしてもぴたっと「はやぶさ」を一定高度に留めることができず、上昇と下降を繰り返していました。

ここでミスが生じました。高度50メートル近辺を降下中にミネルバを分離する予定が、分離コマンドを上昇のスラスター噴射コマンドの後に入れてしまったのです。このため、噴射によって上昇する途中の「はやぶさ」からミネルバは分離され、そのときの速度が結構速かったために、そのまま宇宙空間に漂い出てしまいました（図I-19）。

ミネルバは分離時に「はやぶさ」の太陽電池パドルの撮影に成功しました。その後1日以上、「はやぶさ」との通信を保ち、「世界最小の太陽を回る人工惑星」となりました。しかし失敗は失敗です。ミネルバ開発に携わった皆さんには大変申し訳ないことになってしまいました。遠隔操縦は不可能に近い。そうなのです。だからこそ自律性を充実させていたのですが、この難しい運用に踏み切ってしまいました。現地での滞在期間が短すぎて不十分な運用をあえて行ったことが原因でした。

不時着と成功

ここまで3回のリハーサルで、着陸本番の準備は整いました。2005年11月19日午後9時、「はやぶさ」は、最初の着陸のために高度1キロメートルのところからイトカワへの降下を開始しました。毎秒12センチメートルというゆっくりした速度、しかしそれまでよりは格段に速い「垂直急降下（と呼んでいました）」で降りていき、翌20日午前5時28分にターゲットマーカーを固定していたワイヤを切断しました。この段階では「はやぶさ」本体とターゲットマーカーはくっついたまま同じ速度で降下していきます。午前5時30分、高度40メートルで「はやぶさ」はスラスターを噴射して減速しました。ターゲットマーカーだけが分離してイトカワ地表に降りていきます。

このターゲットマーカーには公募した88万人の名前を焼き付けたアルミ片が載せてありました。「小惑星まで届けます」と約束して集めた名前です。うまくイトカワ表面に落とすことができてほっとしました。

そこからはターゲットマーカーで位置を確認しつつ降りていきます。高度35メートルで着陸の要《かなめ》となるLRFによる高度制御に切り替え、高度25メートルで降下速度をほぼ0まで落とします。そのままイトカワの重力と太陽光の圧力でゆっくりと降下していき、午前5時40分に高度17メートルで姿勢制御のモードを切り替えました。LRFが計測した地形の傾きに合わせて、サンプラーホーンが垂直に接地するように姿勢を傾けたのです。「はやぶさ」と地球との間の通信は、ビーコン信号のみとなりました。私たちはビーコン信号のドップラーシフトだけで「はやぶさ」の動きを見守ります。予定では、接地は1秒間だけ。サンプラーホーン接地、弾丸発射、サンプル採取に続いて、「はやぶさ」はスラスターを噴射して上昇してくるはずでした。

ところがいつまでたっても「はやぶさ」は上昇してきません。それどころか、ドップラーシ

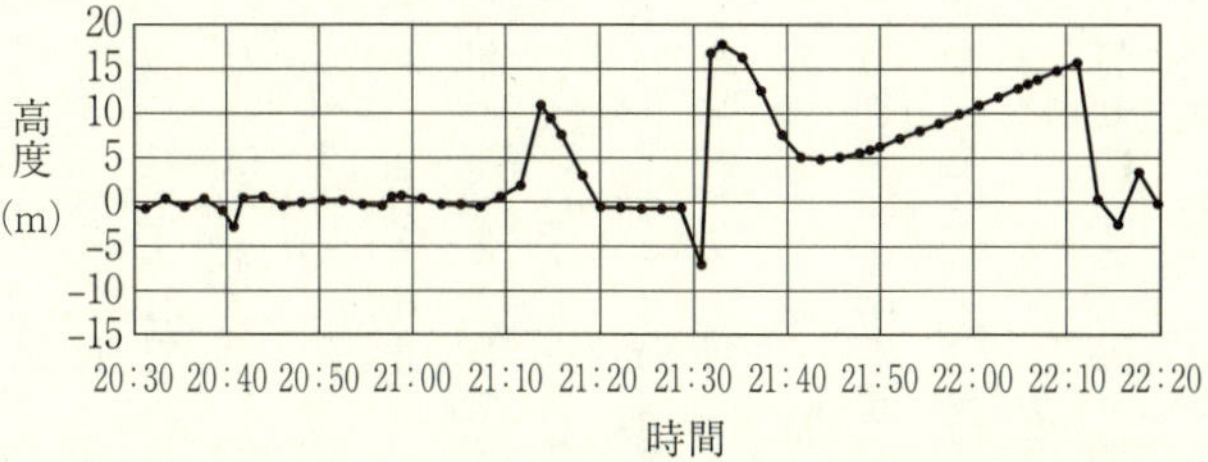

図Ｉ－20　ドップラーシフトで計測している「はやぶさ」の位置。イトカワの地表面よりも下に潜り込んでいる
（宇宙研資料より）

フトで計測し、積分表示している「はやぶさ」の位置は、イトカワの地表面よりも下に潜り込んでいきます（図Ｉ－20）。何か異常が起きていることは間違いないのですが、何が起きているのか分かりません。手を打つにしても、何が起きているか分からないと正しい判断ができません。表面に着けば離陸してくるはず、そう信じて見守りました。その間、地上局のＤＳＮゴールドストーン局から臼田局への切り替えが入ったので、指令への対応が少々遅れだしました。太陽と正対する赤道域でのイトカワ表面は太陽光で熱せられて１００度Ｃを超えています。その照り返しを浴び続けていると「はやぶさ」搭載機器に悪影響が出るでしょう。どうなっているにせよ、一度イトカワから引き離すべきです。午前7時過ぎ、私は決断し、「はやぶさ」に非常離陸する指示を送信しました。「はやぶさ」は結局帰ってきました。

その後、「はやぶさ」の状態を立て直してデータをダウンロードし、事態を把握するのに数日かかりました。実は「はやぶさ」は、30分あまりもイトカワ表面に不時着していました。

「はやぶさ」には、いくつか「こんなことが起きたら着陸を中止して上昇する」という規則を事前に教え込んでありました。地形の傾きに合わせて姿勢制御を行い、ゆるやかに降下していった「はやぶさ」ですが、太陽電池パドル下の障害物を検知するファンビームセンサーというセンサーがなにかを検知したのです。そして事前に「ファンビームセンサーが障害物を検知したら、着陸を中止して上昇する」と「はやぶさ」には教えてあったのです。もともとは、太陽電池パドルを大きな岩などに引っかけて破損しないようにするための処置でした。ファンビームセンサーが何を検知したかは分かりません。イトカワ表面近くに浮遊していた粒子を検知した可能性があると思います。ともあれ、「はやぶさ」は着陸を中止し、スラスターを噴射して上昇しようとします。

しかしこの時、「はやぶさ」は地形に合わせて姿勢を傾けていました。そして、「はやぶさ」には別途「姿勢が規定以上にずれている場合は危険なので、スラスター噴射を停止すること」ということも教えてあったのです。その結果、「はやぶさ」はスラスター噴射を行わず、そのまま降下し、イトカワ表面に降りて2回バウンド。地表に静止したのです。ドップラーシフトが見せた地表に潜り込んでいくかのような挙動は、イトカワの表面にならって、極域に「はやぶさ」が移動していった結果でした。

着陸のシーケンスはキャンセルされたので、サンプラーホーンはサンプル採取のための弾丸を発射しませんでした。サンプル採取失敗です。ただし、微小重力下とはいえ「はやぶさ」の本体が2回バウンドしているので、微粒子が舞い上がってサンプル室に入っている可能性があります。サンプル室は2つ装備しています。私たちは第1回着陸で使用したサンプル室の蓋を閉じ、大急ぎで第2回着陸の準備を進めました。微粒子でも確保しようとしたわけです。

もう時間がありませんでした。2007年に地球に帰還するためには12月にイトカワを出発しなくてはなりません。第2回の着陸が、着陸とサンプル採取技術の実証という面でも、サンプル採取という面でも最後のチャンスとなることは明白でした。緊急離陸で「はやぶさ」はイトカワから100キロメートルも離れてしまっていましたし、姿勢も崩れていました。それを5日間で建て直し、もう一度イトカワに近づけつつ、同時に搭載ソフトウエアの設定もやり直しました。

2回目は「リスクをとってでも着陸する」という態度で臨みました。「虎穴にいらずんば虎児を得ず」、でした。第1回の不時着の原因となったファンビームセンサー出力に代表される、着陸中止の条件はできるだけ緩め、3つだけに絞りました。同じミューゼスの海に降りるので、ターゲットマーカーは前回落とした88万人の名前入りのものをそのまま使用するのが1案でしたが、結局はマーカーに頼らず誘導精度を確保できるという判断で着陸に挑みました。

11月25日午後10時、「はやぶさ」はイトカワから1キロメートルのところから垂直急降下を開始しました。

翌26日午前7時4分、高度14メートルで「はやぶさ」は地形に合わせて姿勢を傾けました。通信はビーコンのみとなり、ここからはすべてが「はやぶさ」の自律航法システム任せとなります。

着地地点のミューゼスの海は、差し渡し50メートルほどです。「はやぶさ」になにかあったとして、その情報を地上で受け取りすぐに判断を下してコマンドを送ったとしても、「はやぶさ」に届くまでにさらに20分近くかかります。「はやぶさ」が直径50メートルの円の中心にいたとして、秒速1センチメートルの速度誤差があれば、40分でプラス・マイナス24メートルも位置がずれ、ミューゼスの海から外れてしまうかもしれません。つまり、「はやぶさ」の自律航法に任せるということは、それ以前の段階で3億キロメートルの彼方にいる「はやぶさ」の移動速度を秒速1センチメートル以下で制御する必要があることを意味します。リアクションホイール2基が機能を失い、どうしてもふらつきが起きる化学推進スラスターで姿勢を維持しなくてはならなくなった「はやぶさ」には、非常に高いハードルでした。しかし、私たちは、地形航法のデータを使って、降りていく「はやぶさ」の軌道をほぼリアルタイムで推定する手法を開発し、この要求をクリアしました。

すべては順調に進みました。午前7時35分、上昇してきた「はやぶさ」とのデータ通信が回復します。「はやぶさ」からのデータは、「はやぶさ」のすべてが正常に動作完了したことを意味する「ＷＣＴ」というモードに入っていることを示していました。

成功した、とこの時は私たち全員が思い、大喜びしました。１９８０年代の検討から始めて、延々と続けてきた努力が、１つの結果を出したのです（コラム７－１参照）。

しかし数時間後、状況は暗転しました。

歓喜から崖っぷちの状態へ

後から考えると、第２回着陸に向けてイトカワへと降下していく最中から予兆はありました。化学推進スラスターの片系の調子が若干悪かったのです。

その時は運用の工夫で不調を収めたのですが、上昇してきたところで、本格的なトラブルが始まりました。11月26日午前9時過ぎ、イトカワから5キロメートルのところまで上昇してきた「はやぶさ」は、スラスターの噴射で上昇を止め、イトカワに対して静止しました。ところが12基装備しているスラスターのうち、B系統の2番というスラスターから燃料のヒドラジンが漏れだしていることが分かりました。探査機の上面、パラボラアンテナと同じ面を向いているスラスターです。

漏れの原因は分かりません。第1回着陸の時に、30分以上イトカワの上で100度C以上の照り返しを受けたからだという推定もありますが、30分着陸していたのは、極域でしたから、表面温度は高くありませんでした。ですから原因は温度ではなく別にあります。

これは故障ではありますが、積極的にリスクを取って着陸に挑んだ結果と考えるべきでしょう。いわば着陸の勲章でもあるのです。

化学推進スラスターは、A系・B系の2系統を装備しています。この時の漏洩は両系統の元栓に相当するバルブを閉じることで止まりました。深刻な事態です。リアクションホイールが故障している「はやぶさ」は、スラスターで姿勢を維持していました。そのスラスターが不具合を起こしたのです。

このような場合、「はやぶさ」はセーフホールドモードという状態に入れます。これは探査機にとって一番安全で安定した状態です。太陽電池パドルを太陽に向け、緩やかな回転で姿勢安定を取る態勢となります。

この時点で、まだ第2回着陸時のデータを受信していません。「はやぶさ」からデータをダウンロードするためには姿勢制御を回復させて地球との高速通信を確立する必要があります。翌11月27日の運用で、スラスター機能を回復させることができるかどうか試しましたが、スラスターはごく弱い推力しか発生してくれませんでした。翌28日、「はやぶさ」との通信が途切れます。漏れたヒドラジンが蒸発して噴出し、「はやぶさ」の姿勢を乱したようでした。29日には通信が回復しましたが、「はやぶさ」の状態はひどく悪くなっていました。探査機内部の温度データから、漏れた燃料が蒸発して気化潜熱を奪ったことから搭載機器が危険なほど冷えたことが分かりました。姿勢が崩れたことで太陽電池パドルの発生電力が減り、必要最低限の容量しかないバッテリーは放電し、システム機器は広範囲にわたってリセットがかかっていました。

なによりもまずいのは漏洩し、蒸発した燃料が、「はやぶさ」のスピン速度を落とす方向に噴出していることでした。回転速度が落ちると姿勢が維持できなくなります。太陽電池パドルを太陽に向けることができなくなり、電力が供給されなくなり、その先にあるのは「はやぶさ」とのお別れです。12月2日には、再度化学推進スラスターを使ってみようとしましたが、微弱な推力が発生しただけでした。翌3日には、「はやぶさ」のスピン軸は太陽から30度ほどずれていることは判明しました。この先、ずれが大きくなるようならばアウトです。

化学推進スラスターが使えないならば、使えるものをすべて使って回転速度を上げて姿勢を安定させ、同時にスピン軸を太陽に向けて電力を確保しなくてはなりません。私は、イオンエンジンの國中先生に、イオンエンジンを起動して回転速度を上げることはできないかと相談しました。すると意外な解決策が返ってきました。イオンエンジンの中和器からイオン化していない生のキセノンガスを噴射して、「はやぶさ」の姿勢を制御しようというのです。

イオンエンジンは、推力が「はやぶさ」の重心を貫く方向となるように配置してあります。ですから、イオンエンジンを噴射しても、「はやぶさ」本体を回転させるトルクは発生しません。イオンエンジン噴射中に余計なトルクで「はやぶさ」の姿勢が崩れてはいけませんから、これは当たり前の設計です。

しかし、イオンエンジンにはもう1つ、ガスを噴射する仕組みがあります。中和器です。噴射するキセノンのイオンはプラスに帯電しています。そのままプラスのガスを噴射すると、探査機にはマイナスの電荷が残って、せっかく噴射したプラスのイオンを探査機に引き寄せてしまいます。そこで、噴射したキセノンイオンに、中和器から微量のキセノンガスを噴いて〝電気の橋〟をかけて、マイナスの電荷を供給してキセノンイオンを電気的に中和してやるのです。

もちろん、中和器から吹き出すキセノンガスの力は弱いです。イオンエンジンの推力はmN(ミリニュートン)単位、1円玉の重さ程度ですが、中和器からのガス噴射はそのさらに3桁下、μN(マイクロニュートン)単位です。しかし、中和器はうまい具合に、重心から見て大きなトルクを発生する位置にありました。テコの原理です。小さな推力でも重心から見た〝腕〟が長いので、結果的に大きなトルクを発生するのです。幸い、打ち上げ前にキセノンは、打ち上げ可能なぎりぎりまで「はやぶさ」に充填していました。残量には余裕があります。

大急ぎで、中和器からのキセノンガス噴射を制御するソフトウエアを作成し、「はやぶさ」に送信しました。12月4日、キセノン生ガス噴射による姿勢制御がうまくいくことを確認。5日には、中利得アンテナを使った毎秒256ビットの通信が回復します。なによりもまず行うべきは、11月26日の第2回着陸時のデータを地球にダウンロードすることです。

そこでダウンロードしたデータは恐ろしい情報を含んでいました。第2回着陸時に、弾丸が発射されなかった可能性が高かったのです。弾丸を発射した記録は、そこになかったのです。できたと思っていたことが、実際にはできていなかった可能性が高い……、これには蒼白になりました。背筋が凍りつくように思いました。

結論から書くと、これはプログラムミスでした。弾丸の発射にはDHU(データ処理コンピューター)とAOCP(姿勢軌道制御コンピューター)の2つが関係します。弾丸発射機構をロックして意図しない発射を防ぐのはDHUの担当で、弾丸発射の指示を出すのはAOCPです。本来ならAOCPによる弾丸発射の後で、DHUによるロックがかかるはずだったのですが、これがプログラムミスで逆転していたのでした。

この事実を公表した、12月7日の記者会見は本当につらかったです。一度大々的に「できました」と発表したことを、「やっぱりできていませんでした」と言わなければならなかったのですから。科学技術全体の信頼を損ないかねない、そんな思いでした。

しかし、立ち止まって嘆いている時間はありませんでした。2007年地球帰還のためのタイムリミットは迫ってきています。軌道計画では12月14〜15日にイトカワを出発することになっていました。最後のチャンスでした。満身創痍の「はやぶさ」を1週間で立て直すことができるかどうかわかりません。しかし出発のチャンスを逃せば帰還は3年延びるのです。

弾丸は発射されませんでしたが、微粒子サンプルが取れている可能性はありました。特に第1回目の着陸で、イトカワ表面でバウンドした際に、微粒子がサンプル室に入っている可能性は高いと考えていました。よしんばサンプルが入っていなかったとしても、地球に帰還させることができれば、小惑星サンプルリターンの技術実証という当初の目的は達成できます。次の探査に希望をつなぐことができます。

図Ｉ－21　「はやぶさ」からの電波が弱くなり、消えてしまった……　©JAXA

が、ここで再度運命は暗転します。記者会見を行った翌日の12月8日、通信が完全に途絶したのです。臼田局での運用終了の少し前でした。運用チームが見ている前で、すうっと「はやぶさ」からの電波が弱くなり、消えてしまったのです（図Ⅰ-21）。どうやら、漏れて探査機内部に残っていた燃料が、何かの拍子に蒸発して噴出、姿勢を完全に崩してしまったようでした。「はやぶさ」が、まるでバイバイとでも言っているように、遠ざかっていきました。

「はやぶさ」の復活を待ち望む

通信が途切れたからといって、探査機が完全にダメになったというわけではありません。行わねばならないのは探査機がどういう状態になっているかを推定し、通信復活の道を探ることです。プロジェクトチームは、「『はやぶさ』のゴールは地球だ。イトカワは折り返し地点だ」という信念をぶれなく共有していました。

回転して安定を保っている状態の「はやぶさ」は、漏洩燃料の蒸発のような外からの力が加わると、ふらふらするコマのような味噌すり運動に入ります。もっと力がかかり、限界を超えると回転軸がひっくり返ります。いずれにせよ太陽電池パドルに光が当たらなくなれば、小さなバッテリーしか積んでいない「はやぶさ」はすぐに電力を喪失して、全系が停止し、通信不可能になります。12月8日に起きたことは、そう考えるとつじつまが合います。

では、そうなった「はやぶさ」はどうなるか。まず冷えます。「はやぶさ」は基本的に宇宙空間ではどんどん冷えていくのをヒーターで保温するという設計になっていました。表面温度100度C超のイトカワに降りていくとき、照り返しの強さに応じてヒーターを切って温度を一定に保つためです。電力喪失でヒーターがつけられなくなったわけですから、内部は冷えます。低温が電子機器に悪影響を与える可能性があります。その一方で姿勢が崩れた結果、通常は太陽光が当たらないように運用する放熱面にも太陽光が当たり、熱が入ってくるようになるはずです。きっとどんどん冷える一方というわけでもないでしょう。

また、いつまでも激しい味噌すり運動が続くわけではありません。実は「はやぶさ」は、どんな回転運動に陥ってもそのうち自然にz軸回りの回転に収束するように設計してありました。

z軸、つまり探査機上部の高利得のパラボラアンテナと、下部のサンプラーホーンが付いている面を貫く軸です。これは、セーフホールドモードの時の回転軸です。つまり、「はやぶさ」は最終的に一番安全なセーフホールドモードと同じ運動の状態に収束するわけです。物理学の運動法則に従って設計してあるので、間違いなく異常な回転運動は収まると断言できます。

z軸回りの回転に収束した時、「はやぶさ」の状態はどうなるのか考えてみます。「はやぶさ」はイトカワとともに、太陽の周りを公転していきます。太陽や地球との位置関係、角度はしだいに変化していきます。しばらくして、もしもその時、太陽電池パドルに太陽光が当たる状態だったならば、電力が復活し、受信機が使えるようになります。そのとき、「はやぶさ」のアンテナの守備範囲に地球が入ってくるかもしれません。地上から「はやぶさ」に「起きろ」という起動コマンドを送って、「はやぶさ」との通信を復活させることが可能になるかもしれません。

もちろん、味噌すり運動が絶対に太陽光が当たらない姿勢に収束する可能性もあります。アンテナの守備範囲に入らなくなる可能性もあるわけです。ここから先は確率です。計算してみたところ、2006年中に「はやぶさ」との通信が可能になる条件がそろう確率は60パーセント超となりました。おおまかに言って3つに2つ、これならば賭けてみる価値は十分にあります。

もう1つ、考えねばならないのは、「はやぶさ」の位置です。「はやぶさ」は徐々にイトカワから離れつつありました。もしも臼田局のパラボラアンテナをイトカワに向けても、電波受信が不可能なところまで「はやぶさ」が離れてしまったら、たとえ電力が回復しても探し出すのは至難の業となります。「ここに探査機がいる」ということが分かっているからこそ、私たちは巨大なパラボラアンテナを向けて通信を維持できるのです。これも検討したところ、少なくとも1年は臼田のアンテナで通信可能な範囲に留まるだろうということが分かりました。

では、「はやぶさ」との通信を復活させるにはどうしたらいいのか。ひたすら起動コマンドを、「はやぶさ」のいる方向に送り続けることです。ここで問題になるのが、通信に使う周波数です。「はやぶさ」の通信機器は周波数の基準に水晶振動子を使っていますが、温度によって周波数が大きく変化するという特性を持っています。電力を失った「はやぶさ」は冷えていますが、太陽光の入射もあって、水晶振動子がどの程度の温度になっているかは分かりません。可能性のある周波数すべてをしらみつぶしにして、「はやぶさ」に「起きろ」と呼びかけねばなりません。送信機も水晶振動子を使っていますから、起動した「はやぶさ」が返してくる電波もまた周波数が変化している可能性があります。すべての可能性のある周波数で呼びかけ、すべての周波数で耳を澄ます必要があります。また、「はやぶさ」はスピンしています。つまり通信は切れ切れなのです。どのくらいの周期で切れ切れだとかは、誰も教えてくれません。

なすべきことが分かれば次は行動です。至急、送信受信用のソフトウエアの手配に入り、通常運用ではなく、ここからは救出運用だと宣言しました。JAXA上層部や、文部科学省に状況を説明し、了解を取ります。

12月14日、私たちは記者会見で、「はやぶさ」の状況と、救出運用に入ることを公表しました。もはや2005年12月のイトカワ出発はあり得ませんから、自動的に帰還は3年延びます。

記者会見では、２００７年3月までの復旧確率を出しました。これは、２００６年度の年度末ということです。救出運用を行うには予算が必要です。「もう復活はないだろう」と判断されて予算が切られれば、そこで「はやぶさ」の運用はおしまいになります。２００７年3月とは、少なくとも２００６年度の「はやぶさ」運用予算は確保できたという意味でした。年度末対策をうったのです。

そのため、私は少々レトリックを駆使しました。復活の可能性が60パーセント以上というのは、復活の条件がそろうという意味です。もしも冷え切った「はやぶさ」でなにか搭載機器の故障が起きていたら、復活できないかもしれません。その意味では、復活できるかどうかは、誰にも分からなかったのです。しかし私は、そこをあえて曖昧にして「60パーセント以上の可能性がある」と説明をし、次年度予算と体制の維持の了承を得ました。

静かに２００５年から２００６年にかけての年末年始が過ぎていきました。11月の着陸の時は、入りきれないほどの人が集まった管制室ですが、用事が済んだ人から姿を消していきます。小惑星研究の皆さんはそれぞれの職場に帰り、得られたデータから研究を進め、論文執筆に集中していました。メーカー技術者の方々は、「なにか用事があったら呼んでください」という言葉と共に社に帰って行きます。

この時期、私のプロジェクトマネージャーとしての仕事は、「『はやぶさ』は終わっていない」ということを皆に印象付けることでした。朝、管制室のコーヒーメーカーでコーヒーを沸かし、立て続けに会議を開いて出席者に課題を出す。その一方で、1週間交替の運用チームは、毎日臼田のアンテナをイトカワにいるはずの「はやぶさ」に向けて、「起きろ、起きろ」と送信しては耳を澄ますことを繰り返していました。あとは関係者に、こういう場合はどう対策するのか、といったアクションを出し続けました。アクションが切れることは万策尽きたと物語ることになります。

そして年が明けた1月23日、予想よりもずっと早く返事はあったのです。

1ビット通信で姿勢を建て直す

12月8日の通信途絶から46日目の2006年1月23日、臼田局に「はやぶさ」からの電波が入りました。1年の長丁場を覚悟していたことを考えれば、予想以上に早い復活でした。奇跡的で、だれもが夢ではないかと思いました。

微弱な電波を受信するために、臼田局にはスペクトラム・アナライザーという装置が設置してあります。探査機が送ってくる電波のエネルギーを周波数別に測定し、一定時間分を足し合わせて平均して表示する装置です。地面をぬらす程度の弱い雨でも、時間をかけて升に溜めると「1時間に1ミリメートルの雨が降ったな」と測定可能になるのと同じです。

その、探査機が送ってくるごく弱い電波を検出するための装置のディスプレイは、「はやぶさ」の電波途絶以来、宇宙のノイズだけが表示されていました。横軸が周波数、縦軸が電波の強さを示す画面には、下の方にうねうねとノイズの波が表示されるだけだったのです。ノイズは平均するとほとんどゼロになっていきます。しかし、1月23日、グラフにはっきりとしたピークが立ちました（図I－22）。

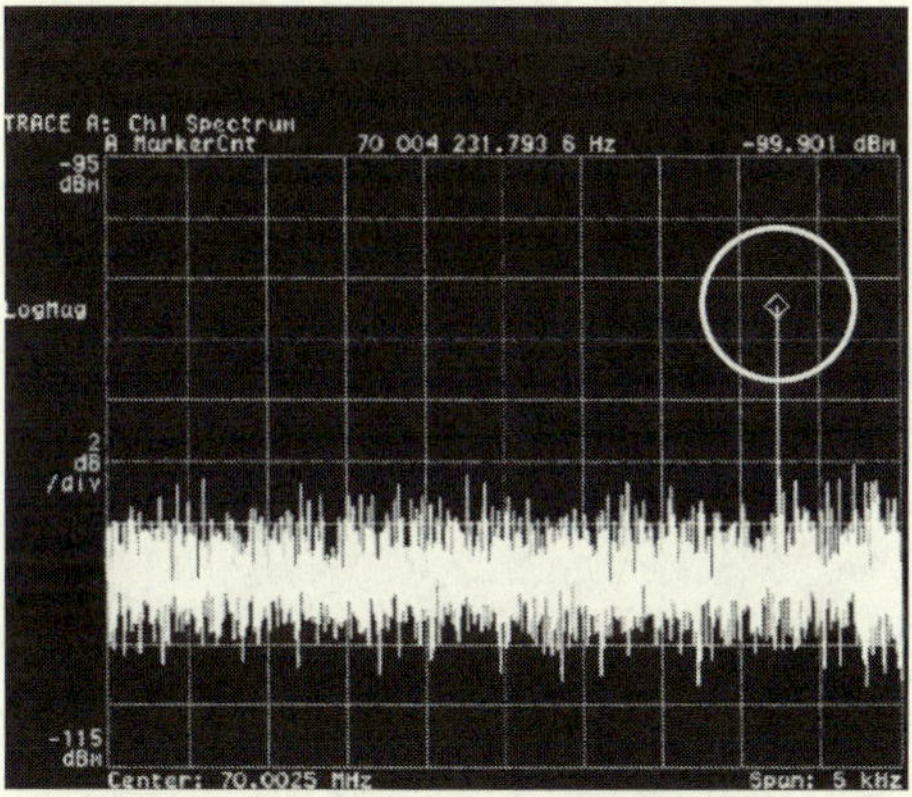

図I－22　「はやぶさ」からの電波
（宇宙研資料より）

その場に立ち会った運用チームもにわかには信じられなかったようで、アンテナを振って方向を確かめたそうです。なにか地上の電波が混信したならば、アンテナを振ってもすぐに消えることはありませんが、「はやぶさ」からの電波なら、微妙にアンテナの方向をはずしただけで受信できなくなります。アンテナの向きを少し変えると、ピークは消えました。

間違いありません、「はやぶさ」からの電波です。私たちが周波数を変えながら送り続けた探査機の各部への起動のコマンドを、太陽電池パドルに光が当たって電力が復活した「はやぶさ」が全部受信し、全部実行して再起動したのです。

この時私は、「はやぶさ」関連の学会発表を行うためにアメリカのフロリダにいましたが、日本からの連絡を受けて急遽発表をキャンセルし、帰国しました。

なによりも急いで行わねばならないのは、「はやぶさ」のz軸がどの方向を向いているかの確認、そして太陽電池パドルに太陽光がきちんと当たるようにz軸の向きを変えることでした。「はやぶさ」から電波が届いている以上、今は太陽電池パドルに光は当たっています。しかし、「はやぶさ」はイトカワと共に太陽の周りを回っています。「はやぶさ」から見る太陽の方向は変化していきますから、いつまでも太陽光が当たっているわけではありません。イトカワと一緒に太陽の周りを公転しているので、1日に1度、3ヵ月で90度、太陽の方向は変わっていきます。放っておくと再び電力がなくなって死んでしまうのです。その前に、「はやぶさ」の姿勢を調べ、きちんと太陽電池パドルを太陽に向ける必要があります。

「はやぶさ」から届く電波は途切れ途切れでした。これは、「はやぶさ」の回転によって、「は

「はやぶさ」のアンテナが地球を向いたり向かなかったりしていることを意味します。いつも地球がアンテナの中心方向に見えているわけではなく、アンテナの視野の端に地球があると、通信は途切れ途切れになってしまいます。

「はやぶさ」には3種類のアンテナが搭載してあります。まず、高速通信を行う直径1・6メートルのパラボラ型高利得アンテナ（HGA）。「はやぶさ」がイトカワとランデブーした3億キロメートルもの距離から毎秒2000～4000ビットの速度で通信ができますが、正確に地球へ向けないと使えません。次いで、主にイオンエンジン運転中に使うことを想定した中利得アンテナ（MGA）。ある程度の角度で地球を見込んでいれば、256ビットで通信できます。最後に、非常用の低利得アンテナ（LGA）。アンテナがどちらを向いていても通信可能ですが、通信速度は8ビットと極端に遅いです。

再起動した「はやぶさ」は、まずLGAで電波を送ってくる設計になっています。全方向と通信できるLGAですが、全方向といってもアンテナから見て「はやぶさ」本体が遮る方向、あるいは太陽電池パネルのある方向には通信できません。干渉が起きて通信がしにくい方向もあります。ですから電波が途切れ途切れになるわけです。その状態から逆に、姿勢と回転の速度をある程度推測することもできます。

しかしそれは良い話ではありません。送ってくる電波が途切れ途切れということは、こちらから送った電波もまた途切れ途切れにしか受信できないということです。私たちは、うまく「はやぶさ」が受信できそうなタイミングを見計らってコマンドを送るという方法で、少しずつ「はやぶさ」の状態を調べていきました。通信には時差がありますから、これは大変な作業でした。

この時に威力を発揮したのが「1ビット通信」です。もともとは、火星探査機「のぞみ」の通信機器が故障して、データ通信が不可能になったときに開発した手法です。「のぞみ」は故障のため、地上からのコマンドは受け付けるがデータが乗っていないビーコン電波しか返すことができないという状況になりました。そこで探査機に対して「これこれの条件を満たしていればビーコン電波をオフにしろ、そうでなければそのまま」というコマンドを送り、ビーコン電波のオンオフで、探査機の状況を調べたのです。オンとオフしかありませんから情報量としては1ビット。ということで「1ビット通信」という名前が付いています。必要に迫られて開発した通信手法ですが、非常時に大変役立ったので、「はやぶさ」には1ビット通信を正式の機能として探査機に組み込んでありました。

手順としては、まず「はやぶさ」のz軸回りの回転速度を落とします。幸いなことにz軸回りの制御を行うリアクションホイールは生きていますから、これを使うことによって回転速度を遅くすることができました。すると、相変わらず途切れ途切れではありますが、1回の通信可能時間が長くなるので、地球との通信が少しやりやすくなります。その上で、1ビット通信を使って探査機の状況を調べていきます。コマンドが通ったり通らなかったりで、まだるっこいことこの上ないのですが、他に方法がありません。

1ビット通信では、まず姿勢を調べました。「はやぶさ」は太陽センサーという太陽がどちらの方向に見えるかを調べるセンサーで、自分の姿勢を測定します。太陽センサーの出力を、「この値からこの値の間に太陽はあるか、イエス・ノーで答えろ」とコマンドを送り、少しずつ尋ねる範囲を狭くしていきます。太陽がどっちに見えるかをたずねているわけです。

その結果、発見された時点で「はやぶさ」はz軸が地球から角度にして70度もはずした状態で、毎秒7度という速さで回転していたことが判明しました。しかも12月8日の電波途絶時とは回転方向が逆になっていました。12月8日には、z軸をほぼ地球に向けて毎秒1度で回転していましたから、噴出するガスでかなり激しい外乱を受けたことが分かります。

次に新しい姿勢制御プログラムを「はやぶさ」に送り込み、イオンエンジン中和器からのキセノン生ガス噴射で、z軸が太陽を向くように少しずつ向きを変えていきます。それに伴い、通信の状況も少しずつ良くなっていきました。

2月25日にはLGAを使った待望のデータ通信が可能になりました。秒速8ビットという低速ですが、それでも私たちには「一気に大量のデータが降りてきた」と思えました。3月4日にはMGAで毎秒32ビットのデータ通信が可能になり、探査機の状態がほぼ判明しました。「はやぶさ」は満身創痍でした。

傷だらけの「はやぶさ」

通信途絶の原因となった化学推進系は完全に使えなくなっていました。本当に全部漏れたのか、それともセンサーがダメになったのか分かりませんが、燃料の残量ゼロという数字が返ってきました。バッテリーは搭載した11セルのうち4セルが過放電でダメになっていました。通信途絶前に故障を起こしていた2基のリアクションホイールと考え合わせると、「はやぶさ」とまともに通信できているほうが不思議なぐらいです。

一方で朗報もありました。イオンエンジンの燃料であるキセノンは無事で、十分な量が残っていました。キセノンが残っていれば、中和器からの噴射で姿勢を制御し、イオンエンジンで地球に帰還する希望が生まれます。

軌道決定を行ったところ、「はやぶさ」はイトカワからイトカワの公転方向に1万3000キロメートル離れたところを、毎秒3メートルでイトカワから離れつつ、漂っていることが分かりました。

地球は1年で太陽を回ります。一方、イトカワは、1・52年です。すると3年に1回、地球とイトカワは同じ位置関係になります。これが帰還のチャンスです。2005年12月に出発して、1年半後の2007年6月に地球に帰るというのが当初計画でした。次の帰還のチャンスは2010年6月です。帰還のタイミングが限られる一方で、出発のタイミングには2回のチャンスがあります。1年半で帰る当初計画は、太陽を1周している間にイオンエンジンを運転して地球に近づくというものでした。

今回の場合、時間に余裕があるので、3年をかけて太陽を2周して地球に帰るという軌道が使えます。イオンエンジンも劣化が進み、場合によっては4基のエンジンのどれかが使えなくなる可能性があります。エンジンの数が減れば、それだけ加速に長い時間をかけねばなりません。となると、2007年2月に出発して太陽を2周して地球に戻る軌道のほうが、余裕を持つことができます。駆動する時間が長くとれれば、同時に運転するエンジン数も1基ですみます。最良の状態でエンジンを運転できるわけです。

「2007年2月にイトカワを出発して2010年6月に地球に帰る。そのためにできる限りのことをする」という方針で私たちは帰還の準備を進めていきました。

光の圧力で姿勢を制御

すぐに問題になったのは、「キセノンを節約しないと帰還に足りなくなる」ということでした。「はやぶさ」は、太陽電池パドルを太陽に向けてz軸回りに緩やかに回転しています。ところが「はやぶさ」から見た太陽の方向は、「はやぶさ」が太陽の周りを公転するにつれて変化していきます。そのままでは、「はやぶさ」の回転軸は、慣性系について一方向を向きっぱなしですから、そのままでは太陽電池パドルに光が当たらなくなってしまいます。1日に1度、3ヵ月もすれば90度太陽の向きが変わってきます。ですから、回転軸の向きを少しずつ変えて、太陽電池パドルを太陽に向け続けなくてはなりません。

最初、この作業にはキセノン生ガス噴射を使っていました。ところが、太陽へ向け続けるためにキセノンを消費していくと、帰還に必要な量を割り込む可能性が出てきました。何か別のキセノンを使わない姿勢制御方法を考えねばなりません。リアクションホイールか化学推進スラスターが生きていれば簡単なことなのですが、その簡単なことが満身創痍の「はやぶさ」にはできなくなっていました。

太陽を中心にして「はやぶさ」が太陽の周りを回っている図を思い浮かべてみてください。黄道面を北極方向から見下ろすと、「はやぶさ」もイトカワも、そして地球を初めとした惑星はすべて反時計回りに太陽の周りを回っています。「はやぶさ」はz軸を横倒しにして太陽電池パドルを太陽に向けていますが、そのままだと90度太陽を回ると太陽電池パドルの横から太陽光が当たるようになってしまいます。180度回ると太陽光は裏側に当たります。270度だとまた横からです。ですから「はやぶさ」が太陽を1周する間に、「はやぶさ」の回転軸も1回転させて、常に太陽電池パドルが太陽を向くようにしなくてはなりません。

そこで、白川健一さんらが大変巧妙な手段を考案してくれました。太陽の光を使うのです。太陽光が当たると、わずかながら力がかかります。光の圧力、光圧です。

ここで、くるくる回るコマの動きを思い浮かべてください。コマの軸を突いて傾けると、コマは首振り運動を始めます。この時、コマには「回転の軸と押した力の方向の両方に直角方向となる力が働く」のです。突っついて押す力と、発生した横方向の力が合わさって結果として首振り運動が起きるわけです。この運動法則は回転するものすべてに通用されます。首を振らせることが目的ではなく、首を振った直後、その平均のコマの軸が傾くことを使うのです。「はやぶさ」もまた回転しています。その回転軸をちょっと押す力があれば、コマの首振り運動のように回転軸の向く方向をずらすことができます。一瞬突っつくのでなく、継続的に押す力があれば回転軸の向きを継続的にずらし続け、太陽に向け続けることができます。太陽を1周する間に軸の向きを1回転させればいいので、大きな力は必要ありません。

そこで光圧です。「はやぶさ」にはイオンエンジンを運転するための大きな太陽電池パドルが付いています。「はやぶさ」の姿勢を太陽からやや上向きにずらせておきます。そうすると、太陽電池パネルにはたらく光圧が、余計に上向きに「突っつき、のけぞらせる」トルクを探査機に与えるので、それと直角方向、つまり太陽を追いかける向きに姿勢をずらしていくことになります。ここらは力学的な性質でちょっと難しいかもしれません。そこにかかる太陽の光圧を使って、「はやぶさ」の回転軸を押し続けること、「突っつき、のけぞらせる」トルクを与え続けることで、「はやぶさ」の太陽電池パドルを太陽に向け続けることができるのです。

実際試してみると、試行錯誤はあったもののうまく「はやぶさ」を太陽に向け続けることができるようになりました。これによりキセノンの温存が可能になり、帰還に向けてまた一歩進むことができました。

これまでも、太陽光の圧力を姿勢制御に使った例はあります。しかしそれは最初からそのように狙って設計したものでした。太陽電池パドルを使った緊急の手段として姿勢制御を行ったのは、「はやぶさ」が世界初です。

パンクしたバッテリーに充電する

イトカワ出発までの1年間、帰還に向けた準備を1つ1つ進めていきました。まず、「はやぶさ」内部の温度を上げて、まだ残っているかも知れない漏洩燃料を追い出します。もしも大量に残っていて一気に気化して噴出したならば、また通信途絶ということになるでしょう。そのようなことが起きないように注意深く内部の温度を上げていきますが、どうしてもリスクは残ります。幸い、姿勢を崩すようなことは起きませんでした。

その一方で、帰還に必要な機器の状態も調べ、最後まで持たせる方策を検討します。特にイオンエンジンは帰還に必須ですから、慎重に調べていきます。残された1基のリアクションホイールだけで、姿勢を安定させてイオンエンジンを所定の方向に噴射し続けるための姿勢制御の手法も詰めていきます。リアクションホイールの駆動負荷も軽減することにしました。

帰還のためには、1つどうしても乗り越えねばならない関門がありました。イトカワのサンプルが入っているかも知れないサンプル室を、帰還カプセルに押し込み、蓋を閉める操作です。バネにつけたヒーターに通電して加熱すると、形状記憶合金のバネが伸びてサンプル室を帰還カプセルに押し込むと同時に蓋を閉じる仕組みです。バネを伸ばすヒーターへの電力は、短時間に大電力が必要なので、太陽電池から直にとるのではなく、リチウムイオン・バッテリーから供給する設計になっていました。本来、この作業はもっと早く実施する予定でした。第2回着陸後のトラブル対応に時間をとられ、ここまで作業が延び延びになっていたのです。しかし、11セル中4セルがパンクしているバッテリーで、果たして蓋閉めができるのでしょうか。

検討の結果、生きている7つのセルに充電ができれば、バネを伸ばすのに十分な電力が得られると分かりました。ところが、バッテリーはすべてのセルが直列につながっています。過放電でパンクしてしまっている4セルは生きている7セルと直列につながっていますから、このまま充電したらパンクしたセルが発熱・発火する恐れもありました。

実は7セルが生き残るにあたっては、奇跡と形容すべき出来事がありました。「はやぶさ」は太陽電池からの電力が途絶えると自動的にバッテリー運用に切り替わるように設計されています。ですから2005年12月8日に姿勢を崩した時、バッテリー運用に切り替わったはずなのです。そのままバッテリー電力を使い尽くし、直列につながったすべてのバッテリーのセルが過放電でパンクしていてもおかしくありませんでした。ところが通信復活後に調べてみると、パンクしたのは4セルだけで、残る7セルは生きていたのです。それどころか、それなりの電圧を維持しており、どうやら一度放電した後で充電されたとしか思えませんでした。

7つのセルが生きていた理由は、チャージバイパス回路にありました。バッテリー各セルにはチャージバイパス回路という回路が付属しています。リチウムイオン・バッテリーは過充電に弱いので、過充電が起きそうになると、この回路に余分な電流を流してしまうという設計です。このバイパス回路には電圧計も入っていて、各セルの電圧を測定する仕組みになっています。電気回路の知識がある方は、「電圧を測るということは微小な電流が流れることだ」と知っているでしょう。その微小電流が鍵でした。

2005年12月8日の通信途絶の時点で、チャージバイパス回路は切ってありました。ところが、通信復活後に調べてみると切っていたはずのチャージバイパス回路がオンになっていたのです。姿勢を崩した状態で太陽電池が辛うじて供給する数ミリアンペア（mA）の微小電流がちょろちょろとチャージバイパス回路に流れ続け、7つのセルが過放電によるパンクを起こさずに済んだのです。それどころか、微小電流はバッテリーを充電すらしていたのでした。

地上からチャージバイパス回路のスイッチを入れるコマンドを送ってはいません。どのような理由で、切っていたはずの回路がオンになったのかは全く分かりませんでした。これは本当に奇跡としかいいようがありません。なにしろ、セル7つ分の電力があれば、帰還カプセルの蓋閉めを行うことが可能なのです。しかも、チャージバイパス回路を使えば、時間をかけてゆっくりと、7つの生きているセルに充電することができるということを、「はやぶさ」自らが実証していたのです。

パンクしてしまった4つのセルが充放電でトラブルを起こさないか、地上で同一のバッテリーを使って入念な確認試験を行いました。結果はOKでした。2006年7月初めからほぼ1ヵ月をかけて、チャージバイパス回路を使った充電を実施し、7つのセルをほぼ満充電することができました。その後ずっと電圧を維持するように補充電を続け、2007年1月17日深夜から18日早朝にかけての運用で、帰還カプセルの蓋閉めを実施しました。

この時期まで蓋閉めを遅らせたのは、2006年夏の「はやぶさ」は、太陽と地球の両方から遠い位置にあったからです。そのため太陽に近づいてきて機体が温まると同時に太陽電池からの電力供給に余裕ができ、なおかつ地球とのタイムラグの小さな通信が可能になる2007年初頭まで蓋閉めを待ったのでした。

宇宙で、可動部を動かすのはいつも怖いものです。真空環境で不用意に金属面を接触させておくと固着しますし、たとえ引っかかっても直しに行けるわけではありません。地上ではちょっと叩けば直る引っかかりも、宇宙では命取りになりかねません。固着していないか、途中で引っかかったりしないか、様々な心配を抱え、緊張して挑んだ蓋閉めですが、トラブルなく成功しました。

帰還開始

2007年4月24日、私たちは記者会見を開催し、明日午後5時をもって帰還を開始すると宣言しました。宣言、というのは、推力が微小なイオンエンジンの場合、エンジンを起動してもすぐにイトカワを離れて帰還軌道に入るというものではないからです。実際、2月からイオンエンジンの試運転と微調整、噴射中の姿勢制御の実地試験などを行っていました。実際、軌道計画では、帰還開始時期は2月からの数ヵ月間の余裕を見込んでいました。帰還開始宣言は、ここから帰還を始めるというよりも、社会的に区切りをつけるという意味合いがあったのです。

イオンエンジンの状況は、「ぎりぎり帰還できるかどうか」といったところでした。Aから Dまで4基搭載しているエンジンのうち、スラスターAは打ち上げ直後の試験で調子が悪いことが分かり、予備に回っています。残る3基のうち、スラスターCは調子が今ひとつで、なかなか起動してくれないという難問題を抱えていました。起動直後に過電流検出回路が過剰に鋭敏に作動して、立ち上がるのを止めてしまう、という難題でした。そこでスラスターBとDを使った帰還計画を立てたのですが、記者会見直前の4月20日についにスラスターBは寿命を迎えてしまいました。

「はやぶさ」に搭載したイオンエンジンの寿命は、中和器の劣化という形で訪れました。中和器は、噴射したプラスイオンのキセノンの流れに、キセノンをやはりプラズマ化し、そのうちの電子の噴射で〝橋〟を渡し、出ていくイオンを電気的に中和する役割を持っています。中和器の劣化が進むと、中和器からキセノンイオンへの電子の流れが悪くなり、同じ電子の流れを維持するためには、電子を引き出すのに必要な電圧が高くなっていきます。流れの悪い水道に高い水圧をかけて水を流そうとするようなものです。この電圧が上がりすぎると、逆に宇宙空間からイオンが中和器に衝突してきて加速度的に中和器の劣化が進行します。50ボルトという制限を設けてこれ以上の電圧がかかるとイオンエンジンを停止する仕組みになっていました。

そこから無理に起動してもあっという間に寿命を迎えてしまいます。イオンエンジンの設計上の寿命は1万5000時間です。「はやぶさ」の打ち上げ直前には地上試験で、3万時間（製作までで2万時間、打ち上げ前までで3万時間）の運転も達成していたのですが、やはりこのような新規開発アイテムでは、なかなか試験と実際は一致しません。スラスターBは、9600時間の運転で寿命が来てしまいました。実際の運転サイクルは、単純な耐久試験とは大きく異なるものだったわけです。それが理解されただけでも、大きな技術実証になったと思っています。

残るスラスターDは、非常に調子よく動作していましたが、調子がいいだけあって、一番酷使していました。帰還開始を宣言した時点で累積動作時間は1万1000時間を超えていましたから、スラスターDだけに帰還の望みを託することは危険です。帰還行程3年の間に、イオンエンジンは累積で1基に換算して1万時間は運転する必要があります。すでに1万1000時間の運転を行ったスラスターDのみをさらに1万時間運転することができるかどうか、これはかなり厳しいところです。

当面はスラスターDでの帰還飛行を行うとする一方で、私はイオンエンジンのチームに、なんとかスラスターCを使えるようにできないかと指示を出しました。

すぐにでもスラスターCの起動試験を行いたかったのですが、この時「はやぶさ」は太陽に近づいていて探査機の温度が上がっていました。温度の上がりすぎを防ぐために、Cエンジンの試験は、6月7日に太陽に一番近い近日点を通過した後に行うことにしました。

7月下旬、私たちはスラスターCの起動試験を開始しました。國中先生を中心としたイオンエンジンチームは、むずかるスラスターCをなだめすかすようにあの手この手を試し、ついにエンジンを事前にヒーターで温めておくという方法でスラスターCを起動することに成功しました。過電流検出回路の動作をかいくぐる方法でした。これで、スラスターDを温存することができます。2007年8月から10月まで、「はやぶさ」はスラスターDを止めてスラスターCで加速することができました。

イオンエンジン運転の間、「はやぶさ」は残る1基のリアクションホイールだけで、姿勢を維持しました。着陸運用時は、リアクションホイール1基と化学推進スラスターで姿勢を維持しましたが、もう化学推進スラスターも使えません。イオンエンジンは、こちらで決めた方向に噴射し続ける必要があります。ですからz軸回りのリアクションホイールを使って、その姿勢を維持する必要がありました。

どうやって姿勢を維持・制御したのかといえば、「はやぶさ」にかかる微小な力のバランスを使ったのです。z軸回りのリアクションホイールは生きていますから、反力でz軸回りには一定の姿勢を維持できます。イオンエンジンには噴射方向を数度変えることができるジンバリング機構が付いていましたから、エンジンを運転している限り、これは姿勢制御にも使えます。太陽光の圧力も姿勢制御に使えます。前述した通りです。さらに、イオンエンジンの噴射はわずかながらねじれていて、反動でねじれトルクが発生していました。これは姿勢制御にはありがたくありませんでしたが、これを光圧と巧みにバランスさせてキャンセルしなくてはなりません。

それぞれの力、トルクはごく微小です。しかし、「はやぶさ」は宇宙空間に浮いているので微小な力でも姿勢を変えることができる、逆にいえば姿勢は変わってしまいます。また、リアクションホイールはコマの一種ですから、帰還開始前にキセノンを節約するのに使った「回転の軸と押した力の方向の両方に直角方向に発生する力」を使わなくてはならないわけです。これらの力を微妙にバランスさせて、「はやぶさ」は姿勢を制御したのです。

とはいえ、小さな力の微妙なバランスですから、どうしても姿勢はふらつきます。ふらつくとイオンエンジンの噴射方向がそれます。すると軌道がずれるので帰還のための軌道計画を再計算する必要が出てきますが、そのためには精密に軌道を知る軌道決定が不可欠です。というわけで帰還の行程では、姿勢と軌道計画、軌道決定が密接に関連することになりました。姿勢系の白川健一さん、軌道計画の松岡正敏さん、軌道決定の大西隆史さん、そして西山和孝君がマネジメントする運用チームの連携プレイです。観測に基づいて大西さんの計算した「はやぶさ」の軌道に基づき、松岡さんがこれからの軌道計画を算出、白川さんがそのために必要な姿勢を維持する手法を考え、運用チームが実施する。また軌道を計測して新たな軌道を決定する——この繰り返しでした。

実際問題として、最後に残ったリアクションホイールが故障する可能性もありました。搭載した3基のリアクションホイールは、同一設計で同一製造ロットです。うち2つが壊れたということは、残る1つがいつ壊れてもおかしくはありません。ですから、私たちは実は、最後のリアクションホイールが壊れた場合に姿勢を維持制御するためのソフトウエアの開発も進めました。幸いなことに、このソフトは使わずに済みましたが。

帰還では、2回に分けてイオンエンジンを噴射する計画です。2007年10月18日、「はやぶさ」は、最初の噴射帰還である第1期の軌道変更制御を無事完了しました。ここから1年4ヵ月は、z軸回りに回転させて、「はやぶさ」を半冬眠状態に入れます。太陽電池パドルを太陽に向け続けるためには、もちろん太陽光圧を使うわけです。この姿勢制御手法を開発できたからこそ、キセノンを温存しつつ、帰路を乗り切ることができたのです。

2009年2月4日、「はやぶさ」は再び目覚めました。スラスターDに点火して第2期軌道変換を開始しました。

ここまで来ると、それまで「帰ってこられないのではないか」と言っていた人たちも「これはひょっとすると帰ってくるかもしれない」と考え始めます。時期的にも、地球帰還について本格的に行動を開始する必要が出てきました。カプセルが落ちるオーストラリアとの折衝や国内外の各種手続き、回収隊の組織と訓練、そしてサンプルを受け入れるキュレーション設備の整備と研究体制の構築——やるべきことはいくらでもあります。

回収に向けた動きが本格化した2009年11月4日、「はやぶさ」を最後の危機が襲いました。スラスターDが、ついに寿命を迎えたのです。

2基のエンジンを1基として運転する

スラスターDが停止した時点で、「はやぶさ」は太陽から離れた火星軌道付近にいました。太陽電池の発生電力が下がっているので、スラスターDのみの運転を続けていたところ、劣化が限界に達してエンジンが停止したのです。

スラスターCは劣化の進行により推力が下がっていました。Dだけが頼みでした。定格では8ミリニュートンですが、共に5ミリニュートン以下の推力しか出なくなっていたのです。そこで、電力が足りない間は調子のいいスラスターD単独運転でぎりぎりまで加速した後、太陽に近づいてきて電力的な余裕ができたところでCとDの同時運転を行い、地球へと導く予定でした。

スラスターDが使えなくなったことで目算が狂いました。スラスターCだけの推力では、2010年6月に「はやぶさ」を地球に導くことはできません。すると次のチャンスはさらに3年後の2013年地球帰還ということになります。3年の時間があれば、推力が小さくても時間をかけて噴射することで、地球に戻ることができるかもしれません。しかし、打ち上げから6年以上を経て、「はやぶさ」のあちこちに劣化の兆しが出てきていました。さらに3年の宇宙航行に耐えられるかどうかはかなり悲観的です。スラスターCだってそこまで長期間の運転が可能かどうか分かりません。ホイールも、またメモリも相当に傷んでいました。

小惑星への往復飛行の行きと帰りでは、必要なエネルギーで考えると帰りのほうが楽です。行きは小惑星へのランデブーです。探査機と小惑星の位置と速度を一致させる必要がありま す。一方帰りは、探査機と地球の位置を合わせるだけで済みます。帰還カプセルは大気圏に突入して、受ける抵抗によって地球との速度を合わせてパラシュート降下します。「はやぶさ」の軌道を見ても、行きは地球スイングバイで増速量を稼ぐ必要がありましたが、帰りはイオンエンジンだけで地球に戻って来ることができます。

イトカワを往復して地球に帰ってくるためには、全部で毎秒2200メートルの速度変化が必要でした。2009年11月4日の段階では、すでにそのうちの2000メートルを達成していました。あと200メートルです。時速720キロメートル、旅客機でも出せる速度です。

しかし、その200メートルを達成できなければ、「はやぶさ」は地球に戻ってくることはできないのです。

すぐに、予備として温存してきたスラスターAを起動しようと試みましたが、打ち上げ直後には曲がりなりに動作したものが、どうしても起動しませんでした。長期間の宇宙航行によって、なにか問題が起きているようです。

ここで、複数のイオンエンジンを組み合わせての運転案が浮上しました。イオンエンジンはイオン源と中和器が一組になっています。「はやぶさ」には4基のイオンエンジンが積んであるので、4基のイオン源と4基の中和器があるわけです。使える部分を組み合わせて、別のエンジンのイオン源と中和器を組み合わせれば、定格推力の運転ができるのではないかということです。以前から可能性としては考えられていて、イオンエンジンを担当する國中先生や堀内康男さんとの会話の中で、2009年の夏頃から「いよいよエンジンの劣化が進んだらこういう手もあるか」と話題にしていました。

幸い、スラスターAの中和器は打ち上げからずっと使っていなかったので新品同様です。これと他のエンジンのイオン源を組み合わせれば定格近い推力が得られるかもしれません。回路上の検討を指示したところ、翌日すぐに返事が返ってきました。「回路上は可能です」。回路上というのはどういうことでしょうか。私はいぶかりました。

実はこの運転は、電源の間に逆流防止のダイオードを入れてなければできなかったのです。「はやぶさ」は4基のイオンエンジンを3基の電源で駆動します。同時に駆動できるエンジンは3基です。電源1、2、3は、それぞれスラスタ-AとB、BとC、CとDのどちらかに電力を供給するよう配線されています。1基の電源からは一度に1基のエンジンにしか電力は供給できません。ある中和器はペアとなるイオン源からの電流の分だけ電子を出すという能動的な制御をする設計でした。ですから、イオン源から何も流れ出ないと、その中和器は意地でも電子を出さない動作をするわけです。

別々のエンジンのイオン源と中和器を組み合わせて使う場合、イオン源でプラスのイオンを発生させる時に余剰に発生する電子が、探査機全体の電位が負に下がって受動的に放出されて出ていくように機能しなくてはなりません。能動的な制御がかかった状態では、これを止めてしまうわけで、これをバイパスしてやるダイオードが必要でした。

イオンエンジンのチームは、打ち上げ前の探査機開発が多忙を極めた時期に、電源にこの配線を追加していたのでした。これは私も知りませんでした。イオンエンジンの中和はほかのエンジンの中和器でもできるはず、という原理は認識していましたが、そんな配線が実際に必要なことも、配線されていたことも思い至りませんでした。いや、報告を受けていたけれども忘れていたのかもしれません。

この「エンジン2個イチ」というべき運転には、実は問題点もあります。まず、「はやぶさ」の場合、エンジンへのキセノンの供給は、イオン源も中和器も同じ配管の同じ弁で制御しています。軽量化のために2つの弁に分けなかったのです。ですから、使わない側のイオン源と中和器からもキセノンが漏れていきます。つまり漏洩するキセノンがあるということです。しかし、推進剤のキセノンの残量は十分にありました。多少浪費しても大丈夫です。

もう1つは、2基のエンジンに通電しつつ、1基のエンジン分の推力しか発生しないため、片方のイオン源が故障しているエンジンでは、電子レンジでいえば「空焚き」状態になってしまうことです。マイクロ波は反射して、給電ケーブルからかなりの廃熱が発生して、高温になってしまいます。本来、空焚きは許されない運用ですから、このダイオードが機能しても実際に連動運転が持ちこたえられるかは五分五分でした。せめて、太陽光が入るとかがないように、太陽から遠い位置にある間は電力のやりくりも大変になります。

実際のエンジン起動はかなり面倒なものでした。火星軌道付近にいる「はやぶさ」は太陽電池の発生電力が下がっているので、100ワット近くの電力を消費する通信機を一度止めて2基のイオンエンジンをつないで運転、データを記録してからエンジンを停止し、通信を復帰してからデータを送信するというやりかたで、動作試験を行いました。

最初にスラスターAの中和器とスラスターDのイオン源を使って運転を行いましたが、うまくいきませんでした。それでも、若干推力が発生しかけていると思しき兆候がデータには記録されていました。そこで今度は組み合わせを変え、Aの中和器とBのイオン源で運転してみたのです。

すると通信復帰の途端に、「はやぶさ」からの電波のドップラーシフトが不連続にジャンプしていました。推力が発生していた証拠です。その後、データをダウンロードして定格に近い6・5ミリニュートンの推力が発生していることを確認しました。これだけ推力が出ていれば、スラスタ-Cを使わなくとも2010年6月に地球に帰れます。他の組み合わせの試験をしている時間的余裕はありません。このままAの中和器とBのイオン源による運転を続行することにしました（第2部1章参照）。

「はやぶさ」は危地を脱し、また地球に向かい始めました。

「エンジン2個イチ運転」が可能になった背景には、設計の偶然も関係しています。イオンエンジンの中和器は、4基のイオン源を取り囲むように配置しています。つまり、中和器から、4つのイオン源をすべて見渡せるのです。原理的にはどの中和器からでも、任意のイオン源のイオン流に電子を供給できるわけです。

設計時には、中和器をまとめてイオン源の中央に立てたらどうかという案もありました。実際には配管などの都合で、イオン源を取り囲む中和器配置になったのですが、もしも中央に中和器を配置していたら、2個イチ運転はできなかったかも知れません。

イオンエンジンの問題を解決した「はやぶさ」は、順調に地球に帰還する軌道に近づいてきました。2010年2月に入ってからは、時折イオンエンジンを止めて、精密な軌道決定を実施し、目的の軌道に近づけるという運用を繰り返しました。

最後に地球の昼の側を通過する軌道だったものを、夜の側を通過する軌道に移して軌道制御は終了です。これは、地球の自転方向に沿う方向から再突入して、大気圏へ再突入させ、相対速度を少しでも下げるためです。この時、万が一にも軌道制御の途中でイオンエンジンが停止してしまった時にも、「はやぶさ」が地球に突っ込む軌道をとらないように、軌道変換は「はやぶさ」の地球への最接近地点が、地球の南極側を迂回するように軌道制御を実施しました。これは結構やっかいでした。直接、地球大気圏に投入する軌道には入れません。軌道制御にはどうしても誤差が生じるために、後で誤差を詰めていくための軌道修正を行うためです。

2010年3月27日の午後3時17分。「はやぶさ」は第2期の軌道制御を終了し、イオンエンジンを停止しました。「はやぶさ」は、地球の中心から約2万キロメートルの位置を通過する軌道に入りました。地表からならば、1万3600キロメートルです。まだ「はやぶさ」は地球から2700万キロメートルも離れていましたが、後はニュートンの運動法則のままに任せても高度3万6000キロメートルの静止軌道よりはるかに低い場所を通過します。これをもって、私たちはイオンエンジンによる地球帰還の成功を宣言しました。

残るは、正確にオーストラリア・ウーメラ砂漠に帰還カプセルを落とすための軌道修正と、帰還カプセルの大気圏再突入です。

TCM、速度ベクトルの足し算

イオンエンジンを止めた「はやぶさ」は、じっくり時間をかけて精密な軌道決定を行いました。最終的にウーメラ砂漠に帰還カプセルを落とすための軌道修正の計画を作成するためです。修正量は、最終的に毎秒13・5メートルになりました。化学推進スラスターが使えるならば、一瞬で終わってしまうほどのわずかな速度変化です。しかし、イオンエンジンで行うとなると日単位での運転が必要になります。トータルで250時間もかかりました。

さらに軌道修正を困難にしていたのが温度です。「はやぶさ」は太陽に近づきつつあり、なおかつイオンエンジンは廃熱が出る「2個イチ」運転です。うっかりした姿勢をとらせると、イオンエンジンの廃熱と太陽から入射する熱とで危険なほど探査機の温度が上がってしまうのです。「はやぶさ」は側面から放熱する設計となっています。同時に、放熱面は太陽光が当たると熱が入ってくる面でもあります。つまり側面への太陽光入射が厳しく制限されます。これは「はやぶさ」のとれる姿勢が制限されることを意味します。具体的には太陽に対して垂直な姿勢からプラス・マイナス3度しか傾けることができないという厳しい条件でした。「噴射したい方向に、イオンエンジンを向けることができない」のです。

この問題を解決するためには、イオンエンジンを複数回に分けて噴射するしかありません。軌道修正に必要な速度変化のベクトルを、「はやぶさ」がとれる姿勢でのイオンエンジン噴射で得られる複数の速度変化のベクトルに分解して、最終的にベクトルの足し算で必要な速度変化を得るのです。結果として軌道修正（TCM：Trajectory Correction Maneuver）は、TCM－0からTCM－4までの5回に分けて行うことになりました。

5回のTCMのうち、中心となるのはTCM－1とTCM－2です。ここで図I－23を見てください。「はやぶさ」は、地球のすぐ側を通る軌道に入っています。必要なのは「はやぶさ」の進路を地球に向けて曲げること、言い換えれば地球方向を向いた速度ベクトルです。しかし、その方向にイオンエンジンを向けて直接噴射することはできません。

ではどうするかといえば、TCM－2のような噴射を行います。「はやぶさ」が向ける範囲内で、必要な地球方向、つまり「太陽方向」への速度ベクトルを含むような速度ベクトルを、イオンエンジン噴射で得るわけです。ところがこのままだと進行方向の速度成分が過大になり、地球到着時刻を早めてしまいます。地球は自転していますから、到着時刻が早くなると予

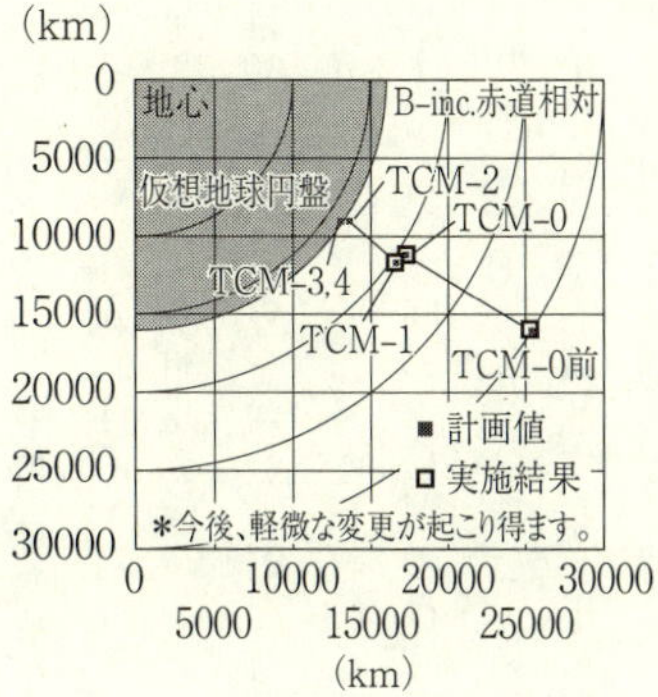

上　：地球の重力が作用しない場合に通過する地心からの位置。TCM−3完了までは地球大気には入らない。

左下：地球に進入する軌道（慣性系）のイメージ図。

右下：地球への誘導操作の概念図。

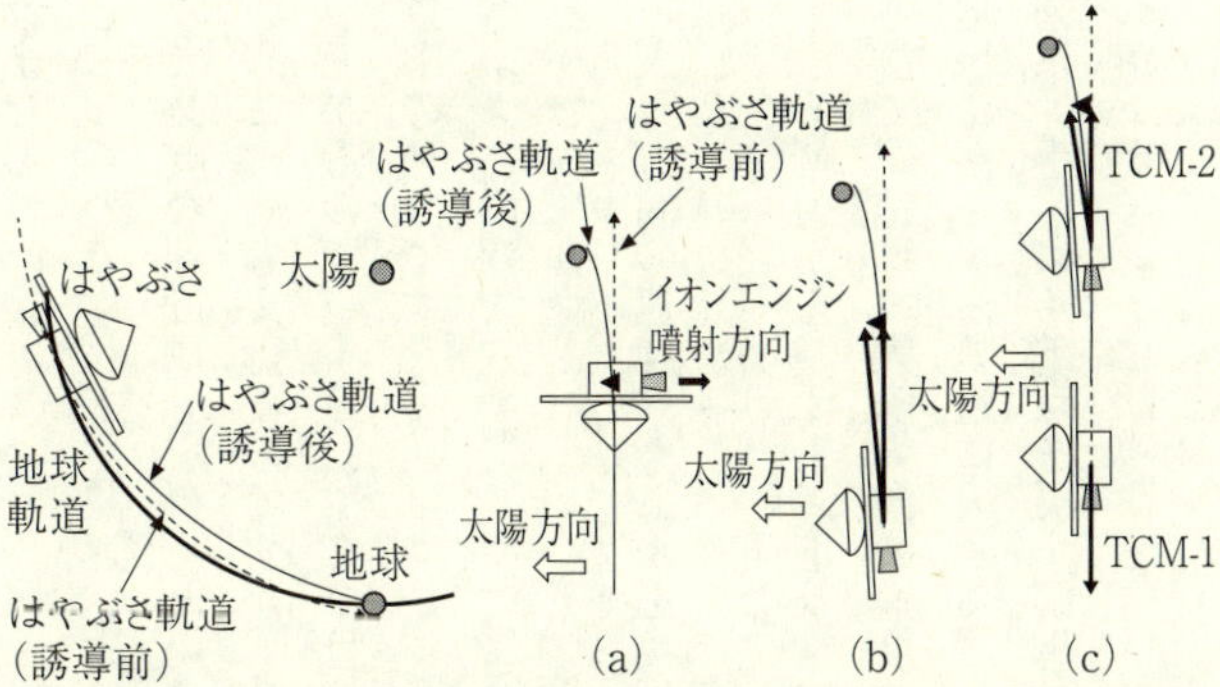

(a) はやぶさは、太陽方向に加速して地球へ接近しますが、イオンエンジンの出口は固定されているため、太陽光を側面にあてずに、その方向へ加速できない。

(b) このため、意図的に接線方向に加速量を多くし、太陽方向に垂直方向±4度の姿勢制約を満たして加速を行う。
ただ、このままだと、到着を早めてしまう。

(c) このため、予め減速を行っておき（TCM−1）、しかるのちに接線方向への加速を伴った太陽方向への加速を行う（TCM−2）。

図Ｉ−23　軌道修正の原理　（宇宙研資料より）

定していたウーメラ砂漠には降りられません。

そこで、事前にTCM-1で減速しておくのです。まず減速、次に目的とする地球方向への速度成分を含む加速を行い、トータルで必要な速度成分を得るというわけです。TCM-1で目的の速度成分を含む噴射を行うということも考え得るのですが、軌道修正はぎりぎりになってから実施したほうが最終的な精度が上がるので、TCM-2で目的の速度成分を得ることにしました。5回のTCMの目的は、以下の通りです。
・TCM-0:「はやぶさ」の軌道を、TCM開始に最適なところまで導く。
・TCM-1:減速する。TCM-2のための準備。
・TCM-2:増速と同時に、地球・太陽方向の速度ベクトルを「はやぶさ」に与える。高度630キロメートルで地球をかすめる軌道に入れる。
・TCM-3:それまでのフライバイする軌道から、オーストラリア・ウーメラ地域に落下する軌道に入れる。TCM-2と同じ方法で、地球・太陽方向の速度ベクトルを「はやぶさ」に与える。オーストラリア・ウーメラ地域に落下する軌道に入れる。
・TCM-4:TCM-3に対する補正。手前に落下点を戻す制御。ウーメラ地域の中に設定された帰還エリアの中、回収班の待つ落下ポイントに誘導する。

えていました。ＴＣＭ‐２では、高度２００キロメートルで地球をかすめる軌道に誘導することを考えていました。ＴＣＭ‐２で目標ぎりぎりまで軌道を補正して、ＴＣＭ‐３はほんの小さな補正に留めるつもりだったのです。しかし、それではＴＣＭ‐３の軌道修正量が小さくなってしまいます。小さくなるのは結構なことですが、地球・太陽方向へ向けるにあたって、姿勢制約を満たさせるのはかなり困難になります。その姿勢条件が厳しくなることが判明し、ＴＣＭ‐２を小さめに、ＴＣＭ‐３を意図的に大きめにすることにしました。

ＴＣＭはやり直しができない一発勝負です。化学推進スラスターならば、噴射し過ぎても足りなくても、またスラスター噴射ですぐにやり直すことができますが、推力の小さなイオンエンジンで一度失敗すれば、やり直すだけの時間はもうありません。なにかあったらその場で対応する必要があります。ですからこの「はやぶさ」のＴＣＭはアメリカのＤＳＮも使った3交代24時間の監視体制を敷いて実施しました。

まずＴＣＭ‐０を２０１０年４月４日から６日にかけて実施。その後４月いっぱいをかけて軌道の精密決定を行います。続いてＴＣＭ‐１を５月１日から５月４日にかけて実施。そしてまた軌道決定です。一番長いＴＣＭ‐２は、５月23日から27日にかけて実施。軌道決定をはさんで、６月３日から５日にかけてＴＣＭ‐３です。これで「はやぶさ」は地球大気圏に突っ込むことが確定しました。６月９日のＴＣＭ‐４で着陸地域への精密誘導を完了。万が一、誤差が大きかった場合に備えて、この後にTCM－5も用意してあったのですが必要ありませんでした。申し分ない精度で「はやぶさ」は最後の地、ウーメラ砂漠への軌道に乗りました。

早く開くは救える、遅れて開くは腹をくくる

TCMが成功したことで、焦点は帰還カプセルに移りました。日本としては初めての惑星間空間からの再突入です。不安は一杯ですが、「はやぶさ」は待ったなしで刻一刻と地球に近づいてきているのですから、やらないわけにはいきません。

帰還カプセルは毎秒12キロメートルで突っ込んできます。これに対して、私たちができることは可能な限り正しい姿勢でカプセルを分離することだけです。一方、大気圏で減速してからのパラシュート開傘については、ある工夫する余地がありました。

パラシュート開傘は、カプセルに搭載した加速度センサーとタイマーによる簡単な仕組みでタイミングを取っています。加速度センサーが大気圏再突入による減速で、加速度が一定の値を超えた時点からタイマーをスタートして、任意の秒時が経ったところでパラシュートを開くように事前に地上から設定できる仕組みです。

ここで問題になるのは7年もの宇宙航行に耐えて加速度センサーが正しい値を出力するかということです。2003年の打ち上げ直後に加速度センサーのオンボード試験を実施して、出

力のデータを取ってありました。ところが、２０１０年に入ってから、再度センサーの試験を実施したところ、センサー出力データが２００３年の試験データとずれているのです。センサー出力に何らかのバイアスがかかっていました。地上からの試験で得られるデータは限られていますから、加速度センサーが壊れてしまっている可能性も否定はできませんでした。

この状態で、可能な限りカプセル無事帰還の可能性を高めるためにはどうしたらいいか、色々と議論しました。設定できるのは、センサーが指定加速度を検出してから、何秒後にパラシュートを開くかというタイマーの秒時だけです。

この問題は、２つのケースに分類できます。センサー誤差が原因で、①パラシュートが早く開きすぎる、②パラシュート開傘が遅れる、です。そこでどちらがダメージが小さいかを検討し、「遅く開いた場合は救えない、早く開いた場合には救える」ということになりました。となれば、予定よりも早くパラシュートが開いてしまった場合にも、きちんと降りてくる可能性が高まるようにタイマーを設定すればいいわけです。

まず、開傘までの時間を長く取ります。当初予定では、開傘予想高度を1万メートルとしていましたが、これを５０００メートルとして、その分タイマーの設定を長くしました。５０００メートルまで落下してきてからパラシュートを開いても、着地までには十分減速できますし、ビーコン電波を受信する時間もとれます。センサーの誤差で早く開いてしまっても当初予定の高度に近いところで開くことになるので安全に降りてくることができます。空気の薄い高いところでパラシュートが開くと、パラシュートが開ききらずに、棒状のいわゆる〝のろし〟という状態になって落下します。そうなる可能性を減らしたわけです。

実際のところ、パラシュートによる減速量はさほど大きくありません。帰還カプセルは、最終的に空気抵抗をうけて秒速30～40メートルの速度で落ちます。パラシュートが開いた場合、落下速度は秒速10メートルになります。パラシュートが遅れて開いたとしても、着地時に岩にでも当たらなければ、サンプル室は無傷で回収できるかも知れません。たとえ落下したカプセルが壊れたとしても、小惑星往復飛行は達成できたことになる、と腹をくくりました。

2010年6月13日午後7時51分、地上からのコマンドで、「はやぶさ」は帰還カプセルを分離しました。探査機本体と帰還カプセルは、ほぼ並んで地球大気圏に突っ込んでいきます。イオンエンジンには素早く軌道を変更し、地球から「はやぶさ」を離脱させるだけの推力がありません。2005年、イトカワで化学推進スラスターが使えなくなった時から、本体を大気圏に突入させるしかないことは分かっていました。最後に私たちは、「はやぶさ」に地球の撮影を行わせました。リアクションホイールが1つしか残っていないので、カメラを地球に向けるのには苦労しました。計画の最初から姿勢系の開発を担当してきた橋本樹明先生が、なんとか地球をカメラ視野に入れようとがんばり、1枚だけ地球の映像を撮影することに成功しました（第2部10章）。その映像を地上に送信している途中で、日本からの「はやぶさ」可視は終わりました。「はやぶさ」は地平線の影に隠れ、もう戻ってきません。

この7年間、私たちは毎日「はやぶさ」と共にありました。宇宙の彼方での苦難を「はやぶさ」と共有してきたといっていいでしょう。しかしもう明日の運用はありません。

私は研究所の自室で一人、大気圏に突入し、明るく輝き飛散する「はやぶさ」の映像をネット中継で見て、涙を流しました。

運を実力に変えよう、世界初・世界一を目指そう

帰還カプセルの発見が手間取るようであれば私はオーストラリアに向かうつもりで、航空券も手配していたのですが、その必要はありませんでした。カプセルは、予定地域のまさに狙った場所のすぐ近くで見つかりました。その後日本に運搬されて、サンプル室の調査を実施、イトカワ由来の微粒子も見つかりました。

計画開始当初の加点法の採点法は500点満点となりました。「はやぶさ」は、小惑星探査機と言われることが多いのですが、実際にはあくまで小惑星サンプルリターンの技術実証を目的とした工学試験機です。たとえサンプルを地球に持ち帰ることができなかったとしても、十

分な成果を上げたと評価できるし、また皆さんにもそう思ってもらいたいところです。「はやぶさ」は、アメリカならばそれぞれ別個の試験機で実施するであろう技術開発の要素を直列につなげた、リスクを取った探査機です。その「はやぶさ」が、サンプル採取成功という最終目標までたどり着くことができた理由はなにかというと、まずなによりもプロジェクトチーム全員が、「ゴールは地球だ」という信念を共有していたからです。と、同時に私たちの努力を超えた部分で「『はやぶさ』は運の良い探査機だった」ということも浮かび上がってきます。

2005年の通信途絶後、長丁場と思っていたところが1ヵ月半で通信が回復しました。2009年11月、イオンエンジンDが寿命を迎えた時、打ち上げ直前に追加した配線のおかげでエンジン運転を継続できました。着陸時にサンプラーの弾丸が発射されず、サンプル採取できていないかと蒼白になりましたが、帰ってきて調べてみれば微粒子が見つかりました。これらは運と巡り合わせでしょう。私たちは、「はやぶさ」を成功に導くべく最大限の努力をしました。しかしその上に、「はやぶさ」自身の運の強さがあって、はじめてあの結末を迎えることができたのです。

幸運を喜んでいるだけではいけません。次に私たちが行うべきは、運を実力に変え定着させることです。そのためには繰り返して、小惑星往復飛行を実施していく必要があります。幸いにして、小惑星には様々な種類があります。イトカワは岩石主体のS型小惑星でしたが、その他にも炭素を含むC型、より始原的なD型など、サンプルリターンを実施することで、新たな科学的知見を得られる対象が存在します。「はやぶさ」の帰還を万歳三唱でおしまいにするのではなく、次々と手を打って太陽系の未知の領域を調べていく。それで、幸運を確固たる日本の実力として育て、定着させていく必要があるのです。

私たちは２００６年から後継機「はやぶさ２」の検討を開始し、探査機開発に向けて動いてきました。さらにその先には、より地球から遠く、始原的な小惑星を目指す「はやぶさマーク２」の検討も進めています。これは運を実力に変えるためのロードマップです。

「はやぶさ２」は、「はやぶさ」帰還前には予算面でも計画面でも、なかなか理解が得られずに苦労しました。ある筋からは「『はやぶさ』が帰還出来なかったら懲罰ものだ。後継機の打ち上げもない」とまで言われました。幸い、「はやぶさ２」は２０１１年度から２０１４年度打ち上げを目指して開発に入ることができそうです。しかし、最後の結果のみが全てであって、過程でどれだけ成果が上がっていようとも無視する、そんな物の見方を許すような風潮が日本の社会にあるとしたら、大変恐ろしいことだと思います。

結果を出すぞという意志は必須です。しかし物事は、結果だけではなく、プロセスを積みかさねることで進歩していくのです。

そして、もう1つ強く言いたいのは、「世界初、世界一を目指すべき」ということです。「アメリカのように莫大な予算と強力な技術を日本は持っていないから」とアメリカの後追いをしていたならば、「はやぶさ」はあり得ませんでした。

後追いは、道筋が見えていますから楽ですし、先導者がいますから急速に前に進むことができます。しかし、それでは、世界から注目され、尊敬される存在にはなれません。

図Ｉ－24「イカロス」
©JAXA／宇宙研資料より

私たちは、大分以前から、「はやぶさ」のイオンエンジン技術と太陽の光圧を推進力に使うソーラーセイルを組み合わせたソーラー電力セイルという技術を研究してきました。目指すのは木星と、木星と同じ軌道を巡っているトロヤ群小惑星です。木星にはアメリカが2機の「パイオニア」探査機、2機の「ボイジャー」探査機、そして木星を周回する「ガリレオ」探査機を送り込んだ実績があり、2011年夏には次の木星探査機「ジュノー」の打ち上げが予定されています。しかし、今のところトロヤ群小惑星への探査構想は、私たちのところ以外存在していません。トロヤ群小惑星には、水や有機物、さらに有機物の素であるタンパク質でさえもあるかもしれません。そこには生命の誕生や進化の謎を解く手がかりがあるかもしれないのです。

私たちは、2010年にソーラー電力セイル技術実証機「イカロス」を打ち上げました（図I-24)。「イカロス」は世界で初めてソーラーセイルによる加速と姿勢制御を宇宙空間において実証することに成功しました。日本が世界初のトロヤ群小惑星到達に挑むための準備は整ったと、私は考えています。

まだまだ私たちの実力は足りません。アメリカやロシアといった先進国に比べると劣っている技術分野は多々あります。それでも未知の領域に挑み、切り拓き、人類の歴史に新しいパースペクティブを提示することこそが、これからの日本が行うべきことではないでしょうか。それこそが閉塞感をうち破っていく原動力なのです。

第2部　「はやぶさ」探査機の全貌

1――往復の宇宙飛行を可能にしたイオンエンジン

國中　均

宇宙航空研究開発機構・宇宙科学研究所・宇宙輸送工学研究系教授、東京大学大学院工学系研究科・航空宇宙工学専攻教授（併任）。イオンエンジンをはじめとする宇宙用電気推進機の性能向上のための研究、および電気推進をプラズマ源として用いることによる派生的な応用研究を行う。「はやぶさ」ではイオンエンジンの開発と運用を担当。

「はやぶさ」には「μ10《ミューテン》」と呼ばれるイオンエンジンが搭載されている。「はやぶさ」の重量はわずか510キログラムと非常に軽量であるが、そんな探査機が「小惑星への往復飛行」という世界初の偉業を成し遂げられたのは、この独自開発したイオンエンジンがあったからこそだ。本章ではこのイオンエンジンの仕組みについて詳しく説明していく。

電気推進の歴史

空気や地面がない宇宙空間で探査機を加速するためには、何らかのガスを後方に噴射して、その反動で得られる力を利用するしかありません。これはちょうど、池に浮かべたボートにボールを満載して、それを後ろに勢いよく投げてその反動で進むのに似ています（水の抵抗が大きくて実際にはほとんど進まないでしょうが）。この現象は、「作用反作用の法則」として知られています。

イオンエンジンは「電気推進」の一種です。これに対して、H-IIAロケットのような打ち上げロケットで使われている、燃料と酸化剤を混ぜて燃焼させるエンジンは「化学推進」と呼ばれています（燃料と酸化剤をあわせて推進剤と呼びます）。H-IIAロケットの場合、メインエンジンの推進剤は液体、ブースターのは固体ですが、これらは燃焼という化学反応を利用して高温・高圧のガスを発生させ、ノズルで膨張させて噴射しているものであり、いずれにしても化学推進であることに違いはありません。

それに対して、電気推進は推進剤自身でエネルギーを発生する必要はありません。外部から電気の力で加熱したり、静電力（クーロン力）で加速するなどして、推進剤を勢いよく噴射すればいいのです。

電気推進のアイデアは実はかなり古く、ロケットがまだなかったツィオルコフスキーの時代から考えられていました（図1－1）。しかし、重力に逆らって地球から脱出するだけの推力を発生させるのは今でも難しく、まして当時の技術レベルでは不可能だったために、ロケットでは実現の敷居が低い化学推進が使われてきました。たとえばH－IIAロケットのエンジンを電力換算すると5ギガワット（1ギガは10^9）クラスになります。こんな発電所並みの電力を出せれば電気推進で地球を脱出するのも理論的には不可能ではありませんが、とても現実的とは言えません。

図1－1　ツィオルコフスキー

詳しいことは後で述べますが、電気推進の特徴は燃費の良さにあります。つまり、同じ量の推進剤を搭載したとき、より長く使えるということであり、こういった特性を活かして、電気推進はまず静止衛星で実用化されました。静止衛星は赤道上空3万6000キロメートルにいる必要がありますが、何もしないで放っておくと、南北にどんどんずれていってしまいます。そのため誤差が大きくなる前にエンジン噴射による軌道制御を行いますが、エンジンの燃費が良ければ長期間軌道を維持できるので、衛星の寿命は長くなるわけです。これは衛星事業者に

組織	名称	方式	飛翔台数	作動時間(時間)	応用宇宙機
NASA	NSTAR	リングカスプ電子衝撃型	1	28,000	DeepSpace1、Dawn
Boeing	XIPS13	リングカスプ電子衝撃型	52	55,000	BS601HP
	XIPS25	リングカスプ電子衝撃型	24	14,000	BS702
Astrium	UK10	カウフマン電子衝撃型	2	6,000	Artemis、GOCE
	RIT10	RF放電型	3	7,812	Artemis、EURECA
MELCO	XIES	カウフマン電子衝撃型	12	6,500	ETS-6、COMETS、ETS-8
ISAS	μ10	マイクロ波放電型	4	40,000	はやぶさ

表1－1　イオンエンジンの宇宙作動実績

とってとても大きなメリットです。

代表的なものとしては、直径13センチメートルのイオンエンジンを搭載した米ボーイング社の「BS601HP」という標準衛星バス（電源系や姿勢制御系など、衛星の基本となる機能を集めて、これを標準化したもの。汎用的に使えるので、短期間・低コストでの開発が求められる商業衛星で多く利用される。日本には、三菱電機の「DS2000」、NECの「NEXTAR」などがある）があります。さらに、その後開発された「BS702」には、直径25センチメートルに大型化したイオンエンジンを採用。これは南北制御だけでなく、東西制御や高度上昇にも使える高度なものでした（表1－1）。

一方、日本では宇宙開発事業団（NASDA、現JAXA）が三菱電機と組んでイオンエンジンを開発していました。当時、日本のロケットは非力であり、搭載できる衛星の重量には限りがありましたが、だからこそイオンエンジンのメリットは大きく、NASDAは2トン級の静止衛星に特化したイオンエンジンを狙っていました。これは、1994年に打ち上げた「きく6号」(ETS－Ⅵ)に初めて搭載。残念ながら、アポジロケットの不具合によって静止軌道への投入に失敗し、実証には至りませんでしたが、技術的な目の付け所は良かったと思います。

しかし、米国のスーパー301条により、NASDAは静止衛星市場から事実上撤退。イオンエンジンの開発も一気に萎《しぼ》んでしまいました。

そういった動きを、宇宙科学研究所(ISAS、2003年の統合後にJAXA)にいた我々は指をくわえて見ているしかありませんでした。宇宙研が担当している科学衛星分野では、静止衛星を作ることはないからです(科学観測では、静止軌道には何の価値もない)。電気推進のグループは、「冷や飯食い」と呼ばれることすらありました。

ところが、1980年代後半になってくると、M－Vロケットという新しい打ち上げロケットを開発する話が出てきます。M－Vロケットになると、搭載できる重量はこれまでの100キログラムから一気に500キログラムに増えます。100キログラムの探査機にイオンエンジンは絶対に載せられませんが、500キログラムなら載せることができます。いや、むしろ「載せなければならない」という理由がありました。

500キログラムというのは、世界的に見ればまだまだ小さいです。米国は1トンクラスの探査機を普通に打ち上げているし、500キログラムでやれることにはやはり限界があります。金星や火星までならなんとか行けますが、その先のリーチはありません。宇宙研の射場であった内之浦では、キャパシティ的に、さらに大型化した「M－VI」を作るなんてことは不可能であることは分かっていました。それならば、探査機側の性能を上げて、リーチを伸ばすしか方法がありません。

当時、宇宙研で電気推進のリーダーであった栗木恭一教授は、M－Vロケットに搭載できる探査機に最適なイオンエンジンの開発に注力しました。これが、「はやぶさ」のイオンエンジンμ10に繋がっていきます。

イオンエンジンの特徴

電気推進の特徴は「燃費の良さ」であることは前に述べましたが、その指標となる数字が「比推力」です。比推力とは、推力と燃料消費率の比のことであって、単位は秒。この数字が大きいほど燃費に優れると思ってください。

化学推進でもっとも効率が良い液体酸素・液体水素の組み合わせで比推力は500秒程度。しかし水素や酸素は極低温でなければ保存できないので、長時間軌道上で利用できず、探査機

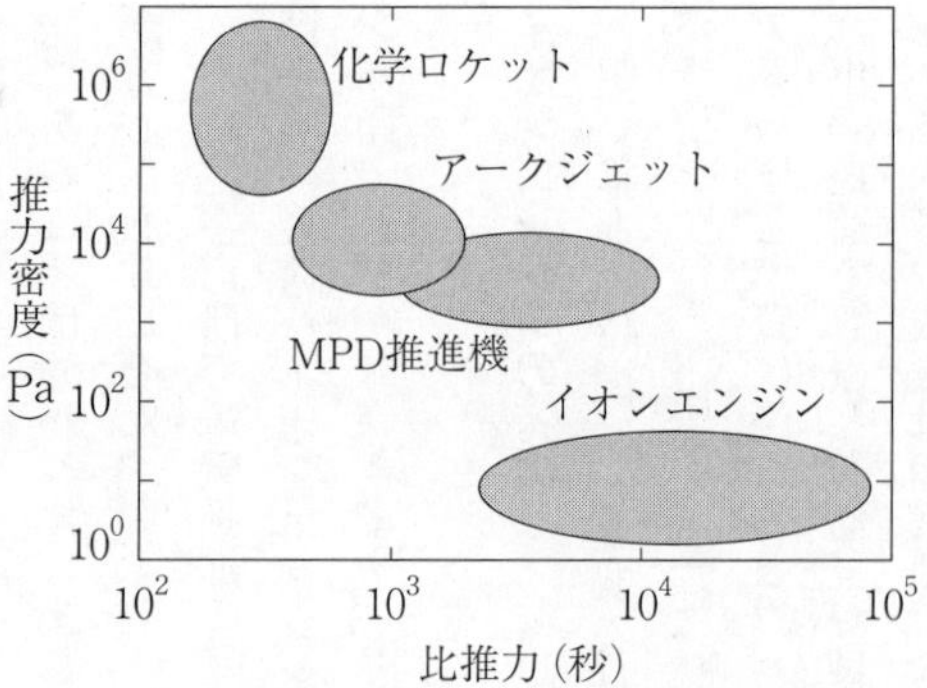

図１－２　エンジンによる推力と比推力の比較（提供／横浜国大・上野誠也）

や衛星ではヒドラジン系の燃料を使うのが一般的です。ヒドラジンは有毒という欠点もありますが扱いやすく、比推力は３００秒程度となっています。

燃費を向上させるには、ガスをより速い速度で噴射しなければなりません。前述のボートの例で言うと、ボールをより速く投げた方が大きな反動が得られるということで、同じ数のボールを使っても、結果的にはより遠くまで行けるようになります。

しかし、化学反応ではすでに理論限界に近く、これ以上の大幅な向上は期待できません。となると、燃焼以外の方法でガスを高速に噴射する必要があるのですが、それを可能とするのが電気推進です。我々はイオンエンジンで、すでに３０００秒という比推力（噴射速度は秒速30キロメートル）を実現しています。これは従来の10倍、つまり同じだけ加速するのであれば、１００キログラム必要だった推進剤が10分の1の10キログラムで済んでしまうということになります。

電気推進には、DCアークジェット、MPD、ホールスラスタ、イオンエンジンなどの種類があります。もっとも単純なものはDCアークジェットで、これはガスを電気で加熱して噴射するもの。比推力は500秒程度と、それほど高くはありません。一方、この中でもっとも比推力が高いのはイオンエンジンで、MPDとホールスラスタはその中間になります（図1-2）。

イオンエンジンでは、ガスを押し出すのに静電力を利用します。普通、ガスの分子は電気的に中性なので、このままでは静電力が働きませんが、これでは都合が悪いので、まずは推進剤を電離させ（プラズマ化）、プラスのイオンとマイナスの電子を作ります。グリッド（電極）によって電界を与えられると、イオンだけが加速され、イオンビームとして放出される仕組みです。イオンだけを出していると探査機がマイナスに帯電してしまうため、グリッドの近くに置いた中和器から電子も同時に放出して、ビームを中和します（詳細は図1-5参照）。

DCアークジェットの場合だと、ガスが噴出するメカニズム自体は化学推進と同じです（図1-3）。ノズルを使って、粒子が綺麗に飛んでいくようにしています。ガス粒子はランダムに運動しているのですが、頻繁に衝突しているので、ノズルの壁面の情報は中央の粒子にまで伝わっています。ところが噴射速度を上げると密度が薄くなるので、粒子の衝突が減少。中央までノズルの情報が伝わらず、粒子がでたらめに飛んでしまい、効率が悪くなってきます。こ

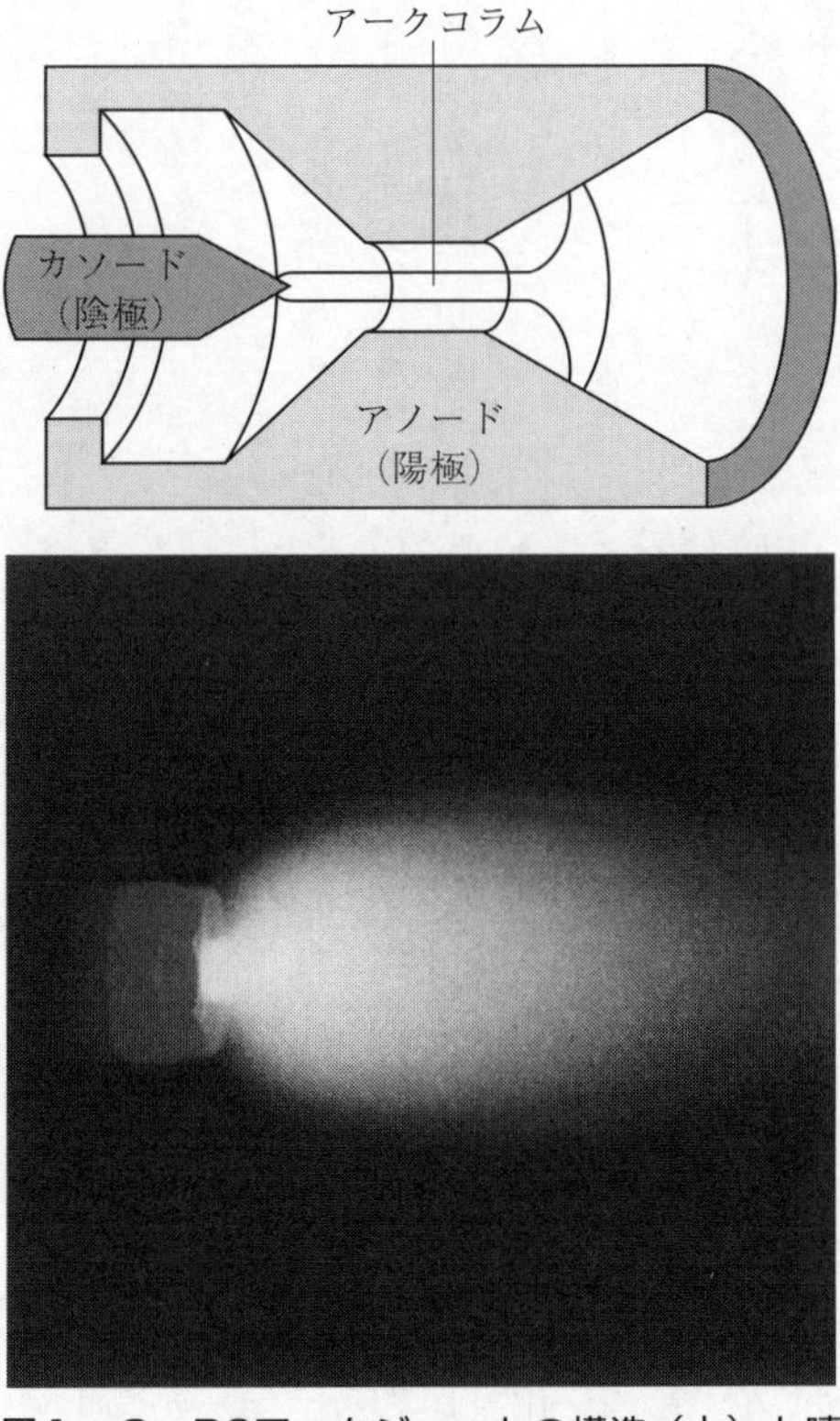

図１－３　DCアークジェットの構造（上）と噴射のようす（下）（提供／國中　均）

の限界が秒速5キロメートルです。

一方、イオンエンジンでは、静電力を使って加速を行うために、全てのイオンに対して直接、力を伝達することができます。そのため密度が小さくなっても全く問題はなく、いくらでも速度を上げられます。ただエネルギー的には速度の2乗に比例するので、速度を2倍にするためには4倍の電力が必要になってしまいますが、電力さえ確保できれば、秒速100キロメートル、比推力1万秒なんていうイオンエンジンも夢ではないでしょう。

しかし、使える電力が一定という条件下では、比推力を上げる（＝粒子速度を上げる）と推力が下がることになります。そのため実際にはむやみに比推力を上げることはできませんが、「はやぶさ」のような探査機は加速に年単位の時間が使えるために、長い時間噴射することで推力の低さを補うことができます。こういった場合は比推力を上げて、燃費を良くした方が得です。

ところが静止衛星の場合では、1日で地球を1周してしまうので、運用は1日単位で考える必要があります。比推力を多少下げても、もっと大きな推力が必要になります。エンジンの性能を比較する場合、単純に比推力を比べても善し悪しは正しく評価できません。それをどう使うかも含めて評価して、初めて適切に判断できます。逆に言えば、それぞれのエンジンには得意不得意が必ずあるということです。

「はやぶさ」のイオンエンジン「μ10」

「はやぶさ」に搭載されたイオンエンジン「μ10」は、多くの新技術を取り入れた画期的なものです。最大の特徴は、それまで長寿命化の障壁となっていた放電電極を、マイクロ波を使うことで完全に取り払ったことです。宇宙研では、1988年よりこの方式の研究開発を始め、「はやぶさ」で初めて実用化できました。

この「μ」という文字は、もちろんマイクロ（μ）波に由来しているのですが、それに加え、この名称には、宇宙研の主力ロケットであった当時のM（μ）シリーズの最上段エンジンである、との意義も込められています。

「はやぶさ」には、4台のμ10が搭載されています（スラスタA／B／C／D　図1－4）。

図1－4　搭載された4台のイオンエンジンμ10（上）と噴射のようす（下）
©JAXA

スラスタ	μ10（有効直径105mm、定格推力8mN）×4台
消費電力	1050W（350W×3台）
比推力	3200秒
推力方向制御	2軸ジンバル（±5°）
マイクロ波電源	進行波管（4.25GHz）×4台
加速用高圧電源	3台（リレーで4台のμ10に切り替え）
搭載推進剤	キセノン（66kg）
推進剤タンク	チタン合金製、容積51ℓ

表1－2　「はやぶさ」IESの主な仕様

μ10の直径は約10センチメートル。500キログラムクラスの探査機で発電できる能力は大体1キロワット程度と決まっていますので、イオンエンジンを3台使うとなると1台あたりの電力は300ワットちょっと。この電力に見合うようにμ10は設計されています。実際には4台搭載していますが、同時に動かすのは最大3台までとなっており、1台は故障時のための予備（冗長構成）です。

「はやぶさ」のイオンエンジンシステム（IES）は、スラスタ（4台）、マイクロ波電源（4台）、直流電源（3台）、推進剤タンク等で構成されており（表1－2）、総重量はおよそ60キログラム。探査機全体の8分の1程度の重量をイオンエンジンが占めていることになります（表1－3）。これに別途、推進剤としてキセノンが66キログラム搭載されます。

μ10の定格推力は8ミリニュートン（mN）。これは大体、地上で1円玉にかかる重力と同じくらいの力になります。ほんのわずかな力ですが、長期間の連続運転によって、結果として大

スラスタ（4台）	9.2kg
マイクロ波電源（4台）	9.2kg
直流電源（3台）	6.3kg
推進剤タンク	10.8kg
流量制御部	6.5kg
ジンバル機構	3.0kg
機械計装	5.0kg
エンジン制御装置	3.5kg
電気計装	5.7kg
総計	59.2kg

表1－3 「はやぶさ」IESの重量構成

きな加速を得ることができるのです。

電気推進では推力を向上させることが難しいという問題があります。当初、我々としてはもっと小さい推力からスタートしてくれるとありがたいと思っていましたが、探査機側の要求がどんどん上がってきて、最終的には8ミリニュートンに決まってしまいました。当時、実験室ではやっと4ミリニュートンのシステムが動いていたところです。さらに2倍というのは厳しく、「本当に実現できるのかな」と思ったものです。

推力を上げるにはイオンの密度を大きくする必要があります。それには高密度プラズマをどんどん作らなければならないのですが、この大きさのシステムにそれだけ入れ込むのは難しく、開発は難航しました。数年をかけて、グリッドの位置やプラズマの生成領域などをチューニングして、プロジェクトが本格スタートした1995年ごろに、ようやく8ミリニュートンを実現する目処が立ちました。

「〈コラム1－1〉 なぜキセノンなのか？」

μ10では推進剤として希ガスのキセノン（Xe：原子量131・293）を使用しています。プラズマ化できれば何でもいいので、推進剤は水素（H：原子量1・00794）やアルゴン（Ar：原子量39・948）でも構いませんが、推力を大きくするにはなるべく重い粒子を使いたいので、キセノンを採用しています。

キセノンよりも重い水銀（Hg：原子量200・59）だとさらに性能は良くなるのですが（実際に昔は使われていました）、人体に有害のため実験環境を選ぶことと、衛星表面を汚して熱特性が変わってしまう危険性があって、いまではほとんどキセノンが使われています。水銀は液化するので使いにくいのですが、キセノンはたとえ漏れてもガスのままなので衛星には好都合です。

ちなみに水銀も検討はしていて、ワイパーで衛星表面の汚れを取るとか、温度を上げて蒸発させるといった対策を真面目に考えましたが、現実的ではないということで却下されました。

μ10に採用された新技術

μ10の特徴の一つは、プラズマの生成にマイクロ波を利用していることです（図1-5）。厳密には「電子サイクロトロン共鳴」（ECR）という現象を利用しており、ちょうど共鳴す

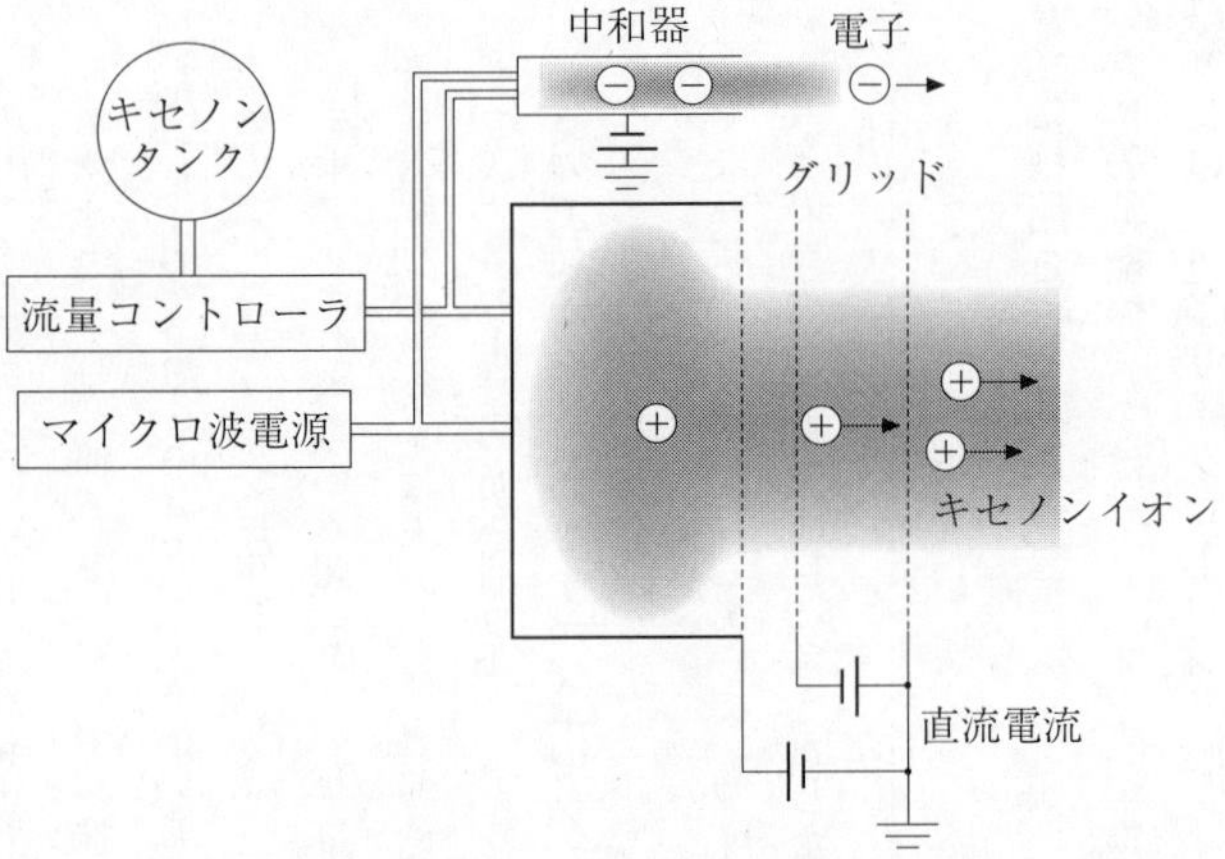

図1－5　μ10の概略

る周波数と磁場を選んで与えることで、電子を加速しています。μ10の場合、これは4・25ギガヘルツのマイクロ波と永久磁石による1500ガウスの磁場になっており、作られた高速電子がキセノン原子に次々と衝突していくことで、ネズミ算式に電離が進行します。

これまでのイオンエンジンで一般的だったのは、プラズマの生成に放電電極を使う直流放電式ですが、これは電極が劣化しやすく、長寿命化が難しいという欠点がありました。放電によって電極が削れてしまうほか、削れた粉によってショートが起きるという問題もありました。こういった劣化や故障は1万時間くらい経過してから起きてくるので、改良のための耐久試験をするだけでも一苦労です。

それに対し、我々が実用化したマイクロ波放電式では電極は不要となっており、長寿命化が期待できます。寿命は衛星や探査機にとって大きな問題です。宇宙では地上と違って「壊れたから交換する」というわけにはいきません。断続的とは言え10年以上使い続ける静止衛星や、連続運転しないと目的地に辿り着けない探査機では、これは致命的です。

マイクロ波放電式が実用化されてこなかったのは、理由としてマイクロ波の変換効率の悪さがありました。今でも効率は直流放電式に比べると悪いのですが、パワーとして使えるまでに向上してきて、プラズマを作れるようになってきました。マイクロ波は通信衛星で一般的に使われている技術でもあり、通信業界の技術が成熟してきたということも背景にはあります。

μ10の目標寿命は1万4000時間でした。開発段階では1997年と2000年に耐久試験を実施しており、それぞれ1万8000時間と2万時間の長時間動作に成功。軌道上での運用ではいろいろとトラブルもありましたが、延べで4万時間の運転実績を作ることができました（図1－6）。もっとも長く動かせたのはスラスタDで、これは1台で1万5000時間の運転を達成しています。

もう1つの特徴は、グリッドの素材を世界で初めてカーボン・カーボン複合材にしたことです。従来、これは高融点金属であるモリブデンを使うのが一般的でしたが、カーボン・カーボン複合材（カーボン＝炭素の繊維をカーボンで固めた複合材。プラスチックをカーボン繊維で強化したものがCFRP

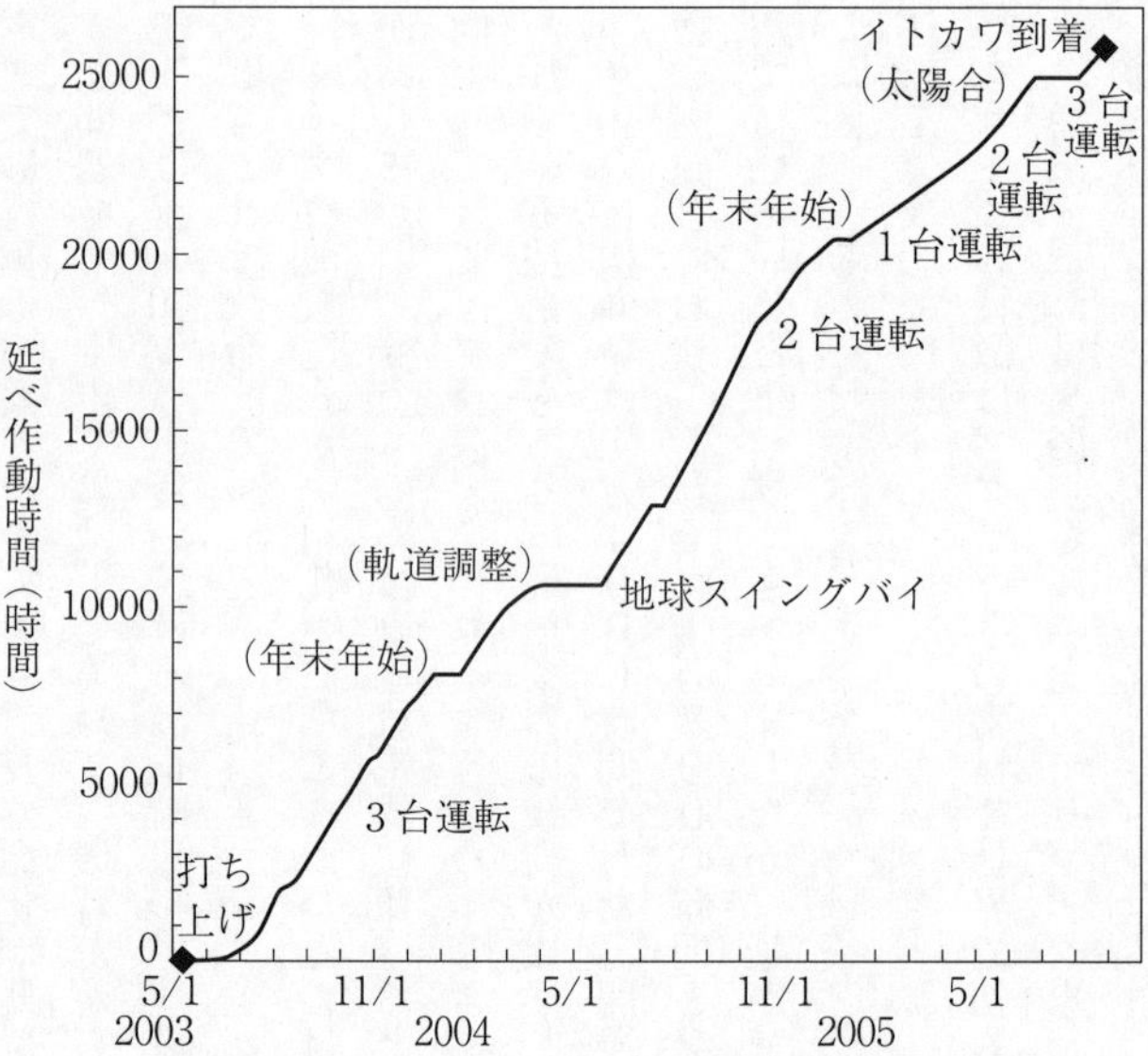

図1－6　イオンエンジンの往路作動実績

であるが、カーボン・カーボン複合材は母材＝充填材までもカーボンになっている。高い耐熱性と強度が特徴で、ロケットのノズルなどにも使われる）を採用すれば耐久性が増し、寿命は数倍伸びます。またカーボンだと熱膨張しないので、グリッドをフラットにできるというメリットもあります。フラットだと組み立ても簡単であり、量産に向いています。

モリブデンだと熱膨張があるので、グリッドは曲面にせざるを得ません。グリッドにはイオンが通過するための穴が無数に開けられていますが、隣接した複数枚のグリッドで穴の位置を合わせるのが非常に難しく、また冷えているときと運転して温まり、膨張したときでは穴の位置も変わるために、最初はローパワーで運転してそれからフルパワーにするなど、運転の方法も工夫する必要があります。

しかしカーボン・カーボン複合材なら、こういった問題はないので、構造や運転方法がシンプルにできます。製造メーカーのNECは、μ10をベースに、イオンエンジンの海外展開を視野に入れていますが、こういったμ10のメリットは有利に働くはずです。

グリッドはなぜ3枚あるのか

μ10には、スクリーン、アクセル、ディセルという順番で並ぶ3枚のグリッドが使われています。素材は全てカーボン・カーボン複合材で、それぞれに900個近い小さな穴が開けられています（図1-7）。

イオンの加速には電界が必要です。そのための電圧を印加する場所がグリッドになります。まず、イオンの加速に寄与しているのが真ん中のアクセルグリッド。ここにはマイナス300ボルト程度の電圧がかかっており、プラスのイオンを引き寄せる役割があります。その前のスクリーングリッドはプラス1500ボルト程度で、アクセルグリッドと合わせて計1800ボルトでイオンを加速します。

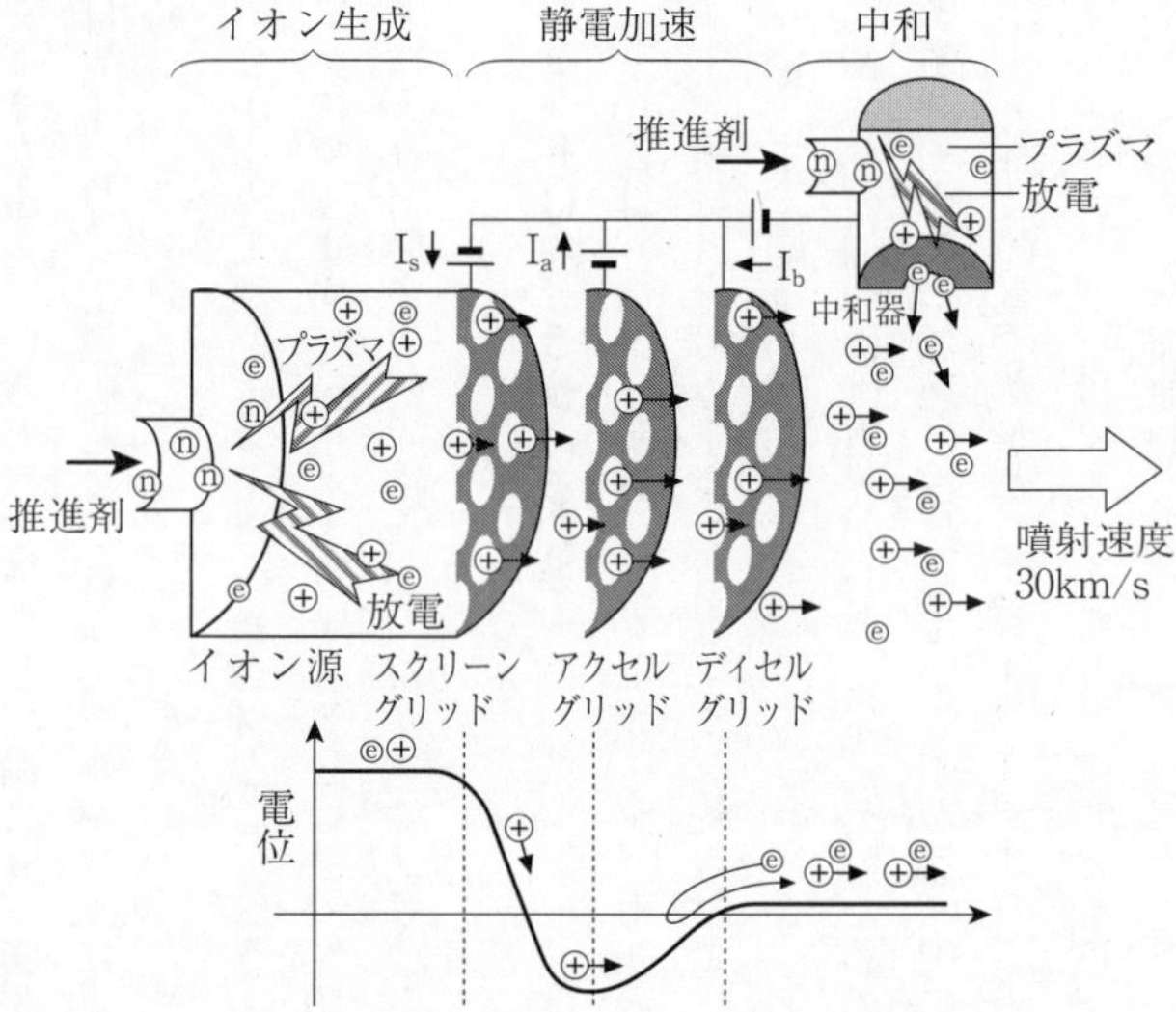

図1－7　μ10の動作原理図。グリッドが3枚使われており、それぞれに異なる電圧がかけられている

開けられている穴の大きさはグリッドごとに異なり、スクリーンは3ミリメートル、アクセルは1ミリメートル、ディセルは2ミリメートル程度。スクリーンよりもアクセルの穴の方が小さいため、このままだとイオンがどんどんアクセルに激突しそうに見えますが、プラズマ密度や穴の大きさなどをうまく設定してやると先細りのイオンビームになるので、衝突せずに抜けていくことができます（図1－8）。

最後段のディセルグリッドは零ボルト。イオンエンジンではまれに、下流側に低速なイオンが生成されることがあり、もしディセルがなけれ

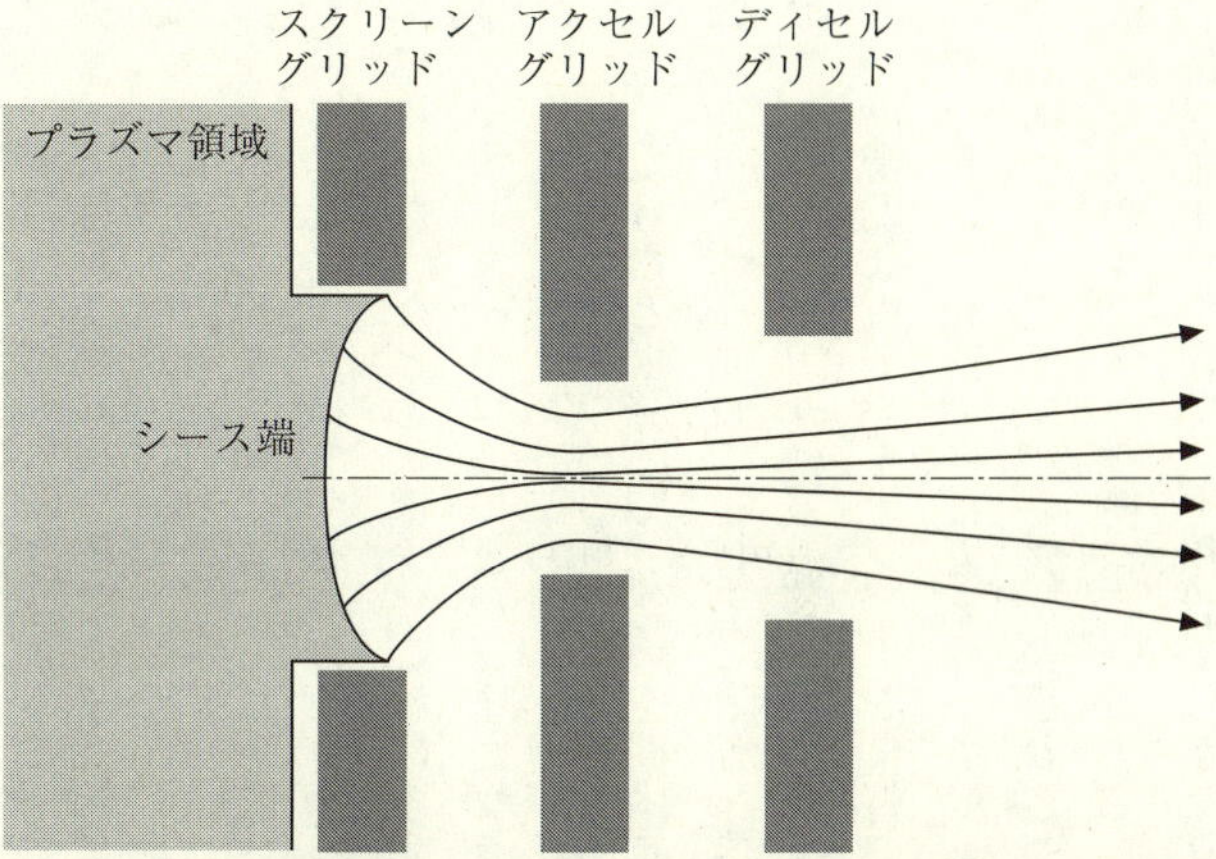

図1－8　先細りのビームのようす。プラズマ密度が小さすぎても大きすぎても、イオンがグリッドに激突してしまう

ば逆流してしまい、アクセルに衝突します。ディセルは必須のものではなく、実際にNASAは2枚でやっていますが、あった方が長寿命化を狙うには有利なものです。

中和器の仕組み

イオンビームを放出するだけでは、電子がどんどん溜まって探査機はマイナスに帯電してしまいます。そうなると、キセノンイオンはプラスで探査機はマイナスなので、せっかく噴射したキセノンイオンが探査機に戻ってきてしまい、推力にならなくなります。これを防ぐために中和器というものが用意されており、ここから電子も放出することで、探査機が帯電しないようにしています。

スラスタ内部のイオン源でキセノンの電離

によって生じた電子は、内壁に当たって中に入り、電線を経由して中和器に向かいますが、そのままでは真空中に再び出てきません。そこで、中和器の内部にもキセノンを供給し、ここでもプラズマを生成。今度はイオンではなく、電子を外に出したいので、中和器にマイナスの電圧をかけて、出やすいようにしています。

中和器で生成されたキセノンイオンは、一部は電子と一緒に出て行きますが、残ったものは内壁に当たったときに電子（これはイオン源から来たもの）と結合し、再び中性のキセノンに戻ります。マイクロ波によってまたプラズマ化されるわけですが、キセノンはこのようにリサイクルされているので、中和のためにはそれほど消費しません。

電子だけだと反発して、狭い空間内にたくさん集めておくことはできませんが、イオンがあるおかげで電子密度を上げることができます。これはちょうど、男ばかりだとケンカが始まってしまうけれど、女性を混ぜておくと人間関係が良くなるのに似ています。この方法によって、高密度な電子をイオンビームに打ち込むことが容易にできるようになりました。

ちなみに中和器では推力を発生させるわけではないので、ガスはもっと軽い水素やアルゴンでも構わないのですが、タンクをわざわざ2つ用意して載せるのは得策ではないので、イオン源と共通のキセノンを使っています。

長寿命化について、中和器ではかなり手こずりました。最初の頃は「壊れては交換する」を繰り返していて、1回目の耐久試験ではイオン源は1万8000時間稼動させることができたのに、中和器は1万時間くらいしか実証できませんでした。中和器というものは、推力を担うわけではないのであまり注目はされませんが、大変難しい機械であり、非常に重要な部分なのです。

帰還を実現したクロス運転

軌道上の運用でも、やはり最後は中和器の劣化が問題となってしまいました。電子が出にくくなってきて、かけている電圧がどんどん上昇。最初はマイナス30ボルトくらいで良かったのに、リミットに設定していたマイナス50ボルトに達してしまいました。最終的には、この制限を外した運転も行いましたが、マイナス50ボルトを超えると加速度的に劣化が進行するので、そう長くはもちません。この劣化の原因についてはまだよく分かっておらず、現在調べているところです。

スラスタBの中和電圧が上限に達して停止したのが2007年4月。2009年11月には、スラスタDにも同様の問題が起きてしまいました。残る2台のうち、スラスタAについては、打ち上げ直後から不安定な動作が見られたために、使っていませんでした。スラスタCはまだ動いていましたが、こちらも中和電圧が上がってきており、いつまで使えるか分かりません。

ここでスラスタDが使えなくなったのは致命的でした。エンジンによる加速量のことを軌道変換量（ΔV）と呼びますが、イトカワを離脱してからこれまでに実施したΔVは秒速2000メートル程度。2010年6月に地球に帰還するためには、あと秒速200メートル強のΔVが必要です。定格通りの推力が出ていればスラスタ1台でも何とかなるのですが、5ミリニュートン程度まで低下していて十分なΔVが得られないために、スラスタC／Dによる2台同時運転を計画していました。スラスタCだけでは地球まで辿り着けません。

このピンチを救ったのは、またしてもイオンエンジンでした。予め電源に仕込んでおいたバイパスダイオードによって、スラスタAの中和器とスラスタBのイオン源を組み合わせて、1台のスラスタとして動作させることに成功したのです（クロス運転　図1-9）。幸いなことに、スラスタAの中和器はほぼ未使用だったので、劣化はありません。このクロス運転によって、6・5ミリニュートン程度の推力が出せることが分かり、これによって帰還への見通しが立ちました。

ただし、これは本来の動作ではありません。設計段階では、同じスラスタの中和器とイオン源による動作しか想定しておらず、他のスラスタのものと繋がるようにはなっていませんでした。実はこのバイパスダイオードは、設計した後から追加したものだったのです。

私はμ10の開発が進んでいたころ、何かトラブルがあったときのために、「もう一工夫が絶

中和器／イオン源	中和器A	中和器B	中和器C	中和器D
イオン源A	×	×	×	×
イオン源B	◎	×	×	×
イオン源C	○	×	○ 待機	×
イオン源D	×	×	○	×

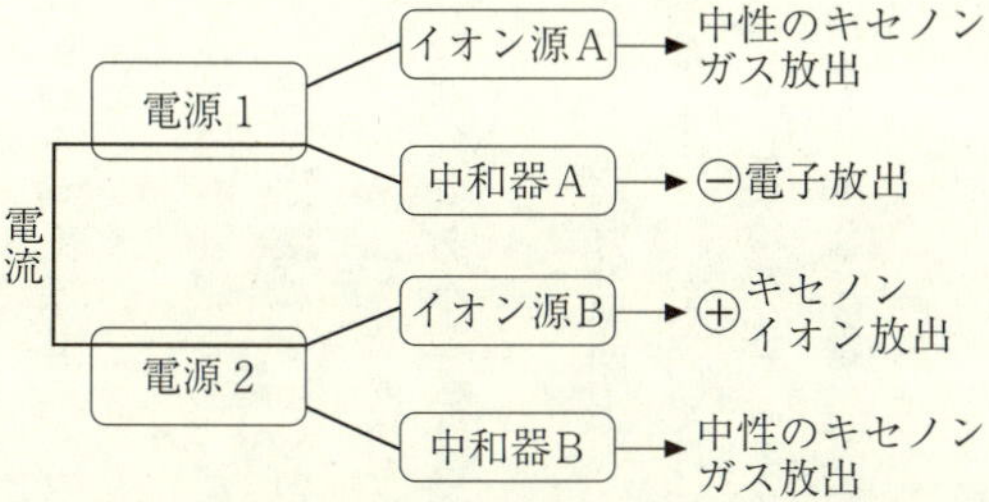

図1－9　クロス運転時の接続。中和器Aとイオン源Bを組み合わせて、1台のイオンエンジンとして動作させた。表はイオン源と中和器の組み合わせ。運転可能なパターンが○で示してある。スラスタCを温存するために、実際には◎の組み合わせが採用された

対に必要だ」と考えていました。しかし、すでに設計を終え、試作機もできていたような段階です。何か電気ボックスを新たに作れるようならもっと複雑なこともできるのですが、探査機全体の重量やスペースの問題もあるので、今さらそんなことをやっては「ちゃぶ台をひっくり返したような状態」になってしまいます。

　重量的な影響がほとんどなくて、なおかつクロス運転を可能にする方法として、考え抜いたのが各電源にダイオードを追加する方法です。これは本当にダイオードが3本増えるだけなので、重量の増加は全くと言っていいほどありません。通常の運転時には逆電圧になっているので、運転には影響を与えません。クロス運転のときだけ順電圧になり、回路が繋がるように工夫されています。

「壊れない機械」を作るのは絶対に不可能です。だからこそ、バックアップ機能や冗長系をどう用意するかが重要なのです。絶対に壊れないものを作ることはできませんが、何時間動けばいいのか、どういう使い方をするのか、などの条件を決めて、その範囲内にミートするものを提供する。それこそが技術者の本分であると私は思っています。

〈コラム1-2〉イオンエンジンの海外展開

我々はイオンエンジンを「はやぶさ」のためだけに開発したのではなく、当初から産業化・量産化も視野に入れていました。NECはμ10をベースとしたマイクロ波放電式イオンエンジンの海外展開を狙って、米エアロジェット社と協業。人工衛星や探査機向けに、すでに受注活動を開始しています。

宇宙は、実績が何よりも重視される市場です。いくら性能が良くても、全く新しいコンポーネントはなかなか採用されません。しかし、「はやぶさ」でμ10は7年間の使用に耐え、延べ4万時間という運転実績を残しました。軌道上での信頼性を証明する、最高のデモンストレーションになったと言えるでしょう。リスクの高い技術開発を国が担当して、その成果を民間に移転するのは、戦略としてすごく真っ当な方法だと思います。

普通、何か製品を売るとなると特許の問題が出てくるものですが、マイクロ波放電式は我々が独自に開発した方式であり、他国ではまだ実現していません。他の誰かが特許を持っているということがないので、フリーハンドで事を進めることができます。ビジネスにする上で、足かせがなかったのはすごく良かったと思います。

「はやぶさ2」では、もちろんトラブルがあった場所は改良しますが、他はなるべくμ10のままで行くつもりです。μ10の実績をさらに増やして、産業化にも貢献したいと考えています。

2 ── イオンエンジンに組み込まれていた冗長性

堀内康男

NEC 宇宙事業開発戦略室・シニアマネージャー。入社以来イオンエンジンの開発に携わる。2009年より宇宙事業開発戦略室。現在は、イオンエンジンの海外事業および小型衛星事業の推進のため尽力。

「はやぶさ」のイオンエンジン「μ10」は、宇宙研とNECが協力して開発したものである。エンジン本体については技術的にも宇宙研が中心となって開発しており、NECは電源、制御装置、ソフトウェアなど、イオンエンジンを探査機に組み込んで動かすためのシステム設計を担当した。システム側として、どのように信頼性を確保したのか、詳しく説明していきたい。

重量制限の中での信頼性確保

システムの信頼性を高くするには、「壊れないようにする」「壊れても大丈夫なようにする」の二方向の対策が考えられます。

機器の冗長化（機器を二重化して、信頼性を向上させる手法。主系と従系を用意しておいて、主系に不具合が発生したときには従系に切り替える。システムが生き残る可能性は高くなるが、同じものを搭載するために重量が2倍になるという欠点もある。衛星や探査機では広く採用される考え方で、人命に関わる有人システムでは三重以上になることも多い）やバックアップ機能の用意などは、後者の手段です。もし1台が壊れたとしても、冗長化されていればもう1台が使えるので、全く同じ機能を提供できます。他の機器がバックアップとして使えるなら、多少性能が落ちることはあっても、機能は継続できます。しかしそういった対策を立てるのが難しい場合には、壊れないような仕組みをなるべく入れるしかありません。これが前者の手段です。

これらは二者択一ではなく、例えば冗長化した上でさらに壊れにくくするようなことも考えられますが、いずれにしても重量が増えることになるので、リスクとのバランスを考えてどういう構成にするか判断するしかありません。

「はやぶさ」の場合、全般的に言えるのは、重量制限が非常に厳しかったために、同じ機器を

2台、3台と載せるような冗長構成は取りにくかったことです。その中で、耐故障性を持たせるために、「はやぶさ」のイオンエンジンシステム（IES）には、様々な工夫が施されています。実際の運用で故障が起きずに、使われなかった機能もありますが、いわゆる「クロス運転」を実現した回路などは、その一例です。

どんな工夫がなされていたのか、具体的に見ていこうと思います。

スラスタは4台、しかし電源は3台

「はやぶさ」IESには、3台の直流電源と4台のイオンエンジンが搭載されています。本来なら、スラスタ4台に対して電源も4台並べるのが理想的ですが、重量の余裕がないため、電源は3台のみ搭載して、リレーボックス（RLBX）で供給先のスラスタを切り替える方式を採用しています（図2-1）。

「はやぶさ」では、もともと同時に運転するスラスタは最大3台なので、電源は3台でも運用上問題はありません。イオンエンジンは全くの新規技術であったため、冗長として4台目を載せましたが、電源は人工衛星で実績のある通信機器用高圧電源がベース。システムリスクは低いと判断され、そのため必要最小限の3台となっています。実際の運用でも、電源では故障が起きていません。

ちなみに、マイクロ波電源（MPA）は各スラスタごとに計4台用意しました。こちらも3台でいいのではないかという議論もありましたが、4台にしたのは信頼性のためではなくて、マイクロ波の場合はリレーボックスを使うと伝送損失が大きくなるという問題があったからです。

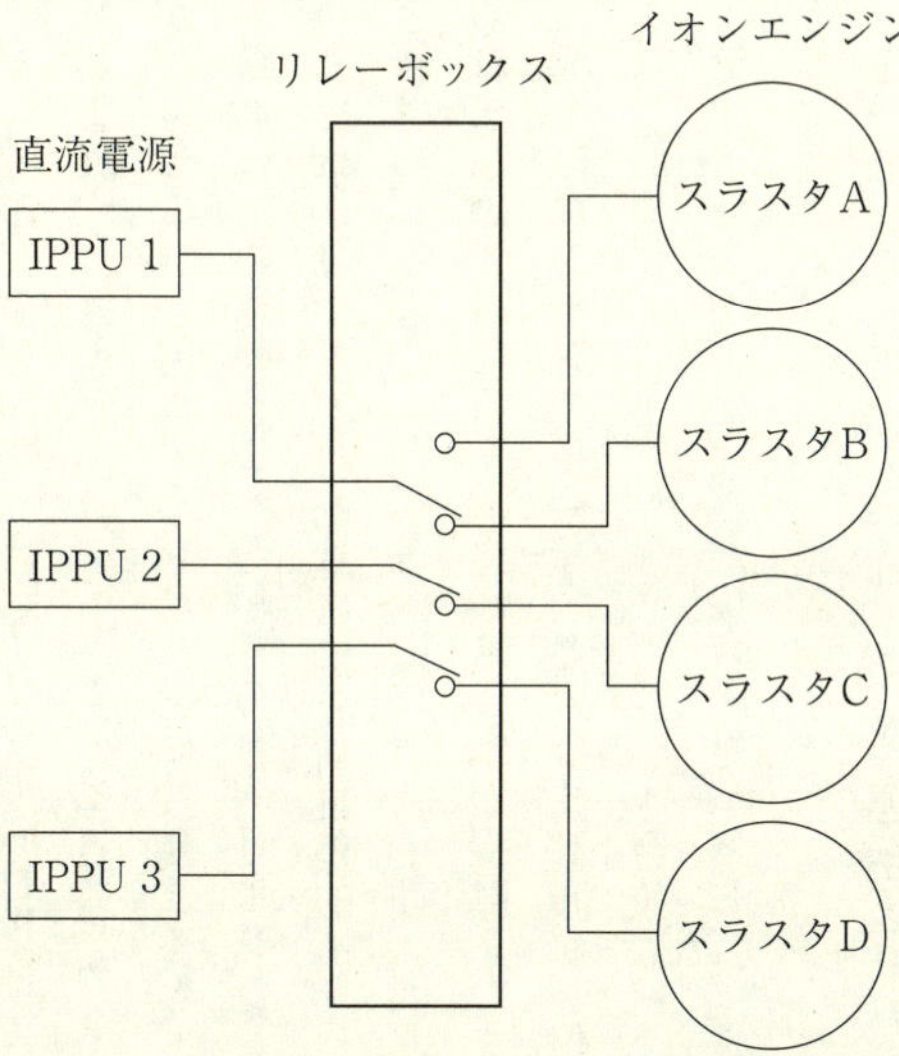

図2-1　接続するイオンエンジンはリレーで切り替えられる　（宇宙研資料より）

何重ものグリッドのショート対策

スラスタ用の直流電源に冗長系がないということは、ここに万が一トラブルが発生すると致命的になるということです。そのためこの部分には、壊れないような仕組みが盛り込まれています。

特に心配されたのは、グリッド間のショート（短絡）です。μ10の3枚のグリッドは、0・5ミリメートルという非常に狭い間隔で並んでいます（図1－7参照）。このグリッドの材質はカーボン複合材で、使い込んでいると、中に織り込まれている繊維が外に出てくることがあります。これをウィスカー（ヒゲ）と呼びますが、もしこれが隣接するグリッドに接触すると、そこで放電が起きてしまいます。

普通は、こういうことが起きると一旦エンジンを止めるのですが、イオンエンジンの場合は止めてばかりいると目的地に辿り着けないので、「はやぶさ」では瞬間的な短絡があっても動き続けられるようにと、電源にロバスト性（問題が起きたとき、現状を維持する設計）が求められました。もちろん、ウィスカーが接触したままのデッドショート（恒久的な短絡）になった場合はエンジンを止めないといけませんが、停止するまでの数秒間は耐えられるように設計されています。

デッドショートが起きた場合の対策として、電源には、ウィスカーを焼き切るための手段が2つ準備されました。

1つは、直流電源の内部にあるコンデンサバンク。出力側に大きなコンデンサが入っており、グリッドで短絡した場合には大電流を流してウィスカーを焼き切る仕組みです。ところがこれはスクリーン（1500ボルト）・アクセル（マイナス300ボルト）間では使えますが、アクセル・ディセル（零ボルト）間は電位差が大きくないためにうまく機能しません。この場合でも問題ないように、リレーボックス内に工夫があります。ディセルグリッドと中和器の間にはダイオードが入っており、通常はディセルと中和器の電圧は同じになっていますが、アクセル・ディセル間で短絡が起きた時は逆電圧となり、ディセル・中和器間は絶縁されます。この状態だと、ディセルがアクセルと同電位になり、イオンビームの形を綺麗にする機能はなくなりますが、イオンの加速に問題はなく、推力を出すという基本機能には影響はありません。

もう1つの手段は、リレーボックスのホットスイッチング運用です。通常、リレーの切り替えは電源オフ時に実施しますが、この運用では電源をオンにして高電圧をかけたままデッドショートしたスラスタ側に切り替えて、ウィスカーを吹き飛ばします。これはかなり乱暴な方法で、通常はしませんが、「いざとなったらやる必要がある」とリレーボックスの担当者を説得して、地上では1回だけ試験を行っています。軌道上では幸い、この運用を実施することはありませんでした。

グリッドの短絡は、地上の試験でさんざんトラブルを経験しており、こういった対策は全てその経験がベースになっています。私は、どれだけ地上試験でモノを壊したかによって想像力の範囲が決まると思っています。

推進剤供給系の対策

推進剤であるキセノンのタンクは1つだけですが、バルブは冗長のために2系統用意しました。キセノンのタンクは、満タン状態の打ち上げ時には70気圧にもなっています。こういった高圧ガスの開閉制御ではリークが起きやすいため、この部分の冗長化は必須です。

高圧ガスの漏洩《ろうえい》は即、エンジンの全損に繋がるので、各系統にはそれぞれ複数のバルブが取り付けられています。前段はパルス信号で開閉を切り替えるタイプのラッチングバルブ。後段は電気を流している間だけ開くフェールセーフ的な電磁弁です。バルブを直列に並べることで、いずれかが故障しても漏れることがないようにしています（図2-2）。「開かない故障」と「閉じない故障」の両方に対して冗長性を持たせようとすると、並列と直列を組み合わせたこういう構成になります。これは衛星の推進系では一般的な考え方です。

一方、「はやぶさ」に特有と言える部分が、バルブの次にあるアキュムレータ（AQM）という小型タンクです。推進剤の流量を制御するには、一般的にはマスフローコントローラという装置を利用しますが、この機器は非常に故障が多くて使いづらく信頼性に不安があったので、「はやぶさ」ではもっと原始的な方式を採用しました。それがこのアキュムレータによる流量制御方式です。

アキュムレータは、キセノンをメインタンクから小出しにして蓄えるものです。メインタン

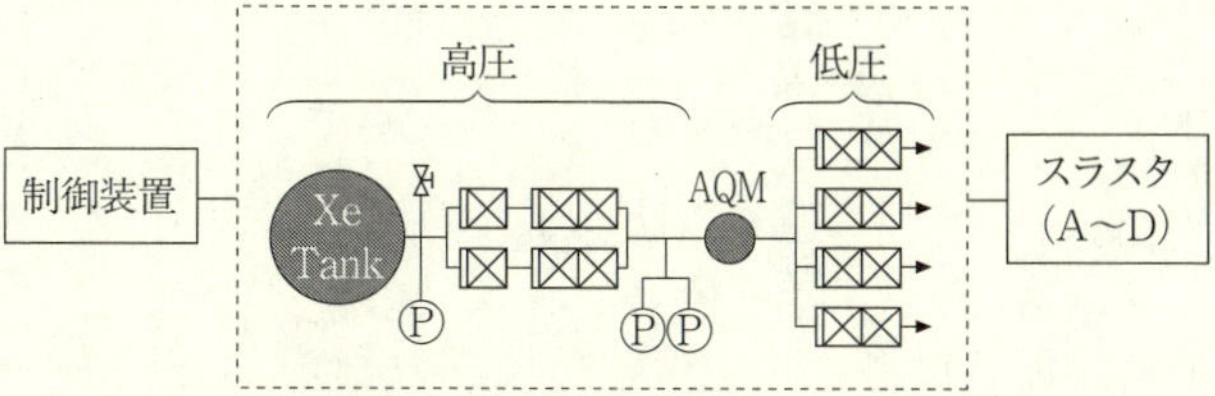

図２－２　「はやぶさ」IESの推進剤供給系　（宇宙研資料より）

クの圧力は打ち上げ時で70気圧、推進剤が少なくなった地球帰還時でも30気圧ほどでしたが、キセノンはアキュムレータで一旦、０・６気圧程度にまで落とされます。アキュムレータの圧力が変われば、当然ながら流量も変わります。この圧力は、高圧側のバルブの開閉時間で自由に制御できるので、「はやぶさ」ではこうやって流量を調整しています。

ただし、この手法は流量の制御精度や安定性の面で難があります。しかし、マスフローコントローラを冗長のため2台搭載するのは重量的に厳しい上、我々はそもそもマスフローコントローラを信用していなかったので、こういったシンプルで壊れにくい方法を採用しました。

結果的には、この方式だったおかげで、キセノンの生ガス噴射という姿勢制御が可能になりました。アキュムレータ方式では、上流のバルブの開閉でいくらでも圧力を変えられます。生ガス噴射では、通常のイオンエンジンとしての動作圧力よりも10倍くらい高圧にしていましたが、マスフローコントローラは大変センシティブな機器で動作範囲は狭いため、おそらく10倍は出せなかったはずです。もしマスフローコントローラだったら、姿勢を変えるだけの推力が出せたかどうか分かりません。もっとも、これは結果的にであって、そういった事態まで考えて設計したわけではないのですが。

アキュムレータを境にして、上流側が高圧システム、下流側が低圧システムです。高圧システムでは、耐圧性に優れた特殊なバルブを使っていますが、これはコストが高いです。一方、低圧システムでは一般に出回っているバルブで本来は十分なのですが、万が一を考えて、「はやぶさ」では全て高圧仕様としました。これは、故障や操作ミスなどで70気圧のキセノンが低圧側に流れ込んでくることを想定したもので、ここが壊れたら元も子もないため、それでも耐えられるように設計したのです。

非常時の運転モード1——クロス運転

通常、イオン源と中和器は同じ組み合わせで利用しますが、故障時のために、別のスラスタの組み合わせが可能になるような仕組みが用意されていました。これはシンプルに、各電源にダイオードを追加するだけで実現しています。

もう一度、図2-1を見てください。「はやぶさ」IESには、3台の直流電源（IPPU1/2/3）と4台のイオンエンジン（スラスタA/B/C/D）があり、IPPU1はスラ

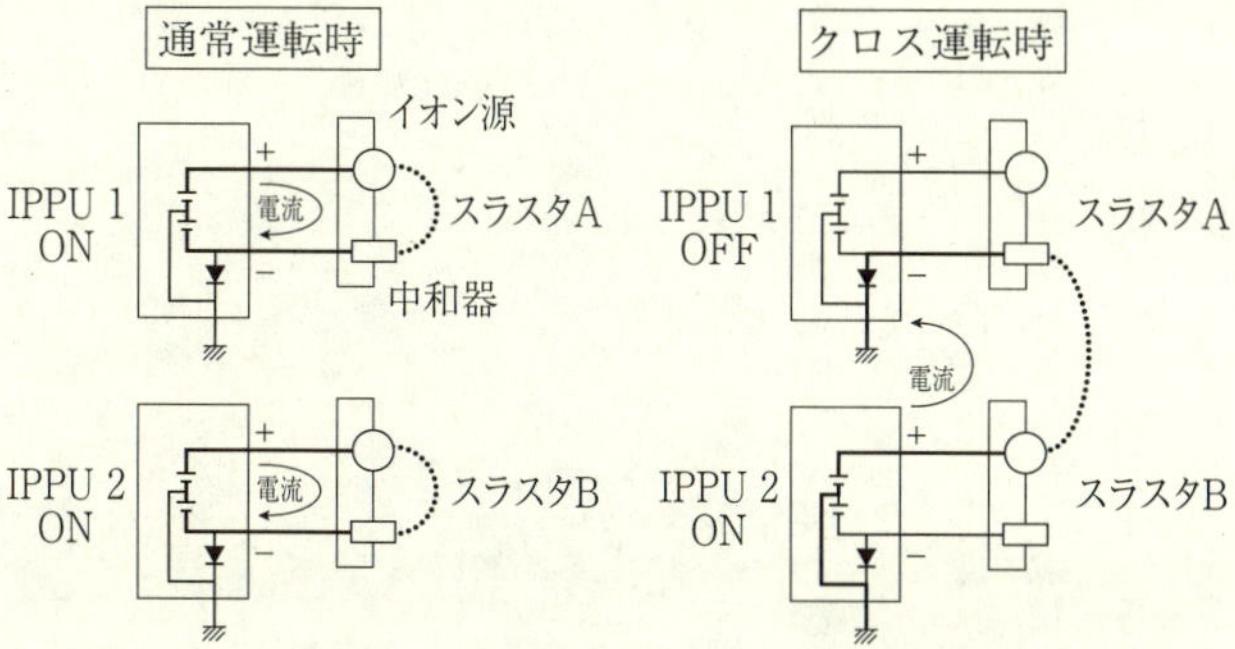

図2－3　クロス運転時の電流の流れ　（宇宙研資料より）

スタA／B、IPPU2はスラスタB／C、IPPU3はスラスタC／Dに切り替えが可能です。電源とスラスタの組み合わせで「1A」などと呼んでおり、この方法で3台同時運転時の状態を示すと「1B／2C／3D」のようになります。

通常運転のときは、イオン源と中和器は同じスラスタ内のものをペアで使用し、イオン源から出したイオンビームと中和器から出した電子が混ざり、宇宙空間で仮想的な回路が形成されます（図2－3左）。クロス運転のためのダイオードは、各電源の中和器ライン（マイナス30ボルト）とGNDラインの間に挿入されていますが、逆電圧のために電気的には繋がっていません。

しかし、中和器が劣化してくると、十分な電子が放出できなくなり、探査機はマイナスに帯電してしまいます。つまりGNDの電圧がどんどんマイナスになって、ついには中和器の電圧よりも低くなるのです。こうなるとダイオードが順電圧になって回路が繋がり、これで初めてクロス運転が可能な状態になります。

実際のクロス運転では、中和器AとイオンBが組み合わされました（図2-3右）。このとき、GND電圧はマイナス200〜マイナス300ボルト程度まで下がっており、IPPU1内のダイオード（図2-4）が順電圧になっています。宇宙空間とGNDラインを経由して、回路が巧妙に繋がっていることが分かるでしょうか。

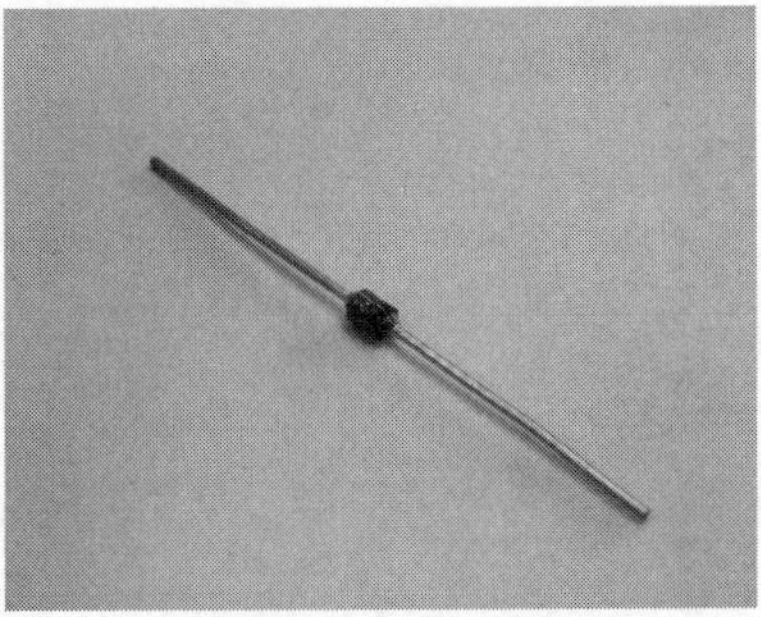
図2-4　電源に追加されたダイオード
©NEC/NTSpace

非常時の運転モード2——中和器の倍率変更

実際の運用の中では使わなかったのですが、直流電源には、中和器電流の倍率を変更するモードが備わっていました。イオンビームの電流値は常にモニターされており、通常の運用ではそれと同じだけ電子が出て行くように、中和器の定電流制御を行っています（そうしないと、探査機本体がどんどん帯電します）。これが倍率1・0の状態です。

それに加えて、倍率1・5と2・0の設定も用意していました。これは、2台の中和器で3台のイオン源の中和を行える設定（倍率1・5）と、1台の中和器で2台のイオン源の中和を行える設定（倍率２・０）で、ともに中和器の故障を想定したものです。ある中和器が使えなくなっても、このモードにすればほかの中和器がカバーしてくれるので、イオン源が無事なら使い続けることが可能になります。この機能はクロス運転とは違い、ちゃんと地上で試験を行いました。

しかしこの機能は、中和器が健全であることが前提となります。運用の後期では、中和器の劣化が進んでおり、電子が出にくい状態になっていたので、もし壊れたとしても、そういった中和器で倍率変更は使えなかったでしょう。

自律的な異常監視機能

制御装置（ＩＴＣＵ）は重要なので普通は2台で冗長構成にしますが、「はやぶさ」ＩＥＳでは重量の余裕がないためにこれは1台にしています。ただし、外箱としては1つですがＣＰＵだけ冗長にするとか、科学衛星ではそういった方法を取ることも多く、それは踏襲しています。

正確には、「はやぶさ」にはＦＰＧＡを3系統搭載しており、放射線によるビット反転のエラーが起きても大丈夫なように、この3つの多数決を結果として採用するようにしています。本当はもっと高性能なＣＰＵを使いたいところですが、ＦＰＧＡにしたのは電力の制約があったからです。FPGAの方が回路もシンプルに軽くできます。

NECには日本初の人工衛星「おおすみ」以来、多くの科学衛星を手がけてきた経験があり、制御装置に関しては「ここだけ冗長にすればよく、ほかはシングル構成でも大丈夫」ということをノウハウとして持っています。経験にもとづいて、ここは手厚く、ここは薄くてもいいと、メリハリをつけるのが科学衛星の特徴とも言えます。

制御装置は常時IESのステータスをモニターし、異常があった場合には自動的に安全なモードに移行する機能を持っています。モニター対象となっているものには、アキュムレータの圧力、プラズマの点火状態、直流電源の電流・電圧値、グリッドの短絡、などの項目がありました。

しかしイオンエンジンはなるべく連続して運転したいので、不可視（通信できない時間帯）中に異常が起きて停止した場合でも、そのまま待機状態では困ります。あるスラスタが停止しても、自動的に別のスラスタを起動できるような仕組みも用意されていました。

IES外部との連携機能も考えられていました。IES単独では不可能な自由度の高さをこれで得ています。

「はやぶさ」のメインコンピュータには、汎用自律化機能というものが備わっています。これは、こういう条件になったらこういう動作をしろという命令をテーブル（表形式のデータ）の形で指定しておけるもので、「はやぶさ」には最大32個の条件をセットしておくことができました。この機能を使うと、例えばこの部分の温度センサーが異常を検知したらイオンエンジンを止める、などの協調動作が可能になります。

実際に軌道上でイオンエンジンを使ってみると、設計段階での考慮が足りなかった部分がいろいろと出てきましたが、そういった部分は全てこの汎用自律化機能で補うことができました。従来の科学衛星にも機能としてはあったものの、設定数は16ケースまで。これが2倍になったおかげで、かなり様々なことを後付けで、やりくりすることができました。「これは使える」ということで、このあとの探査機ではもっと増やしたと聞いています。

秘話──「はやぶさ」はなぜ「H形」なのか

萩野慎二

NEC 宇宙システム事業部・シニアマネージャー。NEC側の「はやぶさ」プロジェクトマネージャーとして、全体のとりまとめを担当。

「はやぶさ」の外見上の特徴は、太陽電池パネルが左右に3枚ずつ、「H」の字のように並んでいることです。普通、人工衛星でも探査機でも、太陽電池は一直線（I形）に並んでいることが多く、「はやぶさ」のようにH形は非常に珍しい形です。ではなぜ、「はやぶさ」はこんな形になっているのでしょうか。

「はやぶさ」は2回目のタッチダウン後、燃料漏れを起こして行方不明になってしまいました。このとき、「はやぶさ」は吹き出すガスによって姿勢制御ができなくなり、太陽電池に光が当たらずに、電源が落ちてしまったと考えられています。

しかしその約1ヵ月半後、「はやぶさ」はz軸周りに回転した状態で見つかりました。一度電源が落ちて通信途絶になった探査機が復活することは、普通はほとんどありません。実はここに、H形だった意味があるのです。

ここで詳しくは説明しませんが、物体には「慣性モーメント」という物理量があります。「はやぶさ」のH形だと、z軸周りの慣性モーメントが大きく、x軸とy軸周りが小さい。慣性モーメントが大きいと、回転が安定します。これを利用した玩具がコマなのですが、「はやぶさ」もz軸周りに回転すると安定するコマだと思ってください。

「はやぶさ」が通信途絶になったとき、x／y／z軸それぞれに回転する成分があって、複雑な動きをしていたはずです。しかし、内部の液体や装置などがグラグラと動くことによって各軸のエネルギーがやりとりされて、何もしなくても最終的には慣性モーメントが最大の軸に回転が収束することが分かっていました。「はやぶさ」の場合はこれがz軸であったわけで、z軸周りの回転に収束さえしてくれれば、公転によっていずれは太陽を向く位置に来て、再起動できる状態になります。

これがもしI形であったならばどうなったでしょう。I形の場合、慣性モーメントはz軸周りとx軸周りが大きくなって、どちらに収束するか分かりません。z軸周りに収束するにしても時間がかかる可能性がありますし、もしx軸周りに回転していたら、太陽が当たったり当たらなかったりを繰り返すので、これでは起動できません。

このほかH形には、全長を短くできるのでタッチダウンのときに傾いても地面に接触しにくいというメリットもありました。一方、太陽電池パネルの展開方法が複雑になるというデメリットもあるのですが、こういった様々なトレードオフを検討した結果として、H形が採用されたのです。

探査機にとって、電源が落ちるというのは普通はあってはならないことなのですが、実は落ちても大丈夫なような仕組みだけは仕込んでありました。回転が収束して、徐々に太陽電池パネルに光が当たり出すと、最初は電力が十分でないために、起動してもすぐに電源がまた落ちてしまいます。すると再び電源が入って……と繰り返してしまうので、電力をモニターしていて、一定以上になったらスイッチが入るようにしていました。

この仕組みは「はやぶさ」で初めて実装したのですが、重量は増やさずに得られるものは大きいので、「あかつき」などその後の科学衛星には大体搭載しています（あまり発動してほしくはないですが）。

3――向きをコントロールする姿勢軌道制御機器

橋本樹明

宇宙航空研究開発機構・宇宙科学研究所・宇宙探査工学研究系教授、月・惑星探査プログラムグループ・「SELENE-2」プリプロジェクトチーム長（併任）。

宇宙を飛翔するものの制御――人工衛星の高精度姿勢制御アルゴリズム、姿勢センサ、航法センサ、制御アクチュエータの開発、誘導制御システムの研究などを行う。「はやぶさ」では姿勢軌道制御機器を担当。

人工衛星や探査機の運用において、位置を制御するのが「軌道制御」、そして向きを制御するのが「姿勢制御」である。重心に注目すると、重心の移動を伴うのが軌道制御、重心周りの回転が姿勢制御と言ってもいい。この2つは密接に関わっていることから、総称して「姿勢軌道制御」と呼ばれている。姿勢軌道制御のために、どのような機器が「はやぶさ」には搭載されているのだろうか。他の探査機に共通する部分、「はやぶさ」に特有の部分がそれぞれあるが、以下で詳しく見ていきたい。

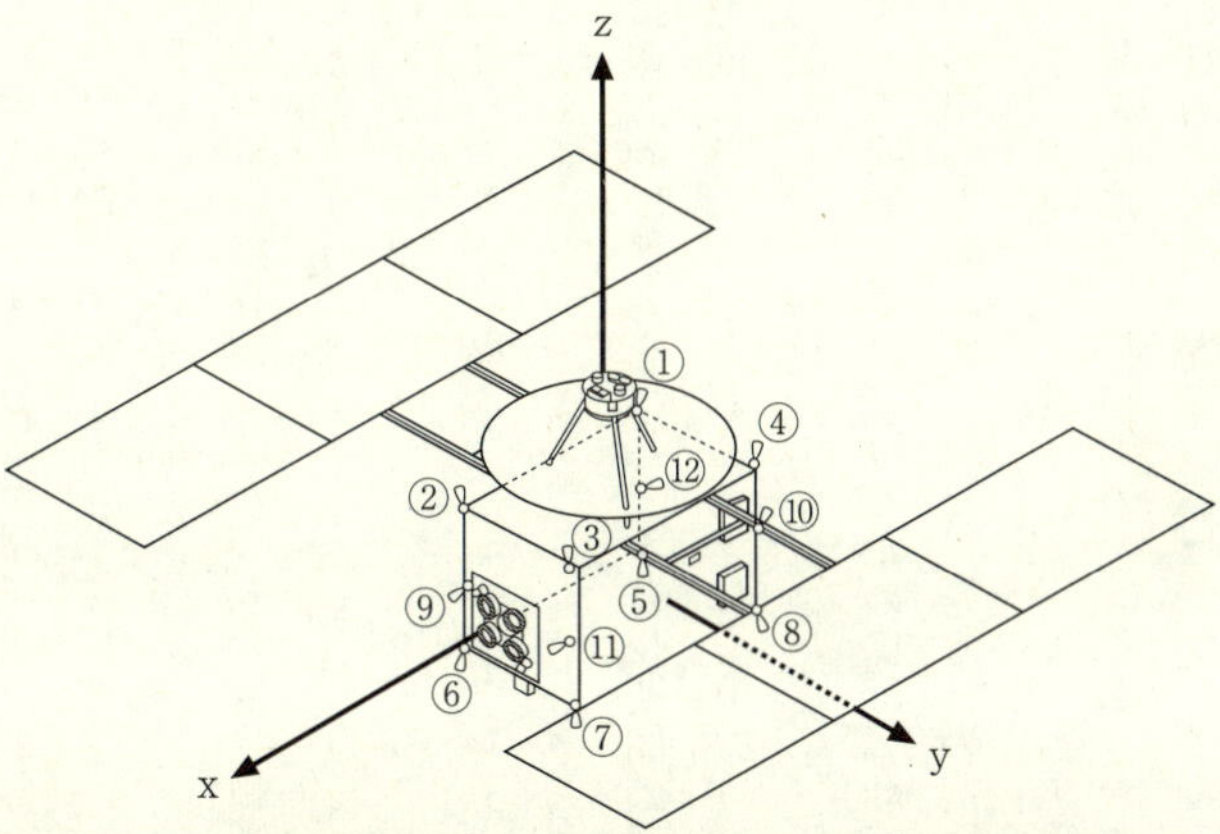

図3－1　3軸制御。x軸／y軸／z軸周りで自由に制御できることから3軸制御と呼ばれる　（宇宙研資料より）

スピン安定と3軸制御

探査機・人工衛星の姿勢制御の方法には、一定の速度でクルクルと回転することで姿勢を安定させる「スピン安定」方式と、リアクションホイールなどの装置を使って姿勢を一定に保つ「3軸制御」方式とがあります。「はやぶさ」は日本の深宇宙探査機として、初めて3軸制御を採用しました（図3－1）。

初期の人工衛星ではスピン安定が主流でした。スピン安定だと、何もしなくてもある程度は回転軸を保ち続けられるので、比較的制御が容易です。一方3軸制御になると、常に姿勢を制御しなければならず、設計が複雑になって機体が大型化する傾向がありますが、より高度なことができるために、最近ではこちらの方が多くなっています。気象衛星「ひまわり」も、5号機まではスピン安定でしたが、6号機以降は全て3軸制御の衛星となっています。

日本の探査機では、火星探査機「のぞみ」はスピン安定でしたが、もっと新しい「はやぶさ」や金星探査機「あかつき」は3軸制御になっています。ただし、これはミッションに応じて最適な方式を選ぶという側面もあって、2014年度に打ち上げ予定の水星探査機「MMO」では再びスピン安定を採用することになっています。

「はやぶさ」の場合は、ミッション上の特徴によって、スピン安定は最初から選択肢にはありませんでした。「はやぶさ」は太陽を周回する軌道上において、イオンエンジンを使って軌道接線方向に推力を出します。長期間の連続運転が必要なために、スピン安定だと回転軸は接線方向にほぼ固定されることになります。

しかし、同時に電力を確保するためには、太陽電池パネルに太陽光を当てる必要がありま す。太陽光を受け続けるためには、回転軸を太陽方向に合わせないといけません。太陽は軌道円の中心方向にあるので、先ほどの接線方向の回転軸と矛盾してしまいます。よほどヘンテコな設計でもしない限り、こういった条件は両立できません。

ちなみに、3軸制御の「はやぶさ」でも、軌道上で何らかのトラブルが発生したときには、自動的にスピン安定の「セーフホールドモード」に移行して、地上からの指示を待つようになっています。とりあえず回転軸を太陽に向けておいて、最低でも電力だけは確保、探査機が死なないようにしているのです。

姿勢の制御は運用の基本

探査機の姿勢をなぜ制御するのかというと、例えば「はやぶさ」の場合では、パラボラのハイゲイン（高利得）アンテナが理由の1つです。このアンテナの向きは上面側（+z軸）になりますが、高速通信を行うときには、当然のことながらこれを地球に向ける必要があります。ハイゲインアンテナはデータを高速に伝送できる一方で、指向性はとても高くなっており（ビームの幅は0・7度くらいしかない）、かなり精密に方角を合わせる必要があります。

そして重要なのは、太陽電池パネルを太陽に向けること。短時間ならバッテリ運用も可能ですが、「はやぶさ」の電力は太陽電池に依存しているので、発電できない時間が続いた場合には、最悪、探査機を失う恐れがあります。「はやぶさ」は一時、燃料漏れによる姿勢喪失により、電源が完全に落ちたことがあったのですが（7章参照）、本来ならばこれはあってはならないことです。

「はやぶさ」の場合、ハイゲインアンテナも太陽電池パネルもともに+z軸方向に固定されており、動かすことはできません。ですが、イトカワ近傍においては太陽と地球は同じような方角に見えています。太陽電池パネルは、10〜20度くらい方向が違っても発生電力が多少落ちるだけなので、大きな問題にはなりません。

このほか、イオンエンジンを使うときには、推力を出したい方向にエンジン（+X軸）を向けますし、イトカワでの観測時には、底面側（-Z軸）のセンサーを小惑星表面に向ける必要があります。以上が姿勢制御が必要になる理由です。探査機の運用において、いかに重要であるかが分かっていただけると思います。

姿勢軌道制御に使う機器

姿勢や軌道を制御する前に、まずは現在の探査機の向きを把握する必要があります。このとき利用されるのが太陽センサー（TSAS）とスタートラッカ（STT）と呼ばれる2種類のセンサーです（図3-2）。

太陽センサーとはその名の通り、太陽の方向を検出するために使うセンサーです。太陽は最も明るく見えるため、間違えることがないので信頼性が非常に高いですが、太陽センサーだけだと太陽周りの姿勢が分からないので、スタートラッカなどと併用することになります。

星の位置を見て探査機の向きを決めるのがスタートラッカです。実体としては、40×30度の視野を持つ光学カメラになっており、3個以上の星が映っていれば、自分の姿勢が分かりま

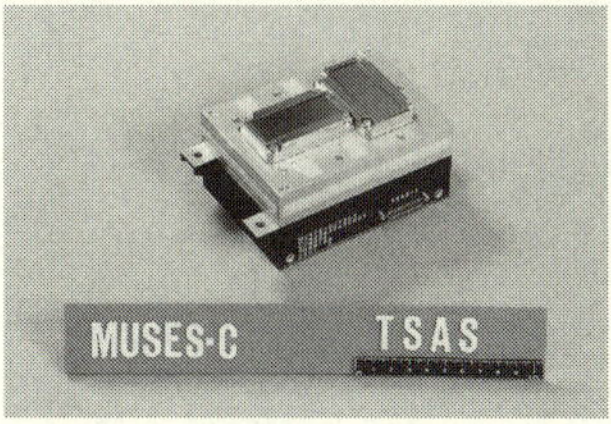

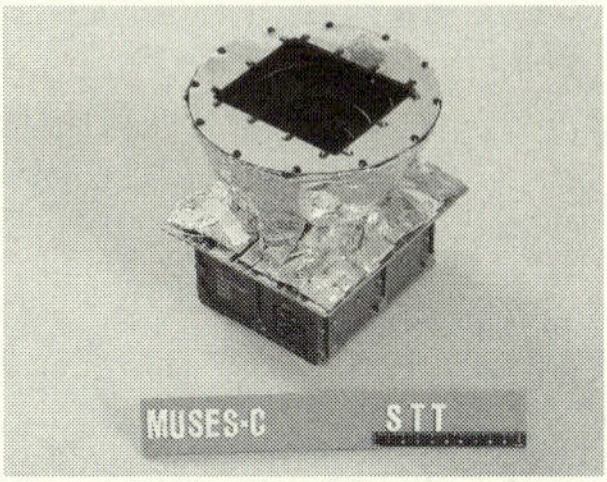

図3-2　太陽センサー（左）とスタートラッカ（右）©JAXA

す。太陽センサーと組み合わせる場合には、星は1個でも構いません。

これらは一般的に用いられるものですが、「はやぶさ」では、当時としては珍しく、探査機自身が星図データを持っており、見えている星と比較することで、自動的に方向を計算できるようになっていました（自律星同定）。計算機の能力が向上した今では当たり前の機能になっていますが、当時のスタートラッカは画像をそのまま地上に送信して、姿勢の計算は人間がやるのが一般的でした。

探査機の姿勢がフラフラしていては、せっかくの太陽センサーやスタートラッカが使えません。そのため、まず探査機の回転運動を止め、安定させる必要があります。この回転を検出するのに搭載されているのがジャイロセンサーです。大文衛星などでは機械的なジャイロ（内部で円盤が回っている）を使っていましたが、「はやぶさ」はとにかく小型・軽量にするために、「光ファイバージャイロ」と呼ばれるものを搭載しました。

当時は日本に小型軽量かつ宇宙で使用できるものがなく、米国の惑星探査機で使われた実績のある米国製の光ファイバージャイロを採用しました。このジャイロは3軸分が全て入って700グラム程度と非常に軽量で、かつ可動部分がないため、機械式に比べると信頼性も高いというのが売りでした。ただし弱点もあって、処理回路に放射線が当たると、壊れることはないものの、一時的に誤動作するということが設計上分かっていました。

「はやぶさ」では数ヵ月に一度それが起きることが予想されていたので、ジャイロを2台搭載して、1台にエラーや異常が発生した場合には、シャットダウンして再起動するか、もう1台の方に切り替えるという対策を取りました。実際、軌道上では2〜3回しかエラーは起こらなかったのですが、よりによって再突入の前日に起きてしまって、この時ばかりは正直慌てました（コラム3-1参照）。

次は、姿勢を制御する方法です。その1つの手段が、姿勢制御スラスタ（RCS）を使うこと。これは推力が小さな小型の化学推進エンジン（スラスタ）を組み合わせたものになっていて、いくつかを同時に噴射することで、例えば同じ面にあるスラスタを使えば並進運動、対角線上にあるスラスタをペアで使えば回転運動が可能になります。「はやぶさ」には、上下の面に4基ずつ、前後の面に2基ずつ、あわせて12基のスラスタが搭載されています（図3-1に丸数字で示した）。

RCSは使えば使うほど推進剤が減っていくために、長期間運用する必要がある探査機などでは、姿勢制御にリアクションホイールが使われます。これは回転する円盤を内蔵した装置です。円盤が右回転すれば衛星は反作用で左回転するという、角運動量保存の法則の原理を応用していて、「はやぶさ」にはx／y／zの各軸に合計3台搭載されています。リアクションホイールは電力さえあれば動かすことができ、推進剤を消費しないというメリットがあるのですが、後述する「飽和」という現象があるため、必ずRCSと組み合わせて利用されます。

リアクションホイールによる姿勢制御には、重心周りの回転運動になるため、軌道に全く影響を及ぼさないというメリットもあります。RCSの場合、対角線上のペアで吹いたとしても、どうしても推力にバラツキがあり、誤差が残ります。このアンバランスで軌道が変化してしまうため、探査機の位置を精密に計測する場合には、なるべくRCSは使わず、リアクションホイールで対応します。

一方、軌道制御に使われるのは、メインエンジンであるイオンエンジンと、姿勢制御にも使うRCSです。イトカワまでの往復飛行に使われるのはイオンエンジンですが、タッチダウン等、イトカワ近傍での運用には全てRCSが使われています。これは、イオンエンジンは高効率である反面、推力が弱すぎて短時間で機体を動かすには不向きだからです（イオンエンジンについては、第2部1章参照）。

次項からは、姿勢制御の機器について、もう少し詳しく解説することにします。

〈コラム3-1〉このタイミングで？　ジャイロのエラーが発生

ジャイロは探査機の角速度（回転の速さ）を検出するためのセンサーで、機器としての正式名称は「慣性基準装置（IRU）」となります。角速度を積分することで、ある時点からの姿勢の変化を知ることができますが、これだけだと誤差が蓄積されていくので、外界の情報を使うスタートラッカなどと必ず組み合わせることになります。

姿勢が安定してスタートラッカが使えている状態では、あまり使うことはないのですが、再突入の日には、カプセルの分離方向を精密に設定するため、そして分離後の姿勢を安定させるために、ジャイロが必要でした。これに備え、前々日にはジャイロのバイアス（誤差）を測定して、補正しておきました。

しかしその翌日になって、いきなり放射線によるエラーが発生してしまいました。これはもともと、ごくまれに起こることが想定されていて、対策としてジャイロが2台搭載されていたので機能としては問題ないのですが、1日前にせっかく調整したのが無駄になってしまいました。慌てて再度バイアスを測定して、調整をやり直しました。

7年間で数回しか起きていなかったのに、なぜよりによって再突入の前日に起きるのか……とは思いますが、当日よりは良かったのかもしれません。最後まで「はやぶさ」はラッキーなのかアンラッキーなのか分からない探査機でした。

3 ── 向きをコントロールする姿勢軌道制御機器

リアクションホイール

（1）動作の原理

リアクションホイールは、中に入っている円盤（ホイール）を回転させることで、人工衛星や探査機の姿勢を制御する装置です。話を簡単にするために、1軸周りで考えてみましょう（実際には3軸周りの制御が必要で、相互作用があるためにもう少し複雑になります）。

静止している探査機のある面に、リアクションホイールが固定されているとします。ここで、リアクションホイールの回転数をゼロから毎分1000回転（rpm）に上げたとすると、探査機本体はリアクションホイールの回転とは逆向きに回転を始めます。これは角運動量保存則によるもので、リアクションホイールの角運動量が増えれば、探査機の角運動量はその分減少し、逆向きの回転となって現れます。別の見方をすれば、リアクションホイールとは自分の角運動量を増減させる装置であり、それによって探査機と角運動量を交換していると言えます。

このとき、変化するのは角速度なので、探査機は一定の速度で回転を続けます。再びリアクションホイールの回転を止めれば探査機も停止するので、これを利用すれば、探査機の向きを自由に変えられます。RCSの場合だと、回転を始めるときに噴射して、止めるときにもまた噴射するので推進剤を消費してしまうのですが、リアクションホイールならその必要がありません。ホイールを回転させる電力さえ確保できればいいのです。

よく、リアクションホイールは回転軸が探査機の重心を通っている必要はないのかと質問されるのですが、探査機のどこにあっても全く同じように動作することが数学的に証明できます。ただ、ホイールの回転によって振動が生じるので、その影響を避けるために、重心近くに置くことがあります。例えば太陽観測衛星「ひので」の場合、精密な観測が要求されたために、こういった設計になっています。

(2) 小型・軽量なものを採用

「はやぶさ」に搭載されたリアクションホイールの重量は、1台が2・6キログラム。3軸分としてこれが3台搭載されており、このほかに共通の駆動回路（1・9キログラム）があります。リアクションホイールには、駆動回路が内蔵されているものと、「はやぶさ」のように別になっているものがあり、トータル重量や配置等の条件を考えて、それぞれの探査機で選定をします。「はやぶさ」の場合はとにかく重量を軽くしたかったので、後者を選びました。「はやぶさ」には、米国のイサコ（Ithaco）社（現グッドリッチ社）が製造するリアクションホイールを搭載しました。リアクションホイールを選ぶときのもう1つのポイントは、どのくらい角運動量が持てるかということです。角運動量は、ホイールが重く、回転が速いほど大きくなります。したがって、角運動量からすると、速く回転できれば装置を小型化できるというメリットがあります。イサコ社のリアクションホイールは、プラス・マイナス5100rpmという高速回転が可能なものでした。

「はやぶさ」では、これをx軸、y軸、z軸の各軸に配置しました。理想的には、万が一故障したときのことを考え、4台搭載した方がいいのですが、「はやぶさ」では極限までの軽量化が求められたために、冗長なしの3台構成としました。もし壊れたときにも、RCSという代替手段があることも判断理由の1つになりました。

ちなみに、4台目を搭載する場合には、xyz軸＋斜めの1台（バックアップ用）という構成もありますが、せっかく4台載せるのなら4台で最適な構成の方がいいだろうということで、4台全てが斜めに配置されている「フォー・スキュー」と呼ばれる構成を採用することが多くなっています。実際に、宇宙研では「すざく」、「あかり」、「ひので」といった天文衛星がこの配置を採用しています。

当初、川口先生には4台搭載することを勧めたのですが、「リアクションホイールは機械的な装置なので、壊れるときには壊れる。4台搭載したとしても2台が壊れてしまえば意味がないので、それよりは、リアクションホイールがなくても制御できる方法を考えてくれないか」と言われました。そのため、1台が壊れても残りの2台で制御できるロジックを事前に考えておいて、組み込んでおきました。

(3) 飽和はなぜ起こるか

原理を説明したところで、リアクションホイールの回転数をゼロから1000rpmに上げる例を述べましたが、実際にこうした運用をすることはありません。止まった状態から動かすのはベアリングに大きな負担がかかり、寿命に悪影響を与えるために、通常はある一定の速度(基本的には2000rpm)で回転させておいて、そこから加減速することで探査機を制御するのです。

「はやぶさ」のリアクションホイールの回転数はプラス・マイナス5100rpmということで、実は逆向きにも回転できるのですが、反転させるには一旦停止する必要があるため、衛星によってはマイナス側を利用しないものもあります。例えば「ひので」の場合には、下限は1000rpm程度にしており、それより下の回転数では回さないようにしています。このような使い方の場合、調整できる角運動量の範囲が狭くなってしまうので、結果として大きなリアクションホイールが必要になるのですが、「はやぶさ」の場合それは許されないので、マイナス側も使うことにしました。

しかし、それでも上限と下限があることに変わりはありません。例えば、今、2000rpmで探査機のバランスが取れていて、姿勢が維持できているとします。このとき回転数を上げたり下げたりして探査機の向きを変えても、また2000rpmに戻せば探査機の回転は止まるはずです。ところが、実際には時間が経過するに連れて、バランスが取れる回転数が徐々に2000rpmからずれていきます。

これはなぜかというと、探査機に外乱が加わるからです。外乱の1つには太陽輻射《ふくしゃ》圧（太陽光による圧力）があります。太陽輻射圧は非常に小さな力ですが、探査機を回転させる働きがあって、長期間蓄積すると無視できない大きさになってきます。そうすると探査機の角運動量が変わってくるので、バランスを取るためのリアクションホイールの回転数も変わってきます。回転数を増減させてこれに対抗することになりますが、いずれは上限または下限に達します。これが、リアクションホイールの飽和と呼ばれる現象です。

回転数が上下限に到達した場合には、外乱を打ち消す方向にRCSを噴射して、リアクションホイールの回転数を元に戻します。この作業をアンローディングと呼びます。

姿勢制御スラスタ（RCS）

(1)「はやぶさ」での配置

「はやぶさ」には、推力20ニュートンの2液式スラスタが合計12基搭載されています（図3－1参照）。搭載場所は上下の面（±z面）の角に4基、前後の面（±x面）の左右に2基となっています。これらを組み合わせて噴射すれば、探査機を自由に移動（軌道制御）させたり回転（姿勢制御）させたりできます。

「はやぶさ」の側面（±y面）にはスラスタがありませんが、実は±x面のスラスタが少し横方向を向いているので、y軸方向に移動するときにはこれが使えます。ただし、y軸方向への推力は弱いので、なるべくy軸方向に動かさなくていいような運用を考えましたが、どうしても動かす必要があるときには、一旦z軸周りに90度回転させてから、x軸方向のスラスタを噴射して対応することにしました。

ちなみに、±y面にスラスタが付いていないのは、太陽電池パネルに燃焼ガスをあてたくなかったことが最大の理由です。燃焼ガスが探査機にあたると推力の方向がずれてしまうだけでなく、太陽電池パネル裏面の放熱板を汚してしまうので、これは避けたかったのです。

打ち上げ	衛星	重量（kg）	投入軌道	軌道制御用	姿勢制御用
2005年7月	すざく	1,700	円軌道	20N（1液式）	3N（1液式）
2006年2月	あかり	960	太陽同期	20N（2液式）	3N（1液式）
2006年9月	ひので	900	太陽同期	20N（1液式）	3N（1液式）
2010年5月	あかつき	500	金星周回	500N（2液式）	20N/3N（1液式）

表3－1　「はやぶさ」以降の科学衛星に搭載されたスラスタ（Nはニュートンを表す）

（2）小型の2液式エンジン

「はやぶさ」には2液式のスラスタが搭載されていますが、姿勢制御には1液式を使うのが一般的です。また20ニュートンという推力も、このクラスの探査機にしては大きいです。本来ならば、1ニュートン程度でも十分なのですが、「はやぶさ」はなぜ、このようにオーバースペックとも言えるスラスタを採用したのでしょうか。

2液式では、燃料と酸化剤を別々のタンクに搭載して、燃焼時に初めて混合します。一般的に利用されるのはヒドラジン系の燃料で、これは酸化剤と混合するだけで着火するので非常に信頼性が高いものです。対して1液式は、名称からも分かるように、燃料だけを使用します。触媒に吹き付けて分解させ、高温・高圧のガスを発生させます。

1液式の方が仕組みは簡単になりますが、エンジンとしての効率は2液式の方が2～3割ほど高くなります。このため、小型のスラスタでは1液式が、大型のスラスタでは2液式が採用される傾向があって、20ニュートンあたりで両者が混在しています。

「はやぶさ」は小型の探査機なので、姿勢制御だけなら1ニュートンもあれば十分なのですが、20ニュートンという1クラス上のスラスタを搭載したのは、軌道制御のための能力も求められたからです。特にイトカワへのタッチダウンの時などには、離脱するための噴射にどうしても20ニュートンクラスの推力は欲しい。イトカワの重力は小さいとは言え、「はやぶさ」は着陸機でもあるのです。

20ニュートンクラスと数ニュートンクラスのスラスタを両方搭載する方法もありますが、すでにイオンエンジンも搭載しているので、重量的にこれは厳しい。それに、タッチダウンでの運用は軌道も姿勢も同じように制御する必要があったので、別々に搭載するよりは20ニュートンで共通化した方がシンプルでいいだろう、という判断もありました。

1液式でなくて2液式にしたのは、効率が良いので、推進剤が少なくて済むためです。それに1液式に比べて応答性が良いので、細やかな制御には有利だということもあります（1液式は触媒反応を利用しているので推力の立ち上がりに若干の遅れが出てしまう）。ただし、当時は国産で20ニュートンクラスの2液式スラスタがなかったために、これを新規に開発しました。ほぼ同時期に開発された「あかり」にも同じスラスタが搭載されています（表3-1）。

（3）酸化剤の供給問題

ところで、全て2液式にしたことで、1つ解決しなければならない問題がありました。

燃料タンクには、中にゴム風船のようなものが入っています。燃料はゴム風船の中に入っており、外側から高圧ガスで押し出して、スラスタに供給します。この仕組みのおかげで、無重力環境でも燃料を確実に送り出すことが可能になっています。

しかしこの方法は、酸化剤タンクでは使えません。酸化作用によって、ゴム風船が腐食して穴が開いてしまうからです。金属タンクの中に液体の酸化剤がそのまま入っているだけでは、特に酸化剤が減ってきたときに、高圧ガスでうまく押し出すことができません。

ではこれをどう解決しているかというと、まず燃料だけを使う1液式のスラスタを噴射して、機体に加速度を与えます。すると酸化剤がタンクの出口側に偏ってくれるので、高圧ガスによる加圧が働くようになります。この状態にしてから、2液式スラスタを噴射するのです。これをセトリング運用と呼んでおり、実際に「かぐや」や「あかつき」ではこの方法が使われています。

1液式スラスタを持たない「はやぶさ」では、この方法が使えないのです。「はやぶさ」では、この問題を酸化剤タンク側の工夫で解決しました。金属ダイヤフラムと呼ばれる蛇腹のような膜を使い、これを畳んでいくことで、ゴム風船のような役割を持たせています。

リアクションホイールの故障

（1）3台中の2台が故障

2005年7月31日、「はやぶさ」に搭載された3台のリアクションホイールのうちx軸が故障、イトカワ到着後の10月2日には、y軸も故障してしまいました。

実は1台目の故障には前兆がありました。電流値を見ることで、ロストルク（摩擦抵抗によりホイールの角運動量を下げてしまうトルク）の大きさが分かりますが、これが5月末から少し増えていました。仕様の範囲内であるし、不具合ということでもなかったのですが、気になったのでメーカーに連絡したところ、「これはまずいかもしれない」と返答があり、それから回転数を下げて運用したものの、結局は壊れてしまいました。

他のホイールについても、メーカーは「同じ設計なので同じことが起こりえる」という意見で、事実、その通り2台目も同じように故障。RCSではリアクションホイールほど精度良く姿勢を制御できないので、できることならタッチダウンが終わるまではもってほしかったのですが、それでも壊れる前にイトカワの観測がほぼ終わっていたのは幸いでした。

ただ、この故障によって、タッチダウンの難易度はかなり上がってしまいました。RCSで細かく姿勢を制御するために、より短いパルスで噴射できるように準備していたのですが、それでも完全自律での降下は難しいということになり、地上からのリモートコントロールが入ることになりました。分離のタイミング制御が難しくなり、「ミネルバ」の投下に失敗。もしリアクションホイールが完全であれば、成功できたかもしれません。

この時点で、残るリアクションホイールはz軸のみとなり、これを壊さないために上限を2000rpmに制限して、ベースの回転数を1000rpmに下げました。下限は300rpmにして、反転もしないようにしました。

これによって問題となるのは、調整できる角運動量の範囲が著しく狭くなることです。もともと5000rpmで動かせるというので小型のリアクションホイールを採用したのに、これが2000rpmまで制限されると、運用はかなり厳しくなります。すぐに上限・下限に達してしまい、アンローディングの回数が増加し、推進剤の消費量も増えてしまいます（帰路はRCSが使えませんでしたが、イオンエンジンのジンバルを傾けてz軸周りのトルクを発生させて、アンローディングを行うことが可能でした）。

こうした対策のおかげか、z軸のリアクションホイールは最後まで動いてくれました。x軸とy軸がほぼ同時に壊れたのに、なぜz軸が無事だったのかということについては、おそらくz軸の使い方が一番易しかったためではないかと考えられています。z軸に比べると、x軸とy軸のホイールは頻繁に回転数を調整していました。

「はやぶさ2」では、さすがに3台ではまずいということで、4台構成になると思います。その分、重量は増えますが、4台構成の方が、アンローディングの回数を減らせるというメリットがあって、その分、推進剤を節約できます。これで相殺される分があるので、リアクションホイールを1台追加したからといって、トータルの重量で見れば決して1台分の重量がそのまま増えるわけではありません。

(2) 振動対策の改造が裏目に

そもそも、故障の原因は何だったのか。その後の検証で、事実が明らかになってきました。

「はやぶさ」には、イサコ社の「Type-A」というリアクションホイールが搭載されています(図3-3参照)。これは米国の「ニア・シューメーカー」や「ディープ・インパクト」などの探査機にも搭載されており、軌道上での実績が豊富な製品だったのですが、実は「はやぶさ」用に特別に改良した部分がありました。

「はやぶさ」を打ち上げたのは固体燃料のM-Vロケットです。液体燃料のロケットに比べると打ち上げ時の振動環境が厳しく、そのデータをメーカーに渡すと「そんな環境では無理だ」と断られることもありました。ですが、この振動に耐えられるリアクションホイールでないと、打ち上げで壊れてしまう恐れがあります。イサコ社は「何とか対応する」と言ってくれて、振動試験を何度もやってくれました。

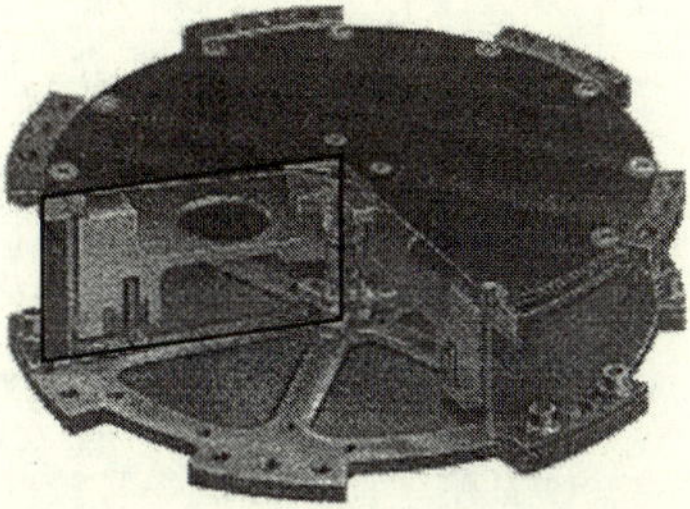

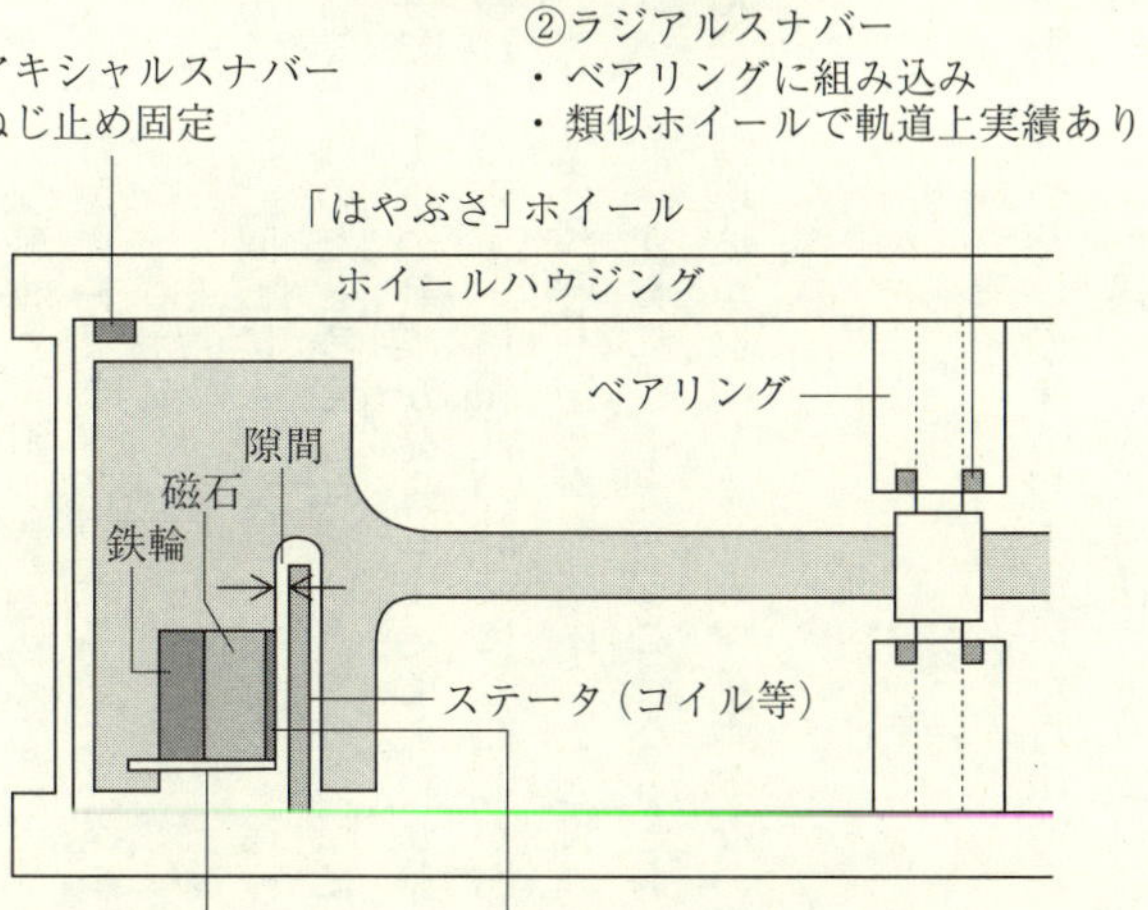

図3－3　リアクションホイールの断面図。図中①〜④は「はやぶさ」搭載用に特有の設計変更を行った箇所（「JAXAにおける衛星用ホイールに関する信頼性向上活動について」宇宙航空研究開発機構より）

しかし、構造をいくら工夫しても、モーターの磁石が欠けてしまうという問題が、どうしても解決できないままでした。欠けた破片がベアリングに入るとホイールの回転が止まってしまうので、その対策として、欠けても大丈夫なように、テープ（メタルライナー）を貼って留めることにしました（図3‐3）。

結果的にはこれが裏目に出ました。回転によって温められたり冷やされたりして、テープが伸縮、そのうちにはがれてしまったのだと考えられています。実際に試作品のホイールを調べたところ、接着剤が薄い部分でテープの剝離《はくり》が発生していることが確認できました。特注品だったために試験が十分に行われておらず、信頼性の評価にも問題がありました。

すでに対策が立てられており、また同じ問題が発生することはありませんが、「はやぶさ2」では打ち上げにH‐IIAロケットが使われる予定で、これならそもそも初代「はやぶさ」のような改造が必要ありません。振動環境がM‐Vよりもマイルドなので、標準品のままで大丈夫なのです。

自律的航法

「はやぶさ」のキーとなる技術の1つが「光学情報を用いた自律的な航法」です。そのためのセンサーとして搭載されたのが、ここで述べる光学航法カメラ（ONC）です。このONCは航法用として開発されたために、カメラ側に航法演算の機能も持つ、非常にインテリジェントな機器になっています。

「はやぶさ」に搭載された光学航法カメラ（ONC）は、望遠カメラが1台（ONC－T）と、広角カメラが2台（ONC－W1／W2）の計3台。これらは、主に次のような目的のために使用されました。ここでは概略だけ述べておきますので、詳細はそれぞれの参照章を見て具体的な運用方法を確認してください。

(1) イトカワへの接近

小惑星イトカワは全長が500メートルと小さいために、誤差が大きい電波航法だけではランデブーするのは難しかったはずですが、「はやぶさ」は光学情報も組み合わせて、より正確な位置を知ることで、イトカワに向かうことができました（4章参照）。

(2) ホームポジションの保持

ホームポジションでは、探査機の位置や姿勢を維持するために、広角カメラでイトカワの方向を常に確認します。イトカワとの相対位置を計算して、指定されたボックス領域から逸脱した場合には直ちにスラスタを噴射して元に戻しました。

（3）イトカワへの降下

イトカワへのタッチダウンにおいて、ホームポジション（高度7キロメートル）からの降下に光学情報を利用。当初、この降下は全て自律的に行う予定でしたが、難しいことがわかったので、高度500メートルまでは新たに地形航法と呼ばれる方法を準備しました（5章参照）。

（4）ターゲットマーカーの捕捉

タッチダウンの最終段階において、「はやぶさ」はイトカワ表面にターゲットマーカーと呼ばれる人工的な目印を投下します。光学航法カメラで位置を確認して、これを目標に「はやぶさ」は小惑星表面に降下していきます（7章参照）。

（5）科学観測

ゲートポジション（高度20キロメートル）やホームポジションにおいて、イトカワの科学観測を行いました。望遠カメラにはこのためのフィルターも追加されています。イトカワを様々な角度から撮影したことにより、3次元形状も測定できました（6章参照）。

搭載CCD	背面照射型CCD、1,024×1,024画素 （ただし有効領域は1,000×1,024画素）
露光時間	5.46ms～179s
光学系	ONC-T: D=15mm, f=120mm F8 ONC-W: D=1.1mm, f=10.4mm F9.6
視野角	ONC-T: 5.7°×5.7° ONC-W: 60°×60°
ONC-AE	カメラヘッド駆動、12ビットAD変換
ONC-E	32ビットRISC CPU、画像処理用ASIC
重量	1.61kg(ONC-T)、0.47kg(ONC-W1)、0.91kg(ONC-W2) 1.01kg（ONC-AE）、5.66kg（ONC-E）

表3－2　ONCの主な仕様

「はやぶさ」ONCの特徴の1つは、このように幅広い用途に対応しないといけないことでした（これらに加え、実はさらにスタートラッカのバックアップとしての機能も求められていた）。光学カメラであるという点は同じでも、航法用と科学観測用では本来、求められる機能は異なります。別々に搭載するのが本当はベストなのですが、「はやぶさ」では軽量化のために、兼用にするしかありませんでした（表3－2）。

また3台あるカメラも軽量化のために処理回路を共通にしており、同じ種類のCCDを使用。明るく視野いっぱいに見える小惑星から、暗くて小さな恒星まで、同じCCDと処理回路を使って撮影しなければなりません。それが、「はやぶさ」ONCの開発で難しかったことです。

高度な画像処理機能

光学航法カメラには、一般的なデジタルカメラと同じように、検出器として可視光のＣＣＤが使われています。このＣＣＤは海外製で、画素数は１００万（１０２４×１０２４ピクセル）。最近のデジタルカメラはコンパクトタイプでも１０００万画素クラスが当たり前になってきており、少なく思うかもしれませんが、「はやぶさ」の開発を始めたのは10年以上も前のことです。また、航法用には画像を５１２×５１２ピクセルに圧縮してから計算しているほどなので、これ以上の画素数はそもそもあまり必要ありません。画素が多いと、その分、計算時間も余分にかかることになります。

カメラは3台ありますが、軽量化のために、アナログ処理回路（ＯＮＣ-ＡＥ）とデジタル画像処理回路（ＯＮＣ-Ｅ）は、それぞれ1台に統合しました。複数のカメラで同時に撮影することはできなくなったので、カメラを変えたいときにはコマンドによる切り替えを行っています。イトカワ近傍では広角カメラでの撮影が基本となるので、望遠カメラを使いたいときだけ割り込ませて、すぐに広角カメラに戻すようにしていました。

モード名称	略称
スタンバイ	STNBY
全体画像中心計算	WCT
TMトラッキング	TMT
固定ウィンドウ相関	FWC
自動ウィンドウ相関&トラッキング	AWT
星位置計算	SMP

表3－3　ONC-Eの航法演算機能

「はやぶさ」の大きな特徴の1つは、光学航法を本格的に取り入れたことです。光学航法では、カメラからの光学情報をナビゲーションに利用します。そのため、ONCには単に撮影するだけではなく、航法演算のための画像処理機能も持たせています。

こういった画像処理は、ONC－Eが行っています（表3－3）。32ビットのRISC CPUが搭載されており、画像の送信時間を短縮するための圧縮（可逆／非可逆）やトリミング、ターゲットマーカーのトラッキングのための差分演算、イトカワの中心方向を知るための重心計算などが可能となっています。リアルタイム性が求められる計算もあるので、一部の重い処理（例えばピクセルのグループ化や2値化など）については、専用の画像処理ASICを用意して高速化してあります。

2台目の広角カメラ

基本的に、「はやぶさ」の運用では探査機の底面（－Z軸）方向を見ているONC－TとONC－W1を使用しました。広角カメラがもう1台用意されているのは、側面方向も撮影する予定があったからです。

「はやぶさ」は構造上、通信や電力確保のために上面（＋Z軸）を地球・太陽方向に向けて、観測カメラが付いている底面（－Z軸）をイトカワに向ける必要があります。この2つの条件を両立させるために、「はやぶさ」はイトカワの重心と地球を結ぶ直線上に滞在します。これがホームポジションやゲートポジションという状態です。

しかし、こういった制約があるために、イトカワを撮影した写真は全て、太陽方向から見たものになってしまいます。科学観測のために、太陽が真横から当たっているときの画像も見たいという要求があり、これを実現するために、当初はイトカワの昼と夜の境界を撮影することを計画していました（ターミネーター観測）。

このとき、「はやぶさ」はホームポジションから出て、イトカワの側方に回り込む必要がありますが、通信や電力確保のため、探査機の姿勢は上面を地球・太陽に向けたまま。そうなると、回り込むにつれてONC－W1からはイトカワがだんだんと見えなくなります。これでは航法上問題があるので、姿勢を維持したままでもイトカワが見えるように、側面にONC－W2を用意しました。

結局、リアクションホイールの故障などがあったために、リスクを伴うターミネーター観測は実施されないことになり、ONC－W2は本来の目的で使われることはありませんでした。しかし運命のいたずらと言うべきか、ラストショットの撮影でこのONC－W2に出番が回ってきました。実はこのとき、ONC－W2以外では撮影が不可能だったのですが、それについては10章で詳しく述べたいと思います。

4――イトカワに迫る光学複合航法

小湊　隆

NEC　宇宙システム事業部・主任。
「はやぶさ」の軌道計画、電気推進軌道運用、光学複合航法を担当。

イトカワのような小惑星は非常に小さいので、火星や金星など惑星に向かう場合に比べて、相対的に航法の誤差の問題が大きくなる。長さが500メートルしかないので、例えば1キロメートルずれていただけでも、脇を通り過ぎてしまうのだ。「はやぶさ」では、精度を良くするための新しい手法として、光学複合航法を初めて採用した。ここでは、その考え方や実証結果について詳しく述べる。

光学複合航法とは？

光学複合航法（Hybrid OPNAV）の「複合」とは、「光学航法」と「電波航法」の複合、という意味になります。手法が異なる2種類の航法を組み合わせることで、航法の精度を向上させるのが狙いです。

光学航法では、探査機に搭載した光学カメラで目標天体（「はやぶさ」の場合はイトカワ）を捕捉して、その画像情報を利用します。撮影した写真と星図データを比較することで、イトカワの正確な方向が分かります。一方、電波航法では、電波が往復するのに要した時間から、地球・探査機間の距離を精密に求めることができます。詳しくは後で説明しますが、これらの情報を組み合わせることで、探査機の位置をより正確に知ることができるようになります。

こういった手法を採用したのは、「はやぶさ」が小惑星にランデブーする探査機であるからです。「はやぶさ」がターゲットとする小惑星イトカワは、大きさがわずか500メートルしかありません。こんな小さな天体を目指すのに、誤差が数百キロメートルもあるような航法を使っていては、到底辿り着くことなどできないでしょう。

「はやぶさ」は世界で初めて、光学複合航法を本格的に取り入れました。精度は非常に満足できるもので、当初は接近フェーズ（イトカワから20キロメートル）まで使用する予定だったも

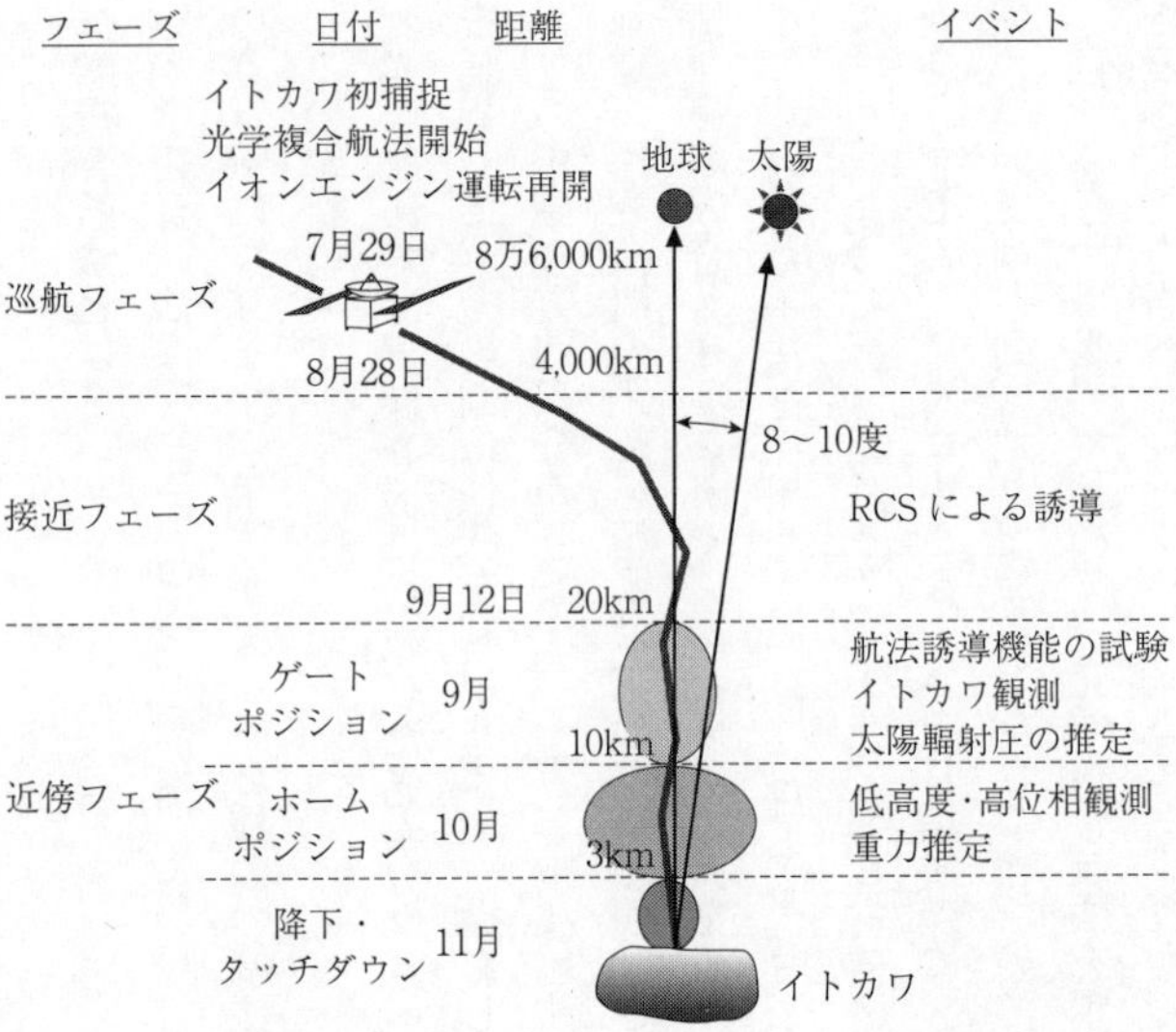

図4－1　巡航フェーズ、接近フェーズ、近傍フェーズの関係（宇宙研資料より）

のを、ホームポジションまで延長したほどです。ここでは、光学複合航法を始めてから近傍フェーズにいたるまでの航法誘導（図4－1）と実際の運用結果ついて紹介することにします。

光学複合航法の原理

航法の基本は、自分が今どこにいるのかを正確に調べることですが、宇宙空間を目的地に向かって進む探査機にとっては、これが案外難しいのです。地上で普及しているGPSなどという便利なものはもちろん使えません。探査機は小さい上に地球から遠すぎるので、地上から望遠鏡で見ることもできませんし、近くに目印になるようなものもありません。

一般的な電波航法では、電波の性質を利用して位置を計測します。地球から探査機に向かって電波を出して、受信したら今度は地球に送り返します。電波の速度は厳密に分かっているので、往復に要した時間を計測することにより、地球と探査機の間の距離を正確に求めることができます。「はやぶさ」はイトカワ到着時、地球から3億キロメートルほどの距離にいましたが、このように気の遠くなるような彼方にいても、数メートルの精度で「はやぶさ」までの距離は分かるのです。

また電波航法は同時に、電波のドップラー効果を用いて相対速度も計測します。遠ざかる探査機からくる電波の周波数は低くなり、近づいてくる探査機の電波の周波数は高くなるので、周波数の変動を正確に計測することで、地球方向に対する速度を知ることができます。ただし、実際には3次元空間での運動なので、地球から見た奥行き方向だけでなく、上下方向や横方向の速度成分もありますが、そういったものはこの方法では調べられません。

これらの電波航法を用いることで探査機までの距離と、地球方向の速度だけは正確に知ることができますが、探査機の運動を正確に知るためには、現在位置（x／y／z成分）と速度（x／y／z成分）の6つのパラメータを決定する必要があり、これだけでは情報がまだ足りません。

実は電波航法ではこれらの情報のほかに、エンジンを止めて慣性飛行にした状態での、探査機の軌道変化を見ます。探査機は太陽の重力の影響を受けており、太陽の周りを円弧を描くように飛行します。一度に計測できるパラメータは前述の2つだけですが、何日か分のデータを入れて運動方程式を解けば、必要な6つのパラメータが計算できます（計測する期間が長いほど精度は良くなる）。ただし、慣性飛行であることが前提であるため、観測する最低3日間は、軌道を変えてしまうイオンエンジンは使わないよう運用しなければなりません。計測に時間がかかるのが難点と言えます。また軌道面に対して鉛直方向は電波による計測ができないため誤差が大きく、3億キロメートル離れた場所では数百キロメートルになることも難点です。

一方、光学航法では、光学カメラを利用して方向を計測します。「はやぶさ」には、スタートラッカ（STT）、望遠カメラ（ONC-T）、広角カメラ（ONC-W）という3種類の光学カメラが搭載されています。このいずれかでイトカワを背景の恒星と一緒に撮影すれば、星図と比較することで、イトカワがどの方向に見えているかが分かります。イトカワは地上からの観測で、数キロメートルの精度で位置は分かっているので、逆に言えば、探査機がイトカワからどの方向にいるかが分かるのです。

今回の光学複合航法は、この光学航法で得られる方向データに、電波航法で得られる地球から探査機までの距離データを組み合わせることで、幾何学的に探査機の位置を決めることができます。地球を中心とした球面に対して、イトカワから伸びる直線。これが交わる点に、「はやぶさ」がいます。とてもシンプルな方法ですが、精度良く、短期間で軌道を推定できるのが光学複合航法のメリットなのです。

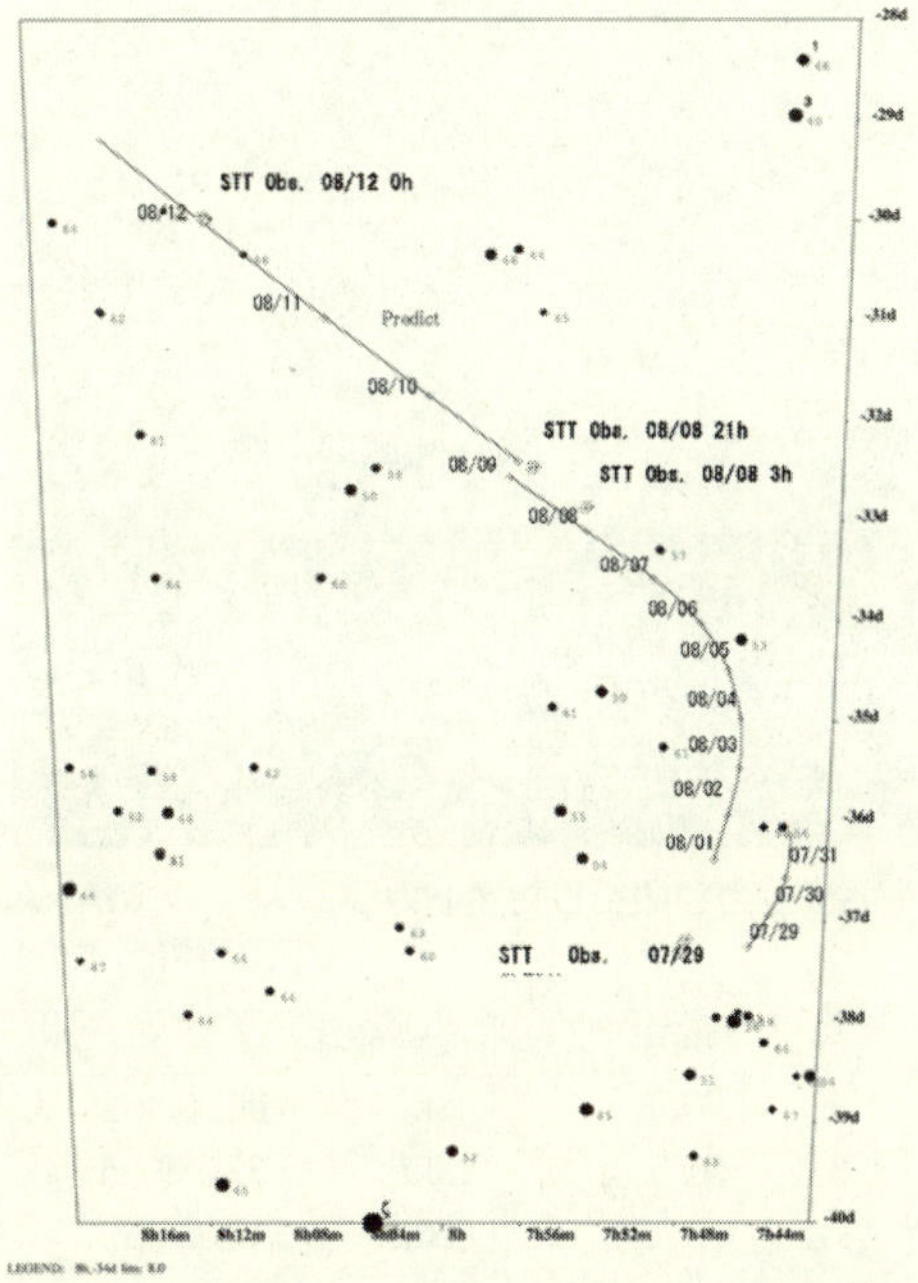

図4－2　スタートラッカを使ったイトカワの推定位置　（宇宙研資料より）

光学複合航法の精度

「はやぶさ」が光学複合航法を開始したのは2005年7月29日（図4－2）。この日、初めてスタートラッカがイトカワを視野に捉えました（図4－3）。これより前に使わなかったのは、まだイトカワまでの距離が遠すぎて暗くて写らなかったからですが、そもそもこれだけ遠いとまだ誤差

図4-3　スタートラッカが撮影したイトカワ　©JAXA（宇宙研資料より）

実施日	使用カメラ	位置精度	イトカワまで
7/29	STT	48km	86,000km
8/8	STT	13km	32,000km
8/22	ONC-T	600m	12,000km
8/29	ONC-T	1.2km	4,000km

表4-1　巡航フェーズでの軌道決定精度

は問題になりません。

このときはちょうど、太陽が地球と探査機の間に入って地球との通信ができなくなる合《ごう》期間の後だったために、位置については特に誤差が大きく、探査機がどこにいるのか、数千キロメートルの精度でしか分かっていませんでしたが、スタートラッカの画像を利用した光学複合航法によって、48キロメートルという位置精度を実現することができました。イトカワまでの距離は8万6000キロメートルもあり、精度としては十分です。

8月28日にイオンエンジンを停止するまでを「巡航フェーズ」と呼んでおり、この間に行った位置推定の精度を表4－1にまとめました。8月8日に2回目を実施しており、このときの精度は13キロメートルまで向上しています。

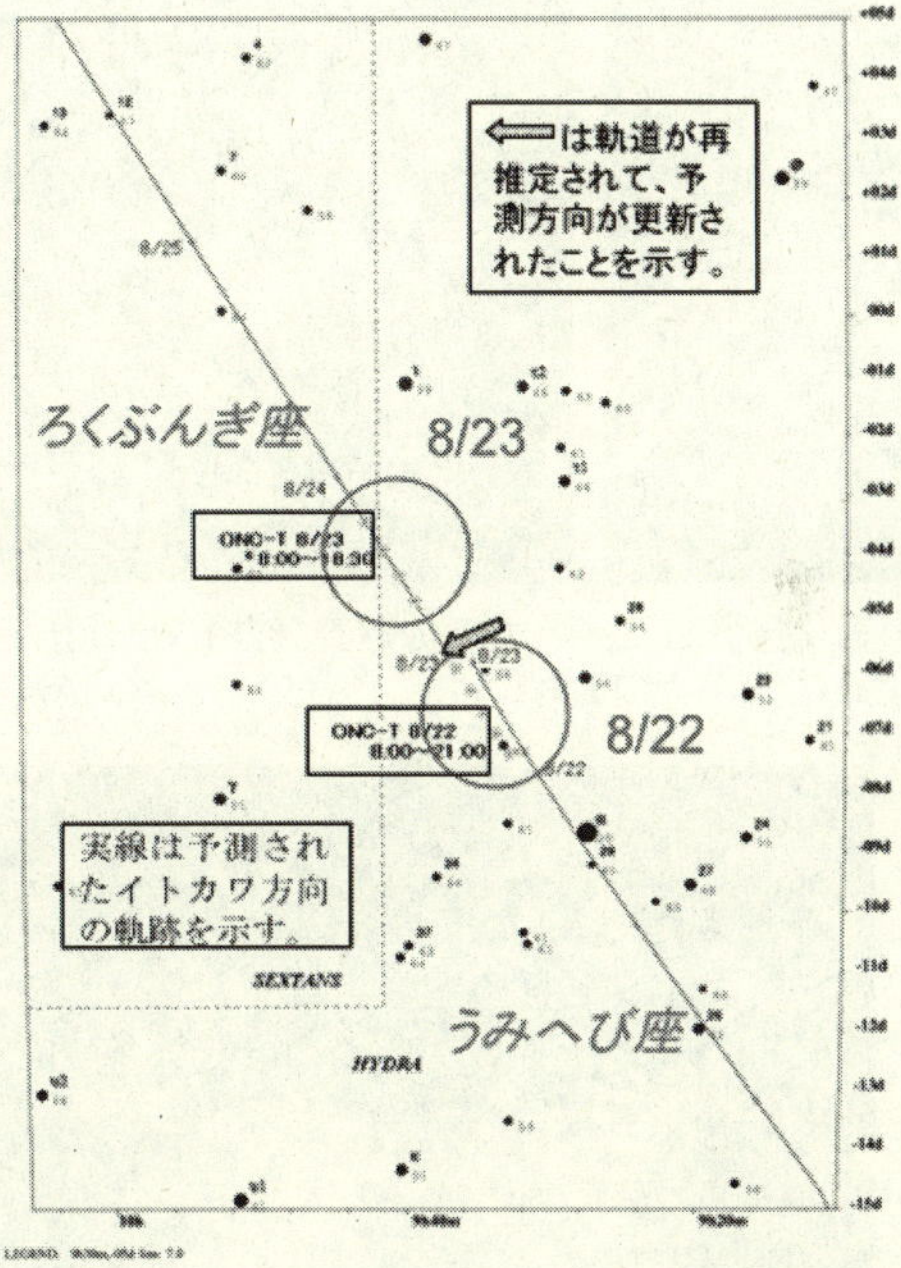

図4－4　ONC-Tによる軌道の推定
（宇宙研資料より）

8月22日には、カメラをONC－Tに切り替えたことで、さらに2桁精度が向上。その1週間後にも推定を行い（図4－4）、このときは精度が1・2キロメートルまで逆に悪化してしまいましたが、これは背景に写っていた恒星が3つしかなく、しかも暗いうえに視野の端にあったりするなど条件が悪かったのが原

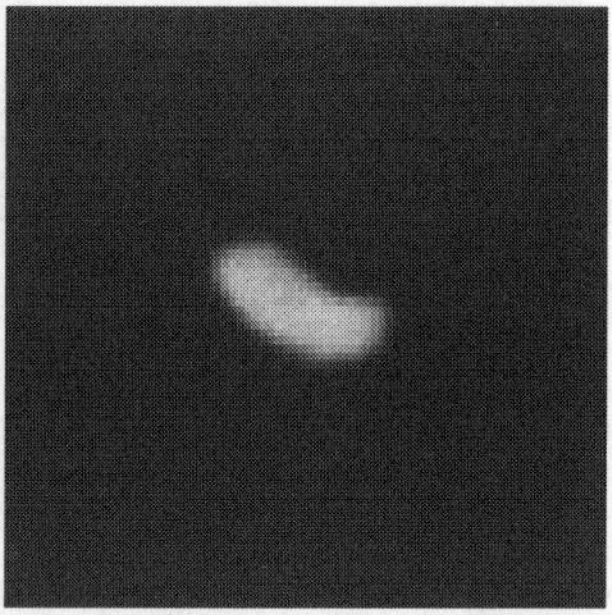

図4－5　9月4日に撮影したイトカワの写真（左）と9月8日に撮影したイトカワの写真　©JAXA

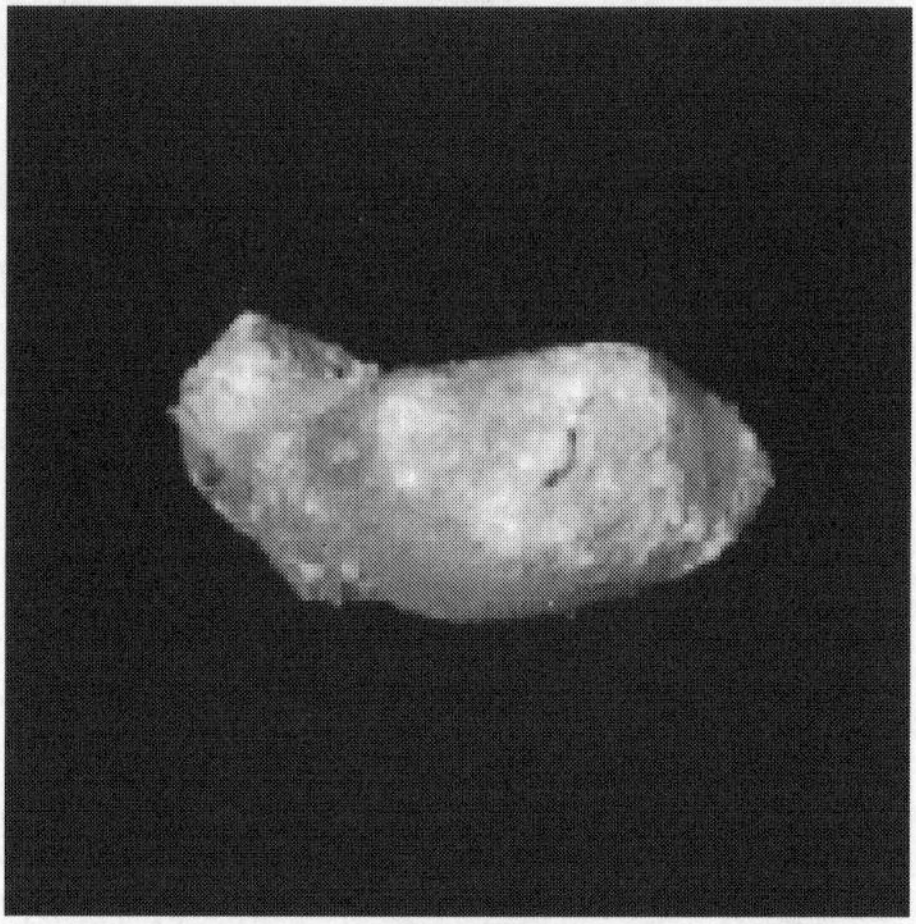

図4－6　イトカワまで20km（ゲートポジション）地点での写真　©JAXA

因と考えられます。

4000キロメートルの位置からゲートポジション（20キロメートル）に移動するまでが「接近フェーズ」です。この2週間のフェーズでは、秒速9メートルあった相対速度をスラスタの噴射により徐々に減速、距離20キロメートルのゲートポジションでイトカワに対して相対停止（秒速1センチメートル以下）させます。この期間の位置精度をまとめたのが表4－2です。

このフェーズでは、イトカワが点ではなくて、面積を持った形として見えるようになってきます（図4－5）。この場合、どこがイトカワの中心かを画像処理によって求める必要が出てきますが、「はやぶさ」の光学航法カメラ（ONC）にはそのための機能が用意されており、9月10日以降はそれを利用して自動検出しています（9月9日までは地上側で行っていた）。これによって連続してイトカワ方向が得られるようになり、位置精度は一気に100メートルにまで向上。9月12日に、「はやぶさ」は無事イトカワに到着しました（図4－6）。

実施日	使用カメラ	位置精度	イトカワまで
9/6	ONC-T	1.5km	500km
9/7	ONC-W	1.25km	350km
9/8	ONC-T/W	1km	160km
9/9	ONC-W	1.5km	100km
9/10	ONC-T	100m	53km
9/11	ONC-W	100m	27km
9/12	ONC-W	100m	20km

表4－2　接近フェーズでの軌道決定精度

5―3億キロの彼方での制御を可能にした「地形航法」

白川健一

NEC航空宇宙システム・エキスパートエンジニア。探査機（「ひてん」、「かぐや」等）の姿勢軌道制御系を担当。「はやぶさ」では、開発初期から帰還の運用に至るまでを一貫して担当。

「はやぶさ」の大きな特徴の1つは高度な自律機能を備えていることであるが、実はイトカワへのタッチダウンにおいて、降下フェーズ（高度500メートルまで）の間は自律航法は使わず、地上からのコマンドで探査機の位置を制御していた。地球から3億キロメートルの彼方でそんなことが可能なのか。その仕組みを見ていく。

予想外だったイトカワの形

小惑星イトカワは「ラッコ」とも「ピーナッツ」とも呼ばれる変わった形状をしています。全く想像もしていなかった形だったので、「はやぶさ」から送られてきた画像を初めて見たときには、皆が驚きました。そして次には青くなったのです。このままではイトカワに近づけない、と。

「はやぶさ」がランデブーしたとき、イトカワは地球から約3億キロメートルのところにあり、電波でも往復に30分以上の時間がかかっていました。通信のタイムラグが大きすぎるので地上からの支援は不向きと考えられ、当初、「ホームポジション（高度約7キロメートル）」を出発してから小惑星表面に辿り着くまでのプロセスは、全て探査機が自律的に接近していく計画でした。そのためのプログラムも用意してありました。

イトカワへの接近降下で重要になるのは、その中心（重心）に向かって真っ直ぐに降りていくことです。安全に着陸できる「ミューゼスの海」は、広さが幅50メートルくらいしかありません。数キロメートル先から接近するときに、少しでも横方向に残留速度があればどんどん誤差が蓄積してしまい、簡単に目標を外してしまいます。いかに横方向の速度を抑えるか、それがカギでした。

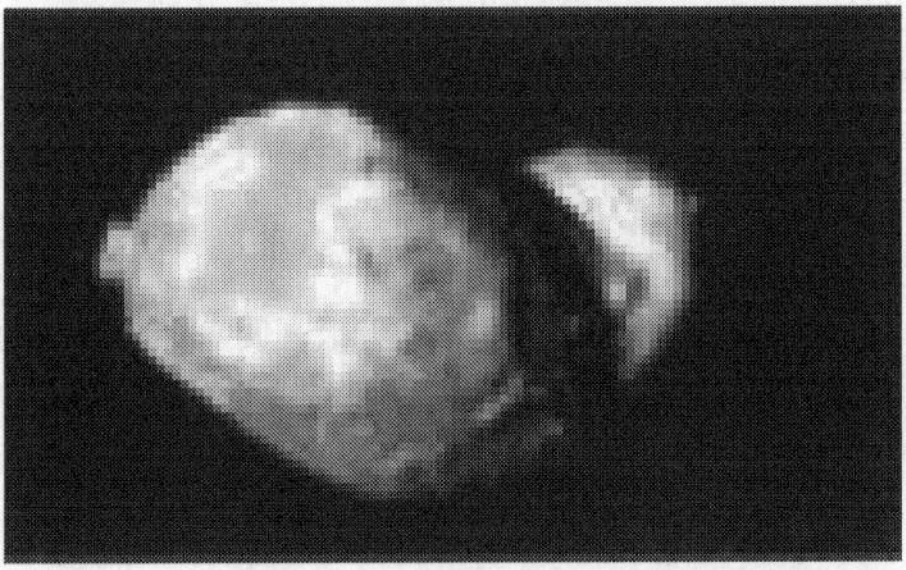

図5－1　角度によっては、イトカワが2つに分離して見える　©JAXA

元々想定していた自律航法（「はやぶさ」自身が自分で判断する航法）では、広角カメラ（ＯＮＣ－Ｗ1）を使って、画像認識によりイトカワの中心を求める予定でした。探査機の向きはセンサーにより分かっているので、広角カメラの視野のどの方向にイトカワの中心があるのかによって、イトカワから見た「はやぶさ」の方角が分かります。これに、レーザー高度計（ＬＩＤＡＲ）からの距離情報を組み合わせれば、「はやぶさ」の位置を空間上のある1点に特定することができます。

しかし当初、イトカワの形状はシンプルな楕円に近い形を想定しており、このような形は予想していませんでした。画像認識では、明るいドットの集まりの中心を求めるようなアルゴリズムになっていましたが、複雑な形状だったために、太陽光の当たる角度によっては、くびれの部分に影ができてしまい、明るい部分が2つに分離して見えることがありました（図5－1）。

このような状態になると、大きい方だけの中心を求めてしまうので、重心の位置を正しく判断することはできません。またその後イトカワが自転して影がなくなったとき、2つの明るい領域が合体して1つになるので、その瞬間、「はやぶさ」にとってはイトカワの重心が急に移動することになって、混乱してしまいます。

もう1つ問題だったのは、この時点までにリアクションホイールの3台中2台が壊れて使えなくなっていたことです。リアクションホイールに代わり、スラスタを噴射して姿勢を制御していましたが、どうしても精度は悪い。目標姿勢から1度くらいの誤差を許容していたので、誤差の大きいときにはLIDARがレーザーをイトカワから外してしまうこともあります。そうなるとイトカワまでの距離が分からないし、小惑星の縁ギリギリに当たっても斜めになるので、100メートル近くの誤差が出ることになります。これではとても制御に使えません。

こういった2つの事情により、自律航法では接近降下が難しいだろうと考えられました。それでも11月4日に行われた1回目の降下リハーサルでは、自律航法のまま接近を試みたのですが、結果はやはり失敗。目標地点からは数百メートルもずれてしまい、降下試験は途中で中止するしかありませんでした。

人間が得意なことは人間に

そこで、高度500メートルまでの接近フェーズでは、地上からの支援で降下を行うことになりました。500メートルより近くになると、地上からの遠隔操作だとタイムラグが大きくて、何かあったときに対応が間に合わなくなる恐れがあります。どうしても、そこから先は探査機の自律機能に任せるしかありませんが、まだ距離があるうちは、地上からのコマンドで探査機を制御しようということです。

とはいえ、30分以上の電波の遅れはやはり問題。実際には、この遅れにさらに人間が判断する時間も必要になります。

この問題には、降下速度を毎秒3センチメートル程度に抑えることで対処しました。こんなゆっくりなペースでは1時間に100メートルくらいしか進めませんが、対応するための時間が稼げるわけです。

探査機の誘導には、6自由度制御が必要です。3次元空間なので、姿勢が3軸分、軌道（位置）が3軸分です。目標となる姿勢と軌道があり、それに対して現在の姿勢と軌道がある。その誤差をなくすように制御を行うのが基本です。

探査機の姿勢はセンサーにより確認できます。しかし位置が分かりません。まず探査機の現在のx／y／z座標が分からないことには、制御のしようがないので、自律航法では、これを画像認識とLIDARのデータから求めようとしましたが、うまくいかなかったのは前述の通りです。

「はやぶさ」からは、広角カメラの画像が刻々と送られてきます。LIDARからの距離データは使えないので、我々はこの画像情報を使って、地上から探査機の位置を推定しなければなりません。

ここで教科書通りの方法であれば、画像から座標を拾うなどの準備をしてから、計算機に入れて結果を出すところですが、これだと入力に時間がかかり過ぎる上、もしノイズや異常なデータが混在していると、結果の精度に悪影響を与えてしまいます。こういった部分の自動化は非常に難しいものです。そのため複雑なアルゴリズムが必要になり、開発にも時間がかかるでしょう。

我々が「はやぶさ」で採用した方法は、これとは全く発想が逆転したものでした。観測結果から探査機の位置を計算するのではなくて、まず探査機の位置を仮定してからそのときの見え方を計算機でシミュレーションします。それが合っているかどうかは、人間が判断します。もしずれていたら、探査機のx／y／z座標を調整して、見え方が一致するまでこれを繰り返す。計算機が苦手とする部分は思い切って人間に任せ（人間のパターン認識能力を最大限に活かし）、計算機は得意な仕事だけに専念しているわけです。

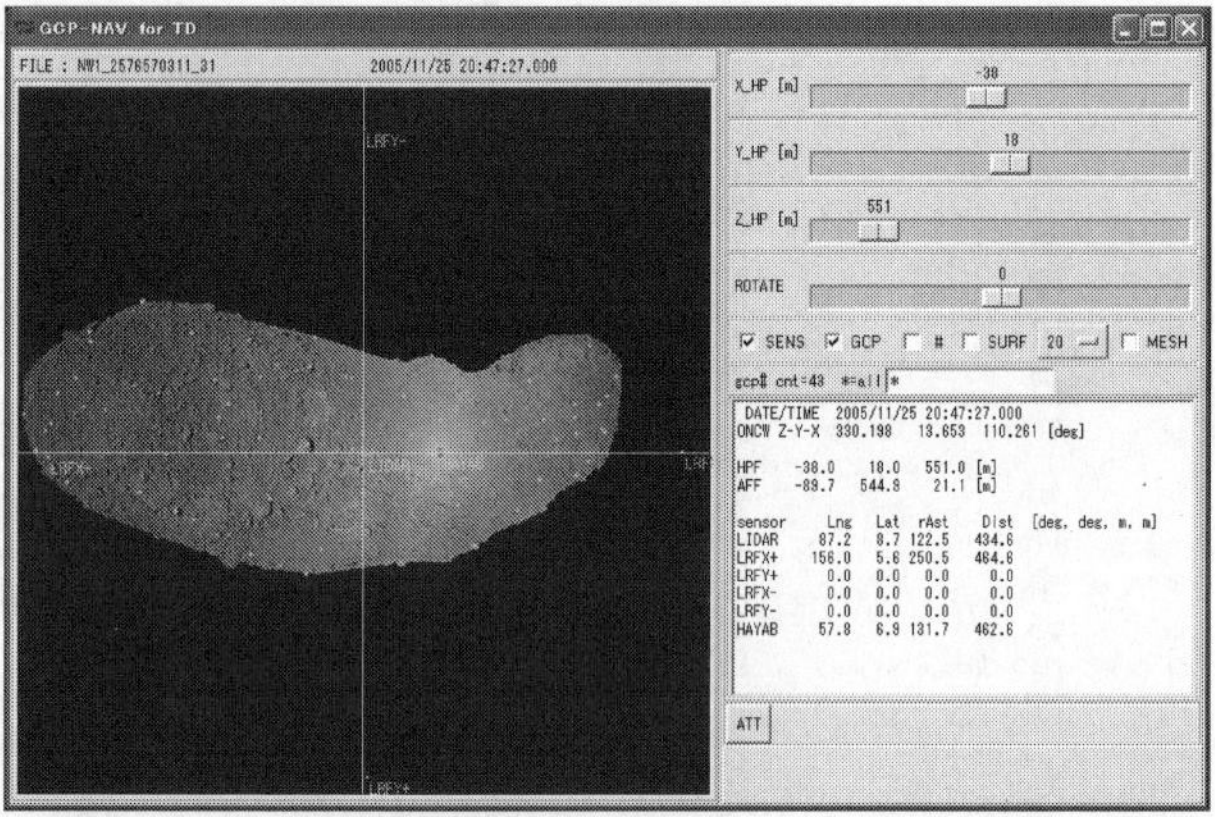

図5－2　イトカワの画像を表示しておき、その上に計算結果のＣＧを重ね合わせる。探査機の位置を右上の３つのスライダーで調整すると、再計算されて瞬時に画面に反映される　（宇宙研資料より）

わずか半日でツールを開発

実際に使ったツールの画面を図５－２に示します。特徴点（イトカワの特徴的な地形を70ヵ所ほど抽出したもの）の位置を合わせるモードと、イトカワの形を合わせるモードの２種類がありますが、いずれも人間が調整するパラメータはｘ／ｙ／ｚ座標の３つだけ。もし姿勢の３軸まで調整する必要があれば自由度が多すぎ、この方法では難しいでしょうが、姿勢は探査機のセンサーから分かっています。画像認識は人間が得意とする分野なので、パラメータが３つくらいなら何とかなります。多少の慣れは必要でしたが、１回あたり２～３分で位置を推定できるようになりました。

このときまでにイトカワの３Ｄモデルは

できており、データがすぐに使える状態だったので、プログラムは3D表示の計算部分とインターフェイスを構築するだけでよく、実用に供せるプロトタイプは半日もかけないで作り上げました。自然地形のデータを利用していることから、我々はこれを「地形航法」と呼んでいますが、川口先生にこの方法を提案したとき、「研究者には、思いつかない方法だね」とおっしゃっていただいたのは、技術者にとって最高の褒め言葉だと思っています。

「地形航法」の特徴は、人間の判断能力をシステムの中核に置いたことです。人間であれば、イトカワの自転による見え方の変化にも柔軟に対応できるし、精度の悪い特徴点が2～3個あったとしても無視してくれる。精度はそこそこですが、タッチダウンに必要な精度は確保でき、大きな間違いはないので安定した運用が期待できます。クリティカルな運用においては、安定性は何よりも重視されるところです。

11月12日の2回目の降下リハーサルで「地形航法」を試し、有効性が確認できました。その後の2回のタッチダウンでも採用され、どちらのケースでもうまく探査機を制御することができました。このときの結果を表したのが図5-3です。ほぼ計画通りに誘導できていることが見ていただけると思います。

この方法により限られた期間の中で最大の成果を出すことに貢献できたと自負しています。

(a) 第1回タッチダウン（2005年11月19日）

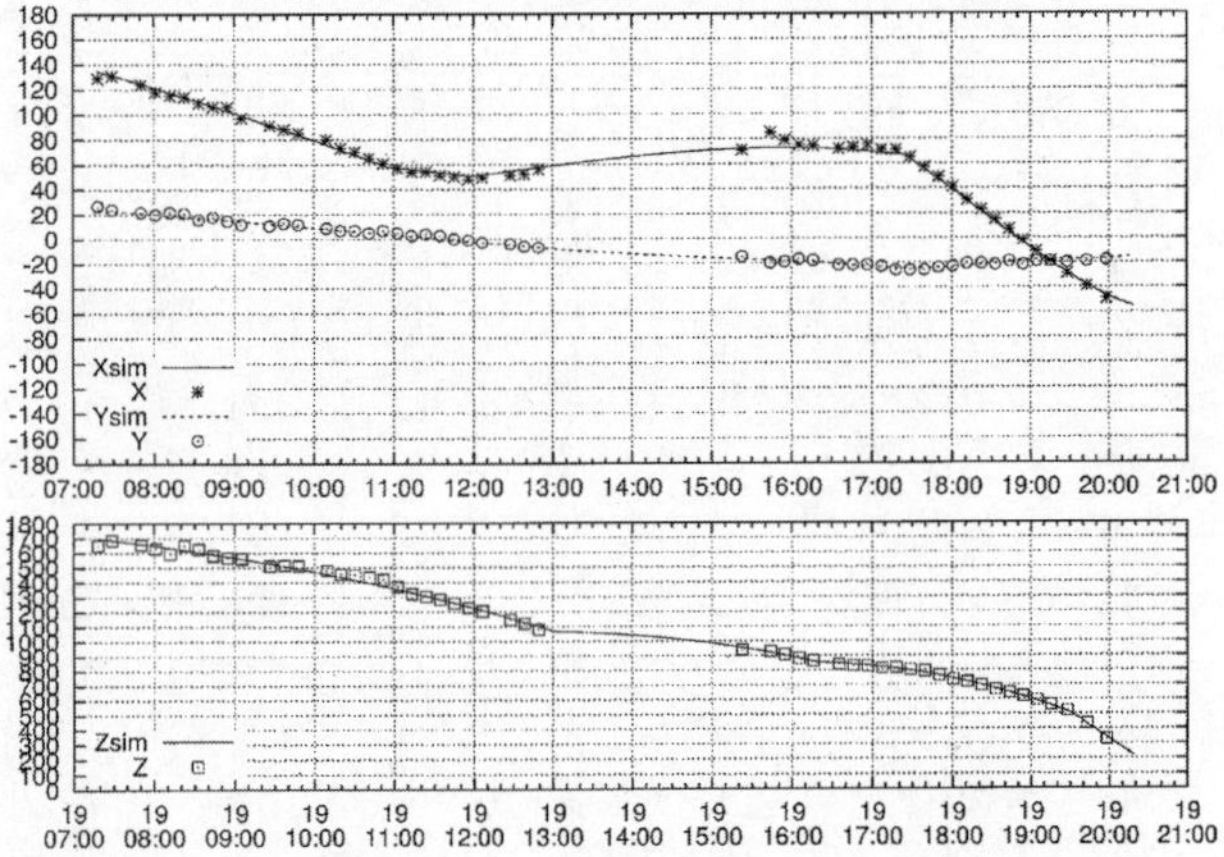

(b) 第2回タッチダウン（2005年11月25日）

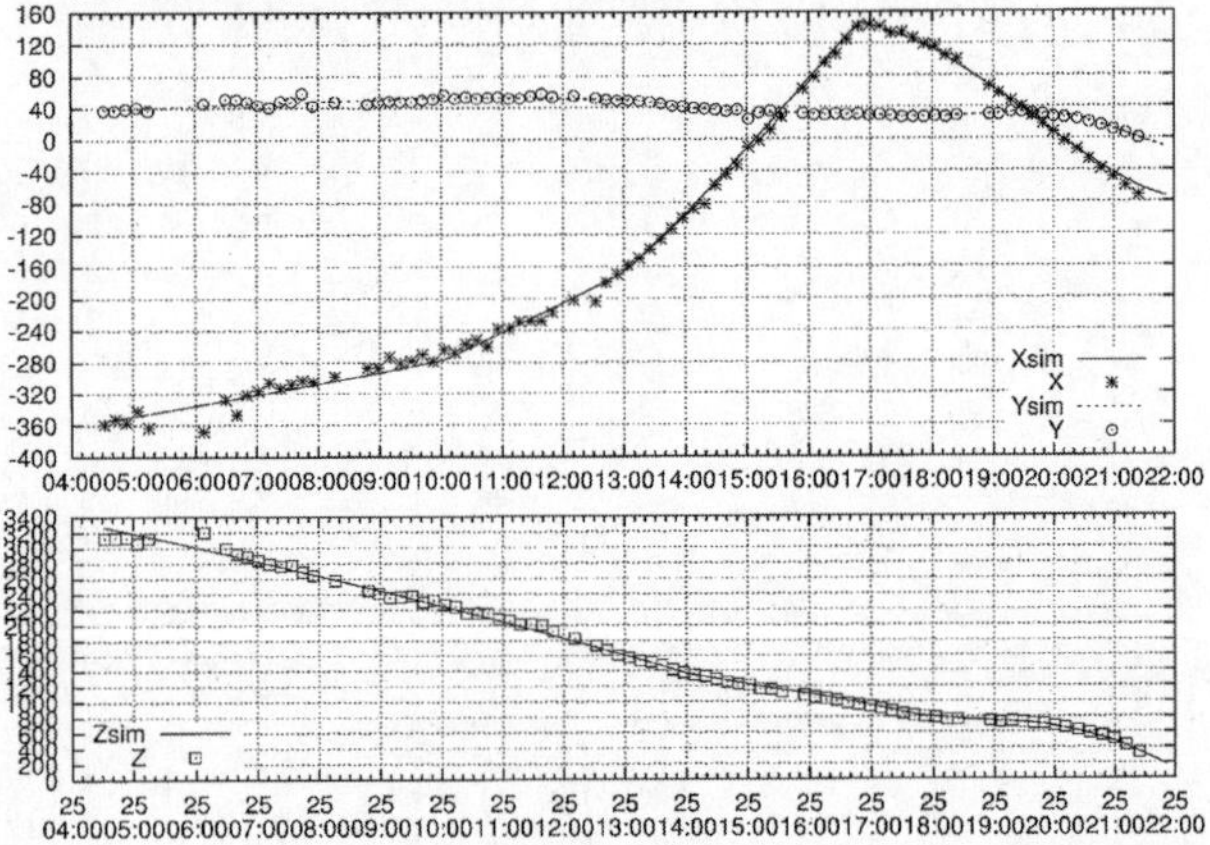

図5－3　タッチダウン時の運用結果。実線が軌道の計画値で、その上に実際の結果がプロットされている。非常に良く一致している（時間は協定世界時）

6――素性を明らかにする科学観測機器

安部正真

宇宙航空研究開発機構・宇宙科学研究所・固体惑星科学研究系准教授。太陽系始原天体探査、太陽系小天体の地上観測、惑星物質試料キュレーションなどの研究を進める。「はやぶさ」ではイトカワの鉱物組成を調べるための近赤外線分光器の開発と運用を担当。

天体から表面物質を直接採取してくれれば地上の最新の分析装置が使える――というのがサンプルリターンの最大のメリットである。では、持ち帰ったサンプルを調べるのであれば目的天体でのリモートセンシング（遠隔観測）は不要か、というと決してそうではない。実際に、小惑星サンプルリターンを目的とした「はやぶさ」にも科学観測機器は搭載されており、イトカワの観測で多くの成果を上げた。どんな機器が搭載されていたのか、詳しく見ていく。

工学実証機での科学観測

「はやぶさ」は「小惑星探査機」と呼ばれていますが、正式には「工学技術実証機」です。小惑星からのサンプルリターンに挑み、事実、それに成功しましたが、真の目的はサンプルリターンに必要な技術を実証することでした。サンプルリターンの成功／失敗＝「はやぶさ」計画の成功／失敗には直接結びつくわけではありません。もちろん、サンプルリターンに成功した方が望ましいのは言うまでもないことですが（「はやぶさ」のコードネーム「MUSES－C」とは、MUSESシリーズの3号機目ということを意味している。MUSESは工学実証機のシリーズ名称であり、MUSES－A「ひてん」はスイングバイ技術を、MUSES－B「はるか」は大型展開アンテナを実証した。一方、ASTROやPLANETなどのシリーズは、全て理学目的の衛星・探査機である）。

本来、そういった工学的な目的であったために、「はやぶさ」では科学観測機器に割ける重量はそれほど多くはありませんでした。もともと重量制限は厳しく、工学側の機器にも余裕など全くないのですが、そんな中、理学目的の観測機器に与えられたのはわずかに6キログラム。この重量は、普通の感覚で言えば、センサーを1～2個しか搭載できないことを意味しています。この6キログラムという制約の中で、いかにして最大の成果を出すか。そのことに我々は注力しました。

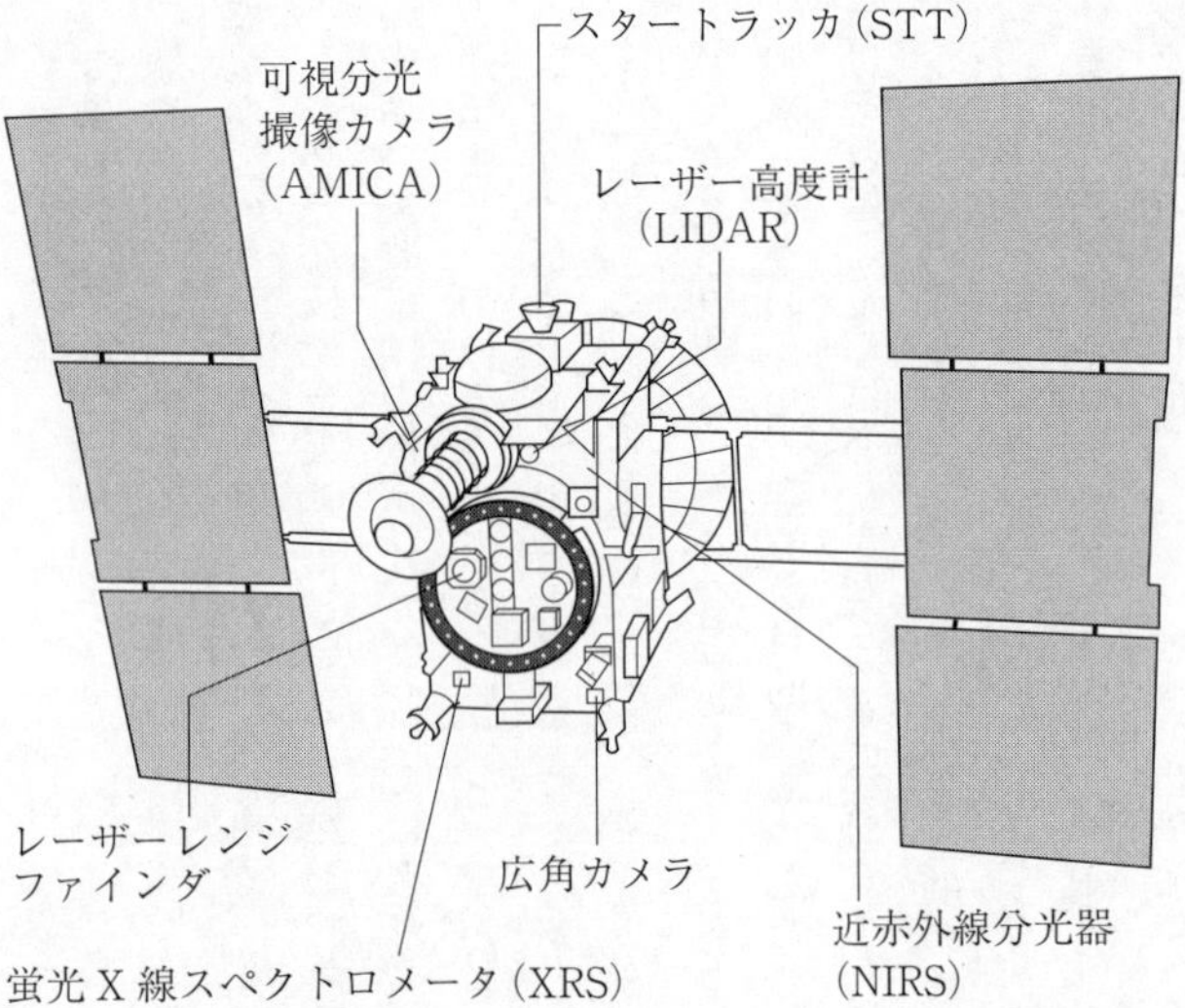

図6－1　科学観測機器の配置図　（宇宙研資料より）

まず考えたのは工学目的の機器を理学目的にも転用するということ。「はやぶさ」には航法用の光学カメラとしてONC－T（望遠カメラ）が搭載されていますが、これにフィルターを追加することで、科学的な価値がある観測も行えるようにしました。工学／理学で兼用することになったので、工学側の名称とは別に、理学側ではこれを可視分光撮像カメラ（AMICA）と呼んでいます。またレーザー高度計（LIDAR）も本来は航法用の機器ですが、これに光量のモニター機能を追加することで、地表の反射率も観測できるようにしました。

理学的な目的のみで独自に搭載したのは、近赤外線分光器（NIRS）と蛍光

X線スペクトロメータ（XRS）です（これらの機器の詳細については後ほど説明）。開発では軽量化のために、コントローラと電源をNIRSとXRSとで共通化するなどの工夫をしています。こういった設計上の工夫から、ネジ一本の材質を変えるような製造上の工夫までを積み重ねて、なんとか6キログラム以下という要求を実現しました。

「はやぶさ」では理学用に開発した機器は2つながら、こういった裏技的な手法によって、科学観測には4つの機器が使えるようになっています（図6-1）。

科学観測の目的

「はやぶさ」では、科学観測の目的は大きく分けて2つあります。

1つは、小惑星イトカワの科学的特性を調べること。イトカワは地上からの望遠鏡観測によって、岩石質のS型タイプであることが分かっていました。S型小惑星は太陽系の内側では非常に多く、一般的なものです。一方、地上の各地ではこれまで、多くの隕石が見つかっています。この中で最も多いのは普通コンドライトと呼ばれるタイプで、これはS型小惑星のかけらが地球に落ちてきたものだと考えられていますが、拾った隕石をいくら調べたところで、それが太陽系のどこから飛んできたものなのかは分かりません。

S型小惑星と普通コンドライト、両者の反射スペクトルを調べてみると、似ているようでも若干の違いがあります。この2つは本当に同じ由来のものなのか？　地上からでは遠すぎて小惑星全体は一点の光にしか見えませんが、近くまで行って反射スペクトルを観測すれば、小惑星表面の場所ごとの違いも分かるかもしれません。詳しく観測して、小惑星と隕石の関係をはっきりさせたいというのが第1の目的です。

もちろん、サンプルリターンで表面物質を持ち帰れば、より詳細なことが分かるはずです。しかし、サンプルを採取できる地点はほんの数ヵ所に限られており、それ以外の大部分の場所に関しては、その場その場で観測を行うしかありません。サンプルリターンとリモートセンシングは、お互いに補完的な関係にあり、リモートセンシングで観測しておけば、持ち帰ったサンプルがどういった場所にあったものかも分かります。分析する上で、これは重要な情報になります。

科学観測のもう1つの目的は、サンプルを採取する地点の選定に必要なデータを揃えることです。まず重要なのは、「はやぶさ」が安全にタッチダウンできる場所があるかどうか。大きな岩がゴロゴロしているような場所は危険なので、地表の写真や地形データを見て検討する必要があります。また研究の上では、どこにどういった物質がありそうかという情報も重要になります。タッチダウンの回数は限られているので、貴重なチャンスを活かすためにも、なるべく科学的な価値を高くできそうな場所を探す必要があります。

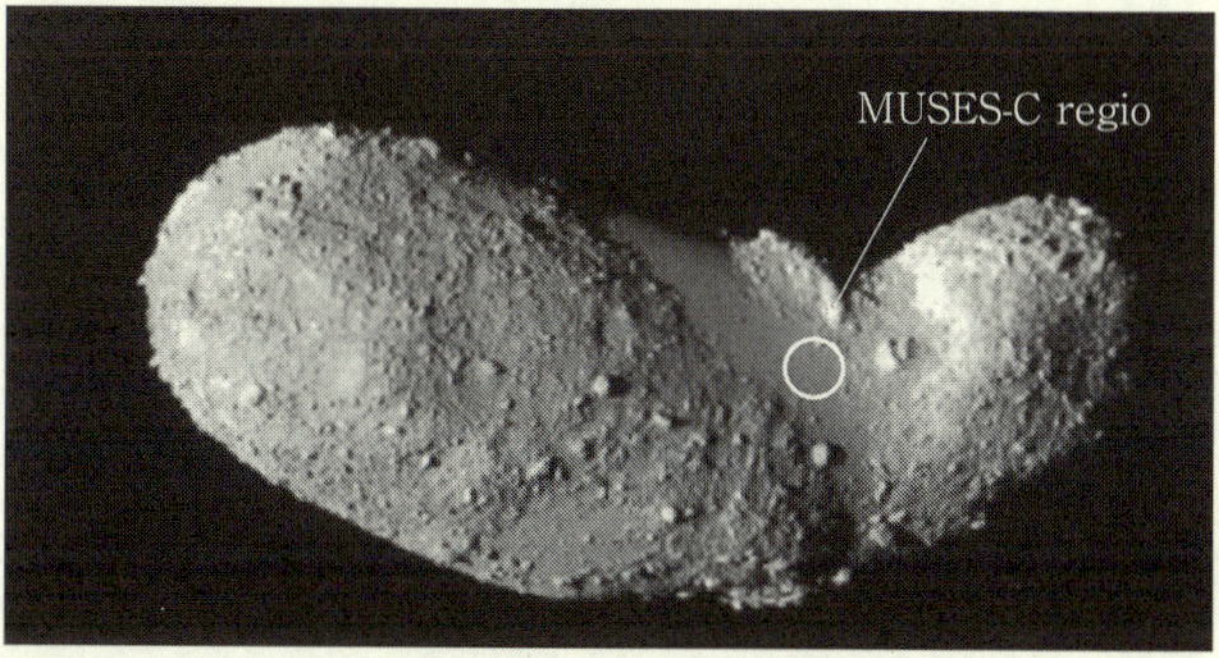

図6－2　イトカワの着陸地点「ミューゼスの海」　©JAXA

イトカワの着陸地点としては、比較的なだらかで安全なミューゼスの海が選ばれました（図6－2）。最終的には、工学的な安全性を最優先に考えましたが、ミューゼスの海にはイトカワ表面の物質が移動して集まっており、様々な場所の平均的な物質が採取できるのではという科学的な期待もありました。

科学観測に使うセンサー

観測によってまず知りたいのは、小惑星の表面にどんな物質があるのかということです。これを調べるために搭載しているのが、前述の近赤外線分光器（NIRS）と蛍光X線スペクトロメータ（XRS）です。

NIRSは、波長が0・8～2・1マイクロメートルという近赤外線のスペクトルを観測できる装置です。岩石表面で反射した太陽光のスペクトルを調べると、ある特定の波長領域の光だけが弱くなっていることがあります。これ

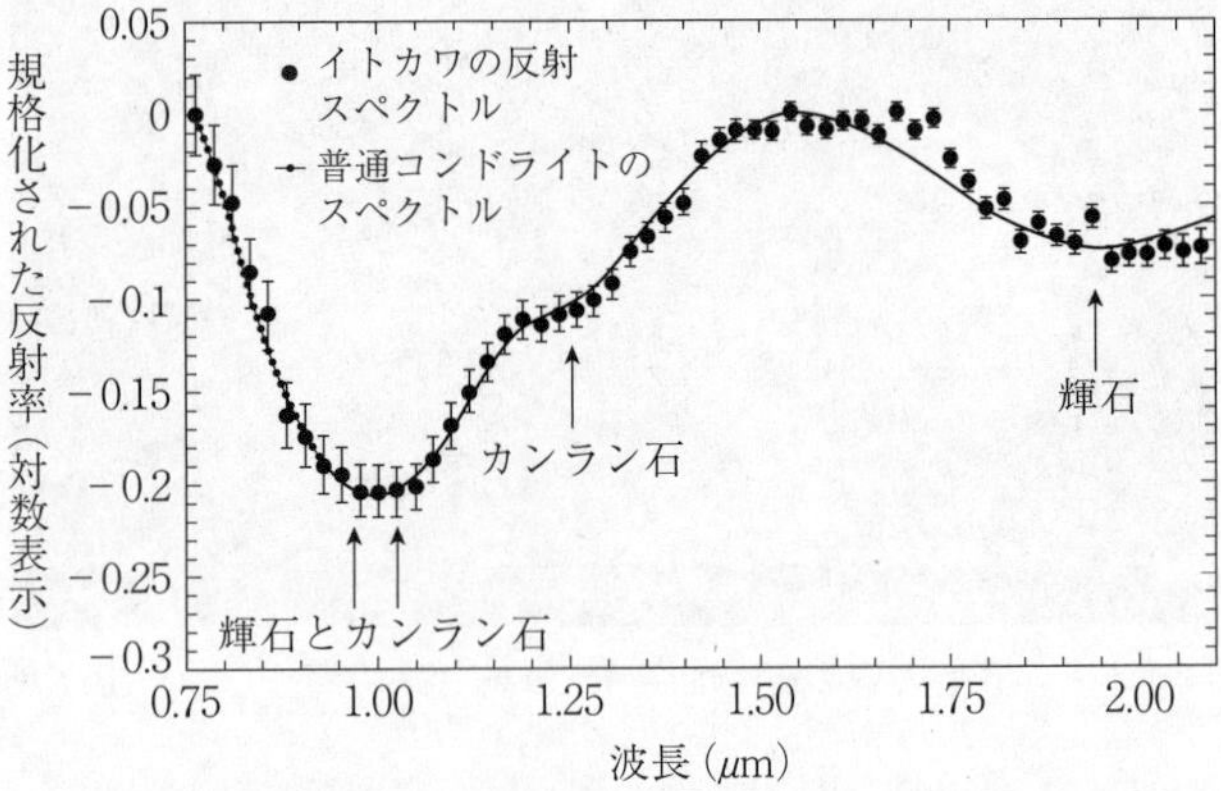

図6－3　反射スペクトルのグラフ。1μmと2μm付近に吸収バンドが見える

は吸収バンドと呼ばれ、岩石に含まれる鉱物ごとに特有のものです。吸収バンドがどの波長に表れるかを調べることで、どんな鉱物が含まれているのか推定することができます（図6－3）。

普通コンドライトには輝石やカンラン石が多く含まれ、これらの吸収バンドは波長1マイクロメートルと2マイクロメートル付近にあります。水や有機物も調べられると面白いのですが、これが分かる吸収バンドは少し離れており、しかもイトカワのようなS型小惑星ではあまり存在が期待できません。観測波長域を広く取ろうとすると、どうしても光学系が複雑になってしまい、装置の重量がかさんでしまうために、「はやぶさ」ではケイ酸塩鉱物の検出用に特化しています。

また、これに可視分光撮像カメラ（AMICA）の多色フィルターによる観測データを加えれば、可視光～近赤外線の間で連続スペクトルを作ることができ、鉱物の推定はより確かなものになります。

一方、XRSでは元素組成を調べます。XRSは、1～10キロ電子ボルトのエネルギーをもつX線を検出することができる装置です。物質はX線を吸収したときに、その元素に固有のエネルギーをもつ別のX線（これを蛍光X線、または特性X線と呼ぶ）を放出することがあります（表6－1）。太陽が天然のX線源となっていますが、検出したスペクトルを見て、蛍光X線のピークとなるエネルギーを調べることで、どんな元素がどのくらい含まれているのか推定できます（図6－4）。

元素の種類	特性X線（keV）
マグネシウム（Mg）	1.254
アルミニウム（Al）	1.489
ケイ素（Si）	1.740
硫黄（S）	2.307
カルシウム（Ca）	3.689
チタン（Ti）	4.510
鉄（Fe）	6.399

表6－1　主要元素の特性X線のエネルギー

NIRSでは鉱物組成、XRSでは元素組成と、観測しているものは違うものの、結局は「どんな物質が含まれているのか」ということを別の角度から見ていると言えます。これらの観測結果を複合することで、分析をより確かなものにすることができるのです。

「はやぶさ」の地球帰還後、カプセルの中から見つかった微

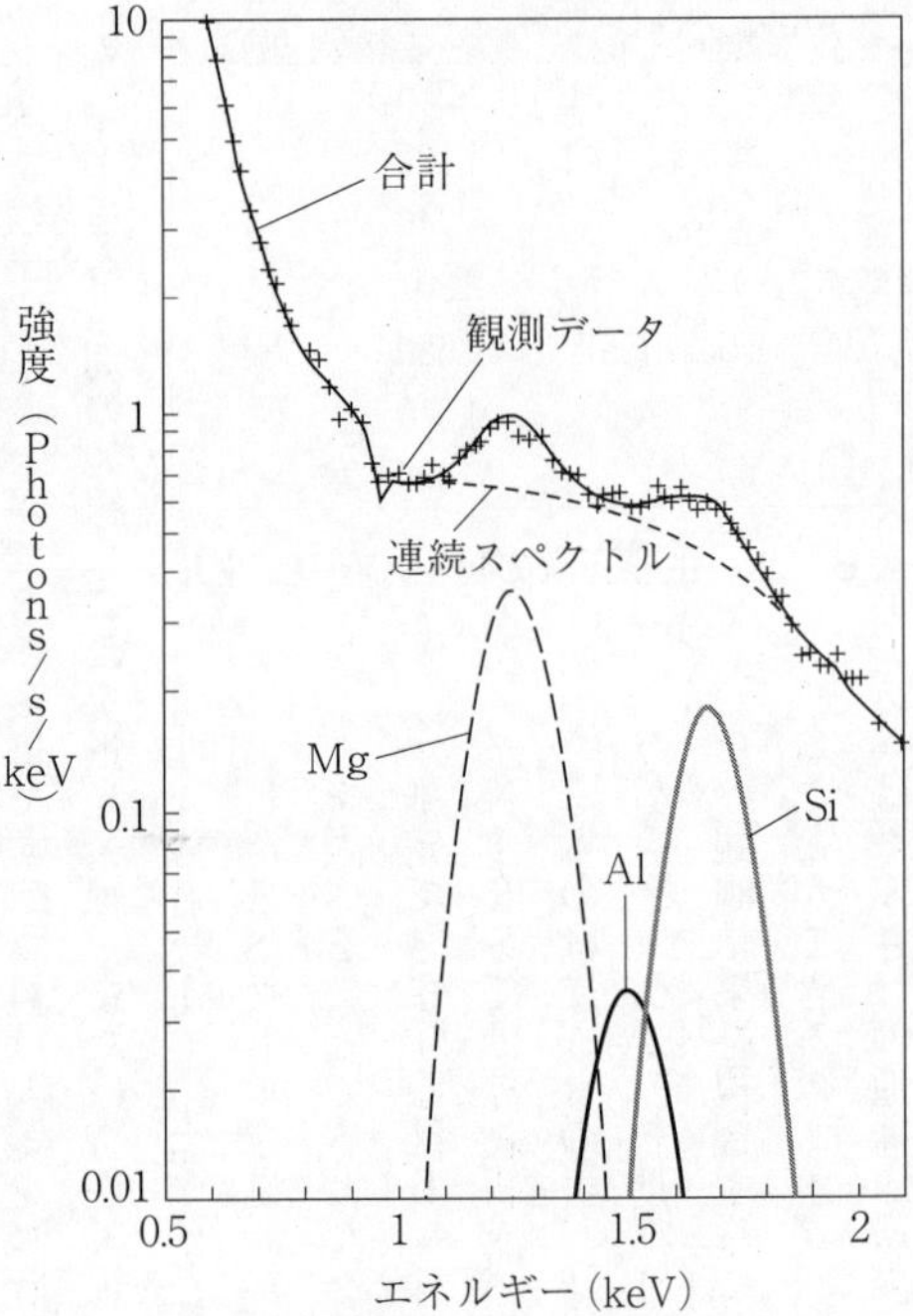

図6－4　X線スペクトルのグラフ。蛍光X線が計測されていることが分かる

粒子がイトカワ由来であると判断されましたが、これはNIRSとXRSの観測結果と微粒子の分析結果がよく一致していたことが決定的な証拠になっています（図6－5）。これは大きな成果の1つであると言えます。

残るレーザー高度計（LIDAR）は、イトカワ表面までの距離を測る装置ですが（LIDARの詳細は7章参照）、これを使って地形データが得られるほか、慣性飛行中の距離の変化を見ることで、イトカワが「はやぶさ」に及ぼす重力の大きさも調べることができます。

重力が分かれば、イトカワの質量が計算でき、イトカワの立体形状もリモートセンシングで精密に計測されているので、そこから密度も分かります。

ではそれぞれのセンサーについて、詳細を見ていくことにします。

（1）近赤外線分光器（NIRS）

近赤外線分光器（NIRS：Near InfraRed Spectrometer 図6-6）は、センサー部（NIRS-S）と電子回路部（NIRS-E）の2つに分かれています。センサー部は探査機の側面に取り付けられていますが、底面（-z面）側に開いた穴を通してイトカワを観測します。電子回路部はXRSと共有するコンポーネント（NIX-E）に納められ、センサー部とは別の場所に置かれています。ここでは特に、センサー部について説明していきます。

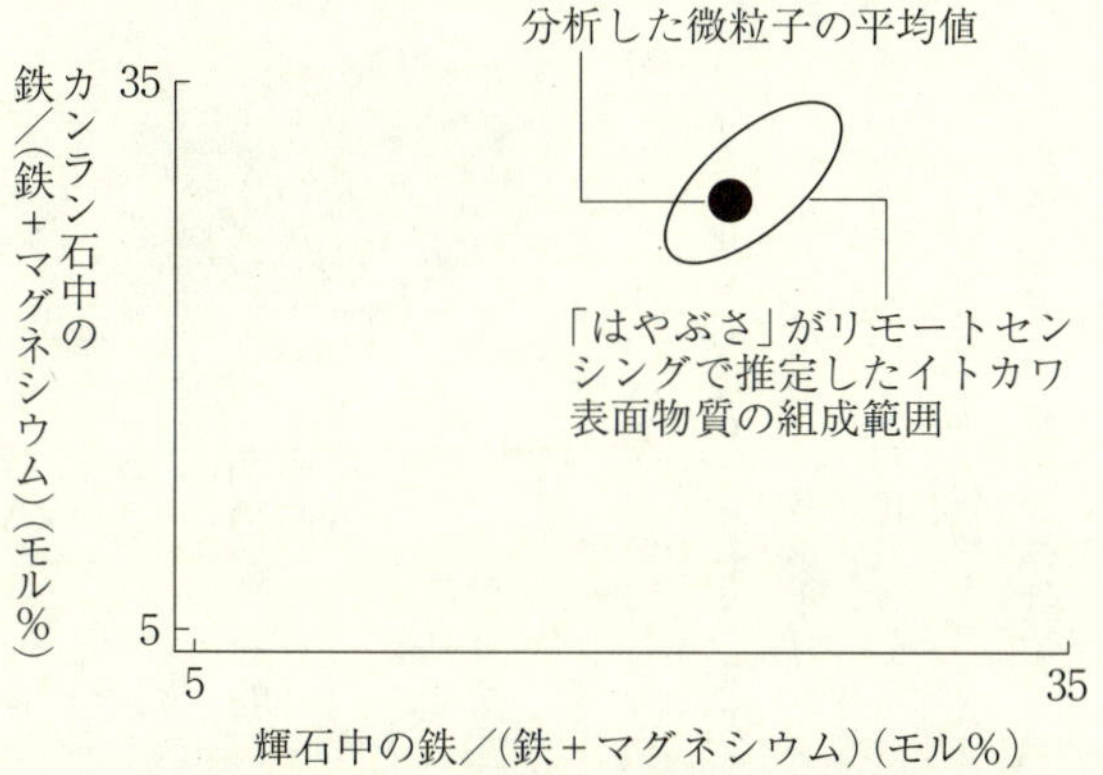

図6-5　観測結果と分析結果の比較。この結果などからカプセル内の微粒子がイトカワ起源であると判断

デジタルカメラではCCDやCMOSなど、シリコン半導体が光を電気信号に変えていますが、NIRSでは検出器として、InGaAs（インジウム・ガリウム・ヒ素＝通称「インガス」）のセンサーが使われています。赤外線天文衛星では一般的にInSb（インジウム・アンチモン）やHgCdTe（水銀・カドミウム・テルル）のセンサーが使われることが多いのですが、こういった検出器はノイズを減らすために、相当に冷やす必要があります。

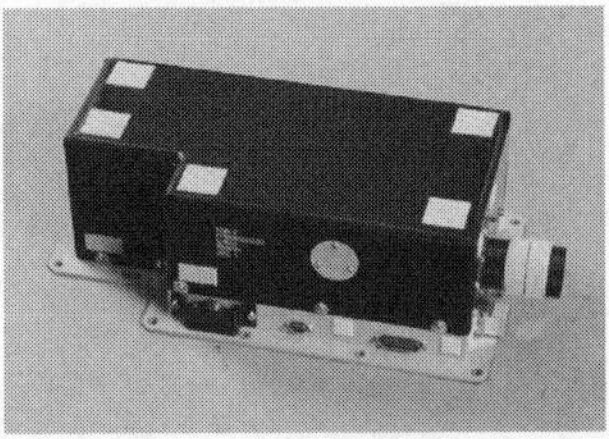
図6－6　近赤外線分光器（NIRS）　©JAXA

HgCdTeだとマイナス80〜マイナス100度C、InSbだともっと冷やさないといけないので、天文衛星では液体ヘリウム（マイナス269度C）や液体窒素（マイナス196度C）を積んで冷却に使っていますが、「はやぶさ」に冷媒を搭載する余裕はありません。最近ではスターリングエンジンによる機械式の冷凍機を積むこともありますが、こちらも重量的に不可能です。

一方、InGaAsであれば、マイナス10〜マイナス20度Cくらいでも十分な感度が得られるため、ペルチェ素子（熱が移動する「ペルチェ効果」を利用した半導体素子）を使った電気的な冷却でも実現できる温度です。ちょうど「はやぶさ」の計画がスタートした時期に、このInGaAsセンサーが民生品として使えるようになってきました。日本では浜松ホトニクスが開発しており、同社に試作機の開発を依頼したところ、なんとかなりそうだという見込みが得られたので、InGaAsの採用が決まりました。

赤外線検出器では、波長が長くなるほど熱雑音の影響が大きくなり、冷却が必要となります。実はInGaAsセンサーでは、1・7マイクロメートルくらいまでなら冷却しなくても使えることが分かっていたのですが、NIRSではどうしても2マイクロメートルの波長まで見たい理由がありました。1マイクロメートルのところには輝石とカンラン石の両方の吸収バンドがあるのですが、2マイクロメートルのところには輝石だけの吸収バンドがあり、もしここに吸収バンドがあれば、輝石の存在がはっきりします。

観測波長域	0.8〜2.1 μm
チャンネル数	64バンド
視野角	0.1°×0.1°
重量	1.5kg

表6－2　近赤外線分光器（NIRS）の仕様

搭載したInGaAsセンサーの画素数は64画素。フォトダイオードが一列に並んでいるものです。小惑星から入ってきた光はグリズム（透過型の回折格子）によって分散され、センサーの各画素に当たるように設計されています。どの画素がどの波長に対応するかは分かっているので、これによって波長0・8〜2・1マイクロメートルの赤外線を64バンドに分けて検出できます（表6－2）。

NIRSの視野角は0・1度なので、ホームポジション（7キロメートル）からの観測では、大体12メートル四方の範囲が見えていることになります。探査機の姿勢を変えたり、イトカワが自転することで、隣の地点を次々に観測し、最終的にイトカワの全球観測は行えなかったものの、大体表面の6~7割はカバーすることができています。

（2）蛍光X線スペクトロメータ（XRS）

蛍光X線スペクトロメータ（XRS：X-Ray Spectrometer 図6－7）は、探査機では定番の観測装置の1つで、「アポロ」など古くから多くの宇宙機で採用されており、最近では米国の「ニア・シューメーカー」や日本の「かぐや」などにも搭載されています。

「はやぶさ」に搭載したXRSの特徴は、それまでの比例計数管に替わって、初めて検出器にX線CCDを採用したことです（表6－3）。これにより、エネルギー分解能が7~8倍も向上しており、蛍光X線のピーク（輝線）がよく見えるようになりました。比例計数管だと、近いエネルギー帯に輝線があるアルミニウムとマグネシウムとケイ素の蛍光X線が混ざってしまい分かりにくかったのが、X線CCDだとそれぞれの輝線が相互に分離して見えるようになります。

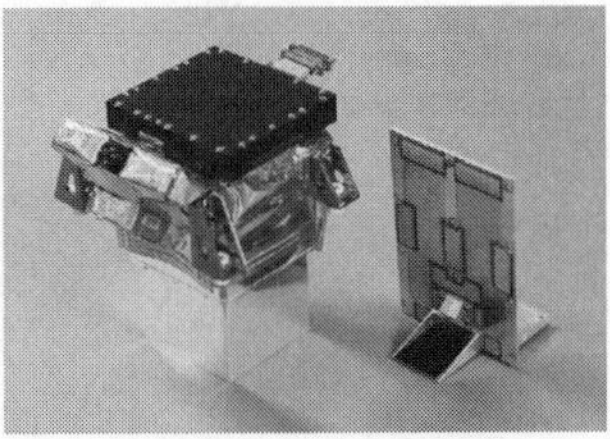

図6－7　蛍光X線スペクトロメータ（XRS）
©JAXA

国産の科学観測用X線CCDの開発が大阪大学と浜松ホトニクスを中心に展開された時期であり、「はやぶさ」ではこれをいち早く採用することにしました。感度を上げるためには受光面積を大きくするのが有効で、「はやぶさ」は2×2で4枚のCCDを並べています。このCCDは国際宇宙ステーション搭載の全天X線モニタ装置（MAXI）用に開発が進められ、MAXIに利用されたほか、月周回衛星「かぐや」にも搭載されています。MAXIや「かぐや」ではより多数のCCDを並べています。

エネルギー帯域	1.0〜10keV
エネルギー分解能	160eV
視野角	3.5°×3.5°
重量	1.7kg（センサー部）

表6－3　蛍光X線スペクトロメータ（XRS）の仕様

ただし、このCCDは可視光にも感度があるため、X線だけを検出するためには、可視光をうまく遮断する必要があります。そのため「はやぶさ」のXRSでは、ベリリウムの薄膜をCCDの前に置いています。重い元素だとX線も遮ってしまうので、軽い方から4番目の元素であるベリリウムを使っているのですが、それでも厚すぎるとX線が通らなくなってしまうので、薄膜の厚さは10マイクロメートル以下に抑えています。

蛍光X線を捉えることができれば、そこにどんな元素があるか推定できます。しかしもう1つ重要なのは、それが「どのくらいあるか」ということです。これを少し難しく言うと「定量分析」と呼んでいます。

基本的には、蛍光X線の強さからこれが分かるのですが、問題なのは、天然のX線源である太陽の活動が時々刻々と変化していることです。蛍光X線は太陽X線によって励起されるので、もとになる太陽X線の強度が大きく変動すると、元素の存在度が同じであっても、検出される蛍光X線の強度も連動して変化してしまいます。

これを解決するためには、太陽X線の強度も同時に測ることが重要です。方法としては、直接太陽をモニターするというやり方もありますが、「はやぶさ」では基準となる試料（これを標準試料と呼ぶ）を用意しておき、ここから出てくる蛍光X線を検出することで、太陽X線の強度変化を補正しています。標準試料の元素組成はあらかじめ分かっているので、蛍光X線の強度変化から、太陽X線の強度変化が推定できるのです。こうした工夫も世界初の試みです。

NIRSと同様に、XRSもセンサー部（XRS-S）と電子回路部（XRS-E）に分かれており、センサー部はイトカワが見える底面（-z面）に取り付けられています。標準試料は太陽に当てる必要があるため、探査機の側面から少しはみ出るように固定されています。ここからの蛍光X線をモニターするために、イトカワの観測用とは別にCCDを1枚用意しているので、XRSには合計5枚のX線CCDが使われています（図6-8）。

（3）可視分光撮像カメラ（AMICA）

可視分光撮像カメラ（AMICA：Asteroid Multiband Imaging Camera 図6-9）は、前

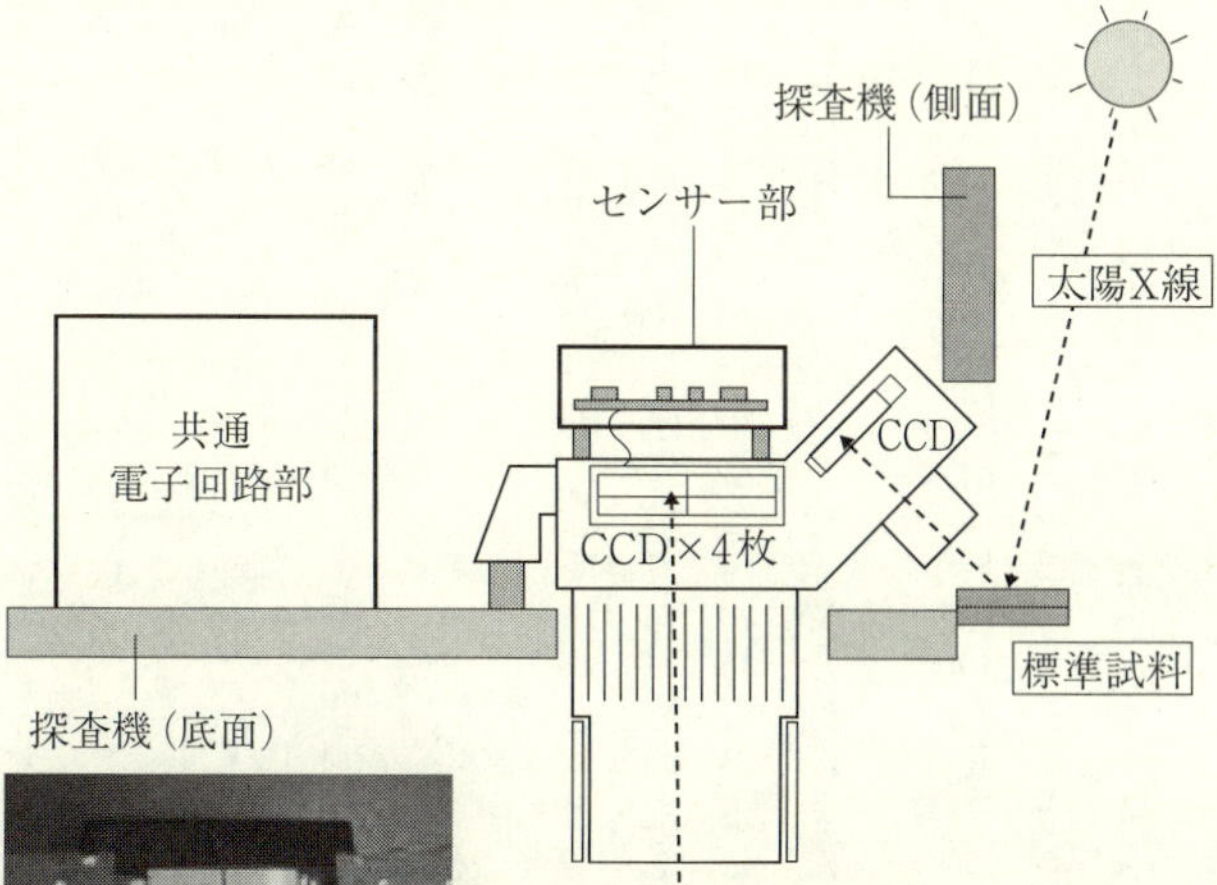

図6－8　蛍光X線スペクトロメータ（XRS）のシステム構成（上）と搭載されたCCD（左）（宇宙研資料より）

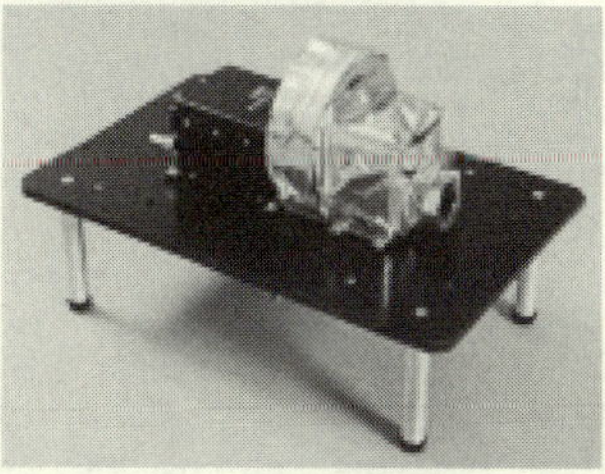

図6－9　可視分光撮像カメラ（AMICA）
©JAXA

に述べたように望遠カメラ（ONC－T）の理学的な呼び名です。基本的には航法用に利用するものですが、科学観測のために、8バンド分のフィルターホイールを追加で搭載しています。ホイールを回転させることでフィルターが切り替わるようになっており、それぞれの波長域による観測を行うことができます（表6－4）。

実際には、1バンド分は航法で使うワイドバンドフィルター（全ての波長を通すフィルター）になっているので、分光フィルターとして使えるのは7バンド。フィルターの色の組み合わせは、地上からの小惑星観測で実績のあるＥＣＡＳ（Eight Color Asteroid Survey）に準拠しており、イトカワでの観測データを、膨大なＥＣＡＳデータと比較することが可能です。

表6－4　各バンドの波長

360nm
430nm
545nm
705nm
860nm
955nm
1025nm
350～950nm

また科学観測目的としては、もう1つ、偏光フィルターも追加していました。これは検出器であるＣＣＤの四隅に取り付けられたもので、ターミネーター観測によって小惑星表面の粒子のサイズなどが分かると言われていましたが、リアクションホイールが壊れた影響などで、実際には偏光フィルターを用いた観測のための運用は行われませんでした。

（4）レーザー高度計（ＬＩＤＡＲ）

レーザー高度計（LIDAR：Light Detection And Ranging　図6－10）の仕組み等については、7章で説明されているので、ここでは科学観測のために追加した機能だけに話を絞ります。

ＬＩＤＡＲは対象物との距離を測るために、レーザー光を出してその反射光を受信しています。ここで知りたいのはレーザー光が往復に要した時間だけであり、本来は受信した・しないの判断ができればいいわけですが、光量の大きさもモニターできれば、小惑星表面の反射率が分かります。こうした目的のために、ＬＩＤＡＲには受信光の強度を出力する機能も実装してあります。

しかし、ＬＩＤＡＲは開発が遅れ、探査機への取り付けがギリギリになってしまったために、光量のモニター機能については、キャリブレーションの時間が取れませんでした。機能としては一応あるものの、キャリブレーションをやっていないと精度は保証できないので、実際には反射率を調べるという目的にはほとんど使っていません。しかし、ＬＩＤＡＲの測距機能だけで、小惑星の重力（質量）測定を行い、形状データから求めた体積をもとに小惑星の密度を推定することができ、科学的な役割は十分果たしました。

図6－10　レーザー高度計（LIDAR）©JAXA

7——「はやぶさ」の目を担う着地用センサー

久保田　孝

宇宙航空研究開発機構・宇宙科学研究所・宇宙探査工学研究系教授。月惑星探査ロボット、自律航法誘導、宇宙AI（人工知能）、ロボティクスに関する研究、未知環境である月や惑星表面を自律的に移動探査するロボットの知能化の研究に携わる。「はやぶさ」ではイトカワ着陸のための航法誘導制御および着陸用センサーの開発と運用、ミネルバを担当。

「はやぶさ」は世界で初めて、小惑星表面からのサンプルリターンに挑んだ探査機である。前例の全くないミッションであっただけに、着陸にはどんなセンサーが必要か、着陸を安全かつ確実に実行するためにはどんなアルゴリズムが有効か、自分たちで考えて、1つ1つ確認していく必要があった。サンプル採取の部分については、次章で説明があるので、ここではその前段階の、着陸に関する部分について見ていく。

ミッション名	着陸天体
ルナ（ソ連）	月
サーベイヤー（米国）	月
アポロ（米国）	月
ベネラ（ソ連）	金星
マルス（ソ連）	火星
バイキング（米国）	火星
マーズ・パスファインダー（米国）	火星
ニア・シューメーカー（米国）	エロス
マーズ・エクスプロレーション・ローバ（米国）	火星
カッシーニ／ホイヘンス（米国／欧州）	タイタン
フェニックス（米国）	火星

表7－1　これまでの主な着陸ミッション

未知の天体への着陸

「はやぶさ」計画は、世界的に見ても、かなり特殊なミッションでした。目指す天体は小惑星。世界で初めて小惑星に着陸したのは米国の「ニア・シューメーカー」ですが、我々は着陸だけではなく離陸し、タッチダウンのわずか数秒のうちに、小惑星表面からサンプルも採取しました。我々はこれを「タッチ・アンド・ゴー」方式と呼んでいます。

「ニア・シューメーカー」はもともと、小惑星エロスにランデブーして観測することを目的としており、当初は着陸する予定ではありませんでした。私は、彼らが「はやぶさ」計画を知って、日本に「世界初」を譲るわけにはいかないという思惑から「世界初の小惑星着陸」を強行したと思っています。しかし、宇宙大国である米国に脅威に思ってもらえるというのは、日本もそれだけ認められたということだと思います。

「ニア・シューメーカー」のような例外はありますが、これまでに人類が探査機を着陸させたことがある天体は、月や火星のように重力が大きな天体ばかりです（表7－1）。「はやぶさ」の目的地として候補に挙がっていた小惑星はいずれも小さく、重力はわずか（イトカワは地球の10万分の1程度）。これまでの重力天体に着陸させた方法は全く参考になりませんでした。

重力がある天体は、それはそれで難しさはあるのですが、重力がなければないで、特有の難しさが出てきます。特に重力が小さいと、すぐに探査機が浮き上がってしまうため長時間着陸していることが難しくなります。アンカーのようなもので固定するか、あるいは上向きにエンジンを噴射して小惑星に押しつける必要があります。また地表の温度が100度C以上あると考えられていたので、長時間の着陸を避けるために、タッチ・アンド・ゴー方式を採用しました。

もう1つの難しさは、地球からの距離です。月くらいの距離なら電波が届くのにそれほど時間がかからないため、地球からの遠隔操作も不可能ではありませんが、小惑星は非常に遠く、電波の往復に数十分以上もかかってしまいます。特にタッチダウンのようにリアルタイム性が高いイベントの場合は、探査機自身が判断して行動する自律機能が不可欠となります。高度な自律機能がなければ、サンプル採取も難しくなるし、探査機の安全も確保できなくなります。

そして、何よりも難しいのは、実際にそこに行ってみるまで、どんな星なのか分からないということです。月にしても火星にしても、すでに探査機による観測が何度も行われており、地表の様子も詳しく分かっています。どこに降りるかという計画も、最初から考えることができます。しかし、小惑星はその多くが未知の天体。地上からの観測で、大体の大きさや自転周期くらいは推測できますが、どんな形をしているのか、表面は砂なのか岩石なのかといった着陸のために必要な情報はほとんどありません。

そのため、「はやぶさ」では基本的な考え方として、設計段階では着陸の枠組みだけを考えておいて、イトカワに到着してから、制御パラメータをチューニングすることにしてありました。例えば、「はやぶさ」のホームポジションの距離（7キロメートル）や、最終降下フェーズにおけるホバリングポイント（高度17メートル）などは、現地でイトカワの重力などを計測してから導き出した数字です。

ちなみに、従来の科学衛星でも、各種制御パラメータは地上からのコマンドで変更できるようになっていましたが、「はやぶさ」ではこれを一歩進めて、制御機能要素と起動条件をテーブル（表形式のデータ）として登録してあり、このテーブルを書き換えることで、アルゴリズムそのものも変えることができるようになっていました。我々はこれをGSP（GNC Sequence Program）と呼んでいますが、試験を機能要素ごとに分離できるので、地上での開発が効率的になるという効果もありました。

着陸のシーケンス

小惑星からのサンプルリターンは世界で初めての試み。そのため、まずは関係者みんなでアイデアを出し合い、有効性について議論をして、方法を考えていきました。どのように接近して、どうサンプルを採取するか。そのためにはどんなセンサーが必要で、どういうアルゴリズムを実装したらいいのか。様々なアイデアが出ては消えていきました。そして残ったのが、「はやぶさ」が小惑星イトカワにおいて実践した方法です。

降下のスタート地点は、イトカワから距離7キロメートルのところに設置したホームポジション（HP）。イトカワ―「はやぶさ」―地球と直線的に並び、太陽を背にする形で「はやぶさ」はイトカワに降下を始めます。この降下フェーズでは、地上からの支援を受けながら、「はやぶさ」はまっすぐイトカワに接近します（図7-1）。当初は、この降下も自律で行う予定だったのですが、リアクションホイールが2台故障しており、姿勢制御の精度が悪くなってしまったので、安全のためにこれは断念しました。

「はやぶさ」はイトカワの日向側から接近していくため、近づけば近づくほど、探査機はイトカワ表面からの強烈な照り返しにさらされます。あまり長い間イトカワの近くにいると、カメ

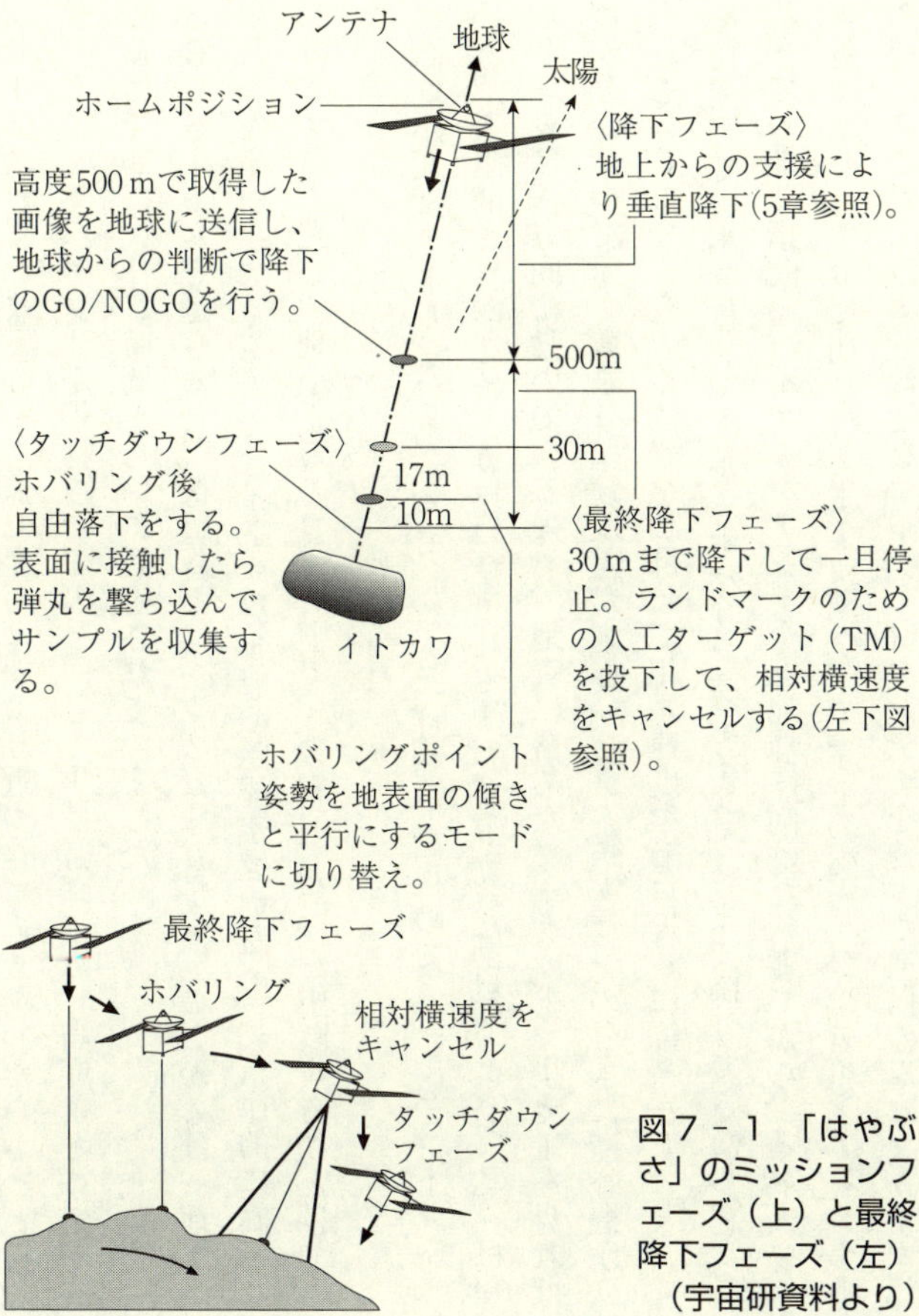
アンテナ
地球
太陽
ホームポジション
〈降下フェーズ〉
地上からの支援により垂直降下(5章参照)。
高度500 mで取得した画像を地球に送信し、地球からの判断で降下のGO/NOGOを行う。
500m
〈タッチダウンフェーズ〉
ホバリング後自由落下をする。表面に接触したら弾丸を撃ち込んでサンプルを収集する。
30m
17m
10m
〈最終降下フェーズ〉
30 mまで降下して一旦停止。ランドマークのための人工ターゲット（TM）を投下して、相対横速度をキャンセルする(左下図参照)。
イトカワ
ホバリングポイント
姿勢を地表面の傾きと平行にするモードに切り替え。
最終降下フェーズ
ホバリング
相対横速度をキャンセル
タッチダウンフェーズ

図7－1 「はやぶさ」のミッションフェーズ（上）と最終降下フェーズ（左）
（宇宙研資料より）

ラやセンサーが壊れてしまうので、遠くからゆっくり近づき、近くなったらさっと着陸してすぐに離脱。まさしくハヤブサが獲物をとるのと同じです。計画では、高度1キロメートルから戻ってくるまでが、大体2時間くらいに設定されていました。

高度500メートルを過ぎると、最終降下フェーズとなります。ここからは、地上からの支援が間に合わなくなってくるので（イトカワまでの距離が遠いため）、自律的に降下していくことになります。ただし、地上からのコマンドで、いつでも着陸を中断することはできるようになっています。

さらに高度が30メートルまで下がってくると一旦降下を止めて、ターゲットマーカー（TM）という、人工的な目印をイトカワに投下します。イトカワは自転しており、「はやぶさ」から見ると地表は横方向に動いているので、地表に落ちたターゲットマーカーを見れば、相対的な速度が分かるのです。あまりに速度差が大きいとタッチダウンのときに探査機が転倒してしまう恐れもあるので、うまく位置を制御して相対速度をゼロ近くに抑えます。

降下を再開して、高度17メートル（ホバリングポイント）まで降りてきたら、ここで姿勢を、それまでの地球指向（ハイゲインアンテナを地球に向けた状態）から、イトカワ地表面の傾きに平行にするモードに切り替えます（図7-1左下の図）。ハイゲインアンテナの向きが変わるので、ここからはより低速なローゲインアンテナを使った通信のみになります。

高度10メートルからはタッチダウンフェーズと呼ばれます。ここからは姿勢制御のみを行い、探査機は地面に対して平行を保ったままで、イトカワに自由落下します。なるべくスラスタを噴射しないようにしているのは、サンプルを採取する小惑星表面を燃焼ガスで汚染したくなかったからです。落下とは言っても重力は非常に弱いので、タッチダウン時でも秒速10センチメートル程度にしかなりません。

タッチダウンを検出して弾丸を発射、サンプルを回収したら、スラスタを噴射して全力で離脱、ホームポジションまで戻ります。これで1回のサンプル採取シーケンスが終わりです。「はやぶさ」には弾丸・ターゲットマーカーともに3セット用意されており、最大3回までタッチダウンに挑めるようになっていました。

着陸に使うセンサー

「はやぶさ」の着陸には、光学カメラと高度計の情報を組み合わせて利用します(図7-2)。

高度計は、レーザー高度計(LIDAR)とレーザーレンジファインダ(LRF)の2種類で、ともにレーザー光を使って距離を測る装置です。「はやぶさ」では、長距離での計測にLIDAR、近距離ではLRFを使っており、高度70メートル以下でこれを切り替えています。またLRFは地表の4点を計測することで、地面の傾斜まで知ることができます。

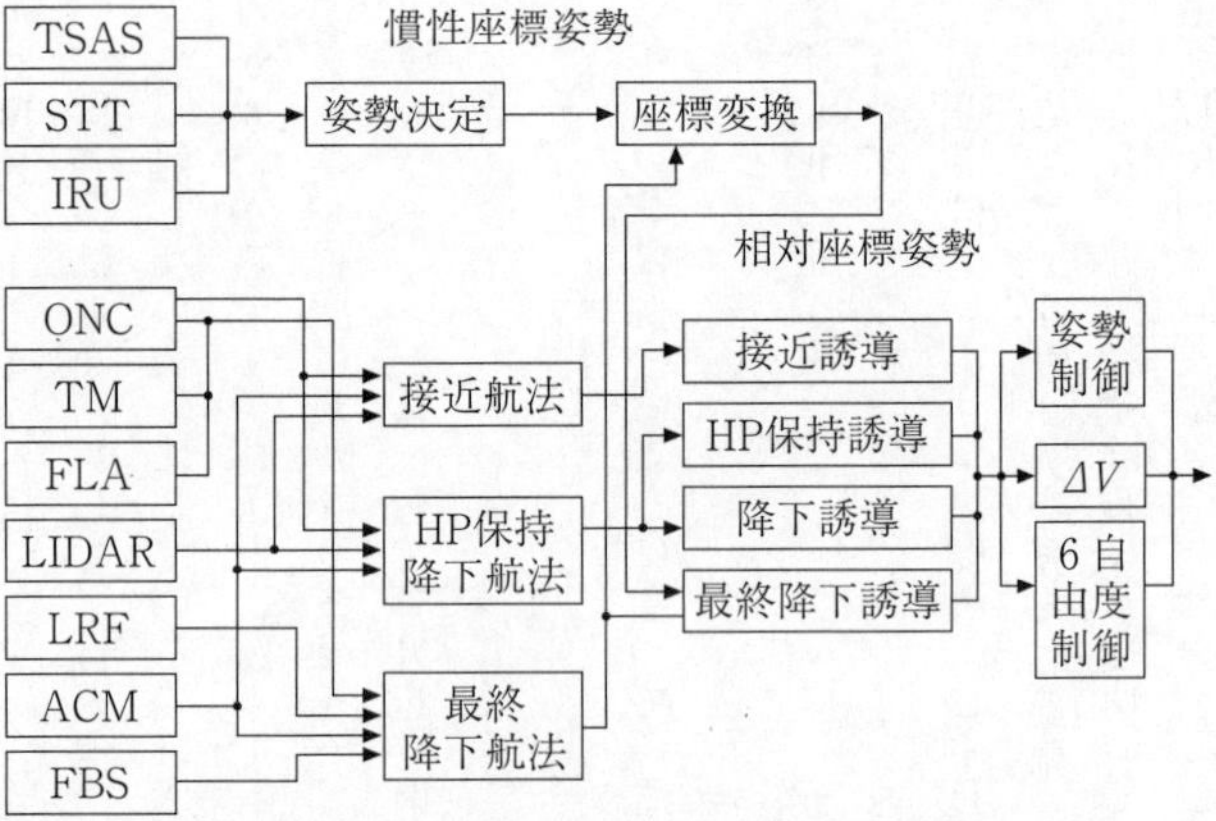

図7－2　着陸航法誘導センサーの構成

光学カメラは、3種類搭載した中の広角カメラ（ONC－W1）を利用します。これでイトカワの方向を認識するほか、地表の近くではターゲットマーカーを捕捉して、相対位置を合わせます。センサーとしては、もう1つファンビームセンサー（FBS）も使っていますが、これは航法誘導には利用しておらず、用途はアボート（中止）用です。太陽電池パドルの下方を監視していて、何か障害物があれば安全のために、降下を中断して離脱するようになっています。

重力天体に降りるときには、速度計も搭載するのが一般的ですが、イトカワへの降下は毎秒数センチメートル～10センチメートルという非常にゆっくりした速度であるため、作るのが技術的に難しいのです。当初は搭載することも考えましたが、大がかりな装置になってしまいそうだったので断念しました。
それぞれについて、以下で詳しく見ていくことにします。

（1）レーザー高度計（ＬＩＤＡＲ）

イトカワにランデブーする際、距離が５００キロメートル、２００キロメートル、１００キロメートル……と接近するにつれてカメラに写るイトカワの姿は大きくなってきますが、光学カメラの情報だけでは距離が分かりません。距離を測るためには、別の仕組みのセンサーが必要です。正確な距離を知ることができれば、画像からイトカワの大きさも計算できるようになります。

「はやぶさ」では、距離20キロメートルのゲートポジションで相対停止させるために、50キロメートルくらいから計測できるセンサーが求められていました。なおかつ、タッチダウンのときは、できるだけ近くまで使いたい。その結果、レーザー高度計（ＬＩＤＡＲ）のレンジは40メートル〜60キロメートルと、非常に幅の広いものになりました（図７−３、表７−２）。

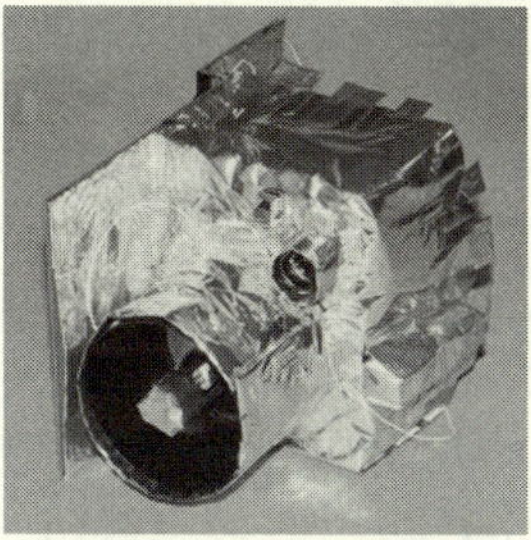

図７－３　レーザー高度計（LIDAR）

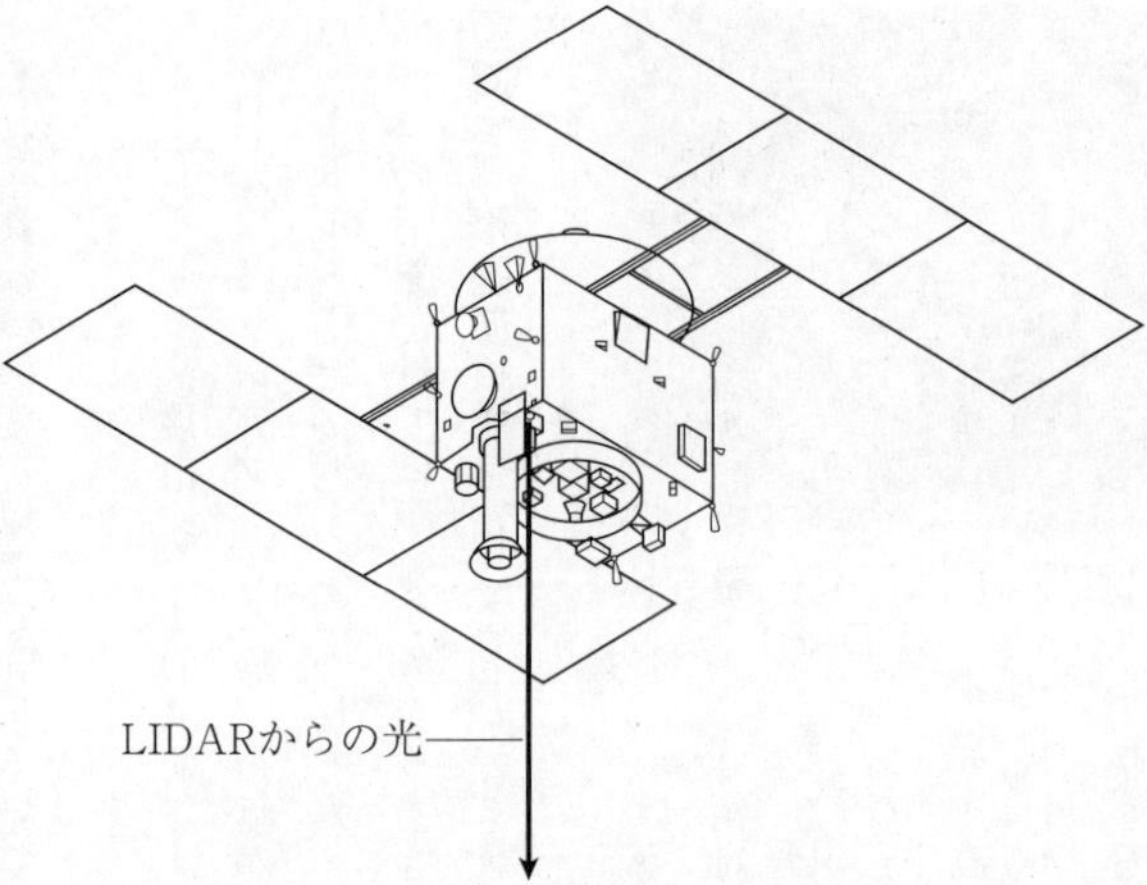

図7-4　ビームの様子

計測レンジ	40m〜60km
計測精度	±10m（50km時）／±1m（50m時）
計測周期	1Hz（1秒に1回）
重量	3.67kg

表7-2　LIDARの仕様

LIDARの計測原理は非常にシンプルです。レーザー光のパルスをポンと出して、対象物にぶつかって跳ね返ってくるまでの時間を計測します。光の速さは決まっているので、これから距離が計算できます（図7-4）。

LIDARは地上ではよく使われている装置ですが、「はやぶさ」搭載品の開発は難航しました。一番苦労したのは、複雑な自然地形でも使えるようにしなければならなかったこと。そして、小型軽量にしないと搭載できないということでした。重量制限はかなり厳しく、光学系を工夫したり、一部の素材をマグネシウムに替えたりすることで、なんとかこれを実現。最後には元素番号が小さいベリリウムも使おうかと考えましたが、毒性がある上に加工も難しいので採用は見送りました。

　開発は難航し、探査機への搭載は期限ギリギリになってしまいましたが、軌道上では全く不具合もなく動作しました。ちなみにＬＩＤＡＲは「ニア・シューメーカー」にも搭載されましたが、我々の方が計測距離が長く、性能が良く、重量が軽く、消費電力も小さいセンサーが作れたと自負しています。

（２）レーザーレンジファインダ（ＬＲＦ）

　ＬＩＤＡＲで着陸の寸前まで距離を計測できれば良いのですが、数十キロメートルという遠方から至近距離までを１つのセンサーで実現するのはとても困難です。光学系を替えて、長距離用と近距離用の２つのＬＩＤＡＲを搭載するという方法もありましたが、我々は近距離で地面の傾斜も見たかったので、方式を変えてレーザーレンジファインダ（ＬＲＦ）を搭載することにしました（図７－５）。２つのセンサーのレンジはオーバーラップしており、切り替え高度70メー

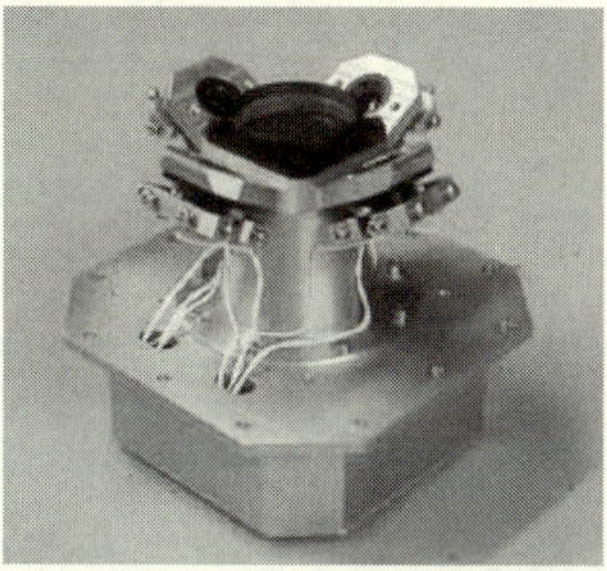

図7－5　レーザーレンジファインダ(LRF-S1)

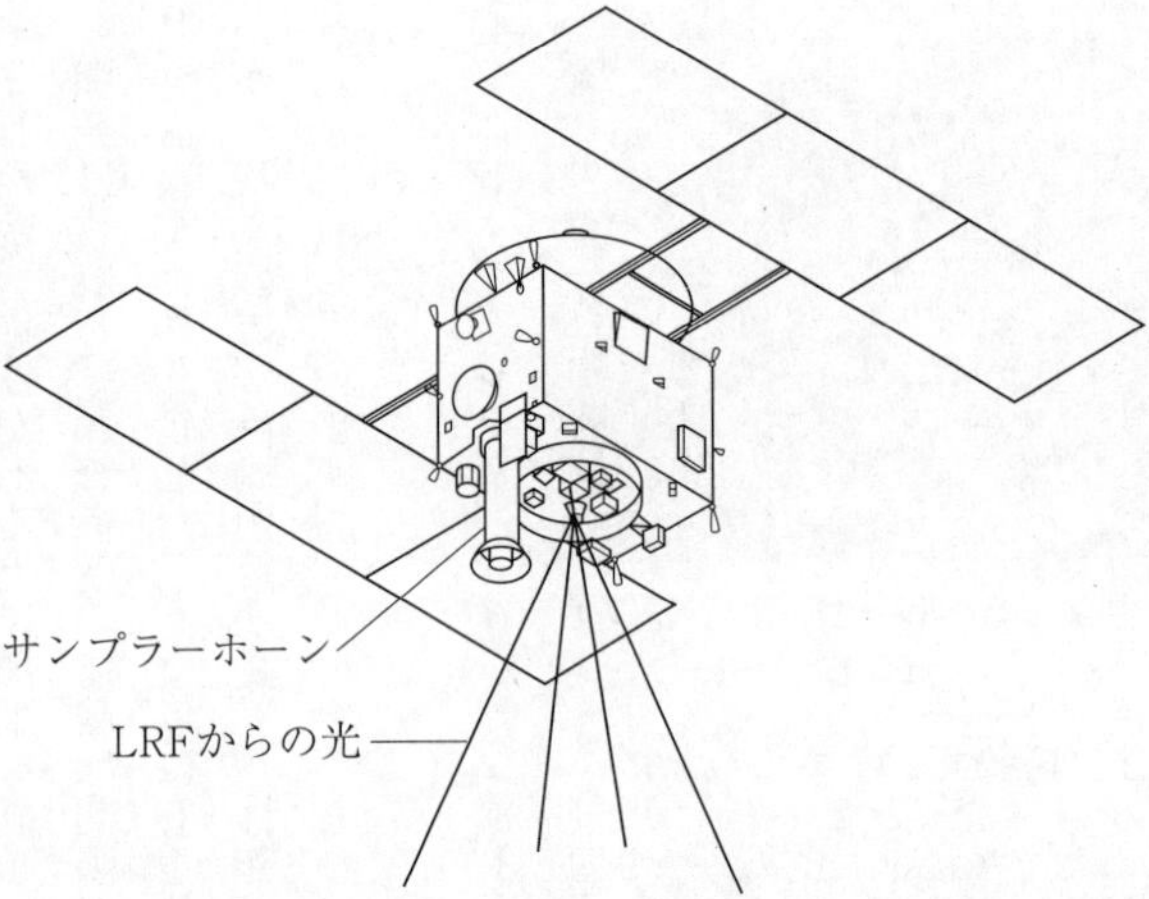

図7－6　LRF-S1からは4本のビームを出す

トル以下で測定値を比較して、整合性の確認も行っています。

ＬＲＦは合計２台搭載しており、区別のためにＬＲＦ－Ｓ1とＬＲＦ－Ｓ2と呼んでいます。ここで説明しているのはＬＲＦ－Ｓ1の方で、Ｓ2の方はまた後で述べることにします。

地面の傾斜を見るために、ＬＲＦ－Ｓ1は30度くらい傾けたビームを４本照射します（図７－６）。４方向への距離をそれぞれ計測しているので、イトカワまでの距離に加え、地面に対して探査機がどのくらい傾いているのかも知ることができます。実は3本ビームがあれば平面は決まるので、斜度を求めることはできるのですが、本数が多い方が地面のでこぼこの影響を除いて平均的な数値を出せるということと、バックアップ（冗長）の意味もあって、４本となっています。もし1本が壊れて光が出なくなっても、残った3本で機能できます（表7－3）。

レーザー光を使うという点ではLIDARと同じですが、計測の原理は異なります。LIDARでは単パルスの伝搬時間を計測していましたが、LRFではFM変調した光を送信し、送信光と受信光の波形を比べて、距離を算出します。

対象物までの距離が短ければ、送信光と受信光の位相はほぼ揃っていて、離れるにつれて、受信光の波は遅れるようになり、位相差は広がっていきます。この位相差から伝搬時間が分かるので、そこから距離を求めることができるのです。ただし、位相のずれが1波長分以上になってしまうと隣の波と区別ができなくなるので、近距離でしか使えないという欠点はありますが、LIDARよりも高い精度が期待できます。

「はやぶさ」のLRFでは、受光素子としてAPD（アバランシェ・フォトダイオード）という感度の良いフォトダイオード（光を電気信号に変換する半導体素子）を使用しています。4方向の距離を計測するのに、普通なら個別のLRFを4台搭載すれば良いのですが、LRF－S1では軽量化のためにレンズを共通化して、4ビーム分の装置を一体化しました。このほかにデータ処理回路（0・91キログラム）が必要になりますが、これで1・45キ

計測レンジ	7m～100m
計測精度	±10cm（10m時）／±3m（100m時）
計測周期	5Hz（0.2秒に1回）
重量	1.45kg

表7－3　LRF-S1の仕様

計測レンジ	0.5m～1.5m
計測精度	±1cm
計測周期	20Hz（0.05秒に1回）
重量	0.41kg

表7－4　LRF-S2の仕様

図7－7　LRF-S2

ログラムまで軽量化することができました。

もう1つのLRF－S2は、タッチダウンの検出用に使っています（表7－4、図7－7）。サンプラーホーンの先端にタッチセンサーなど、電気的なものを載せるのは信頼性の上でも好ましくないため、「はやぶさ」ではサンプラーホーンの先端までの距離を常に測っておいて、それが縮んだりすれば接地したと判断する方法を採用しました（サンプル採取については8章参照）。

イトカワへのタッチダウンでは、バックアップとして、加速度センサー（ACM）や慣性基準装置（IRU）を使った検出方法も用意していました。タッチダウン時の衝撃や、それによる姿勢の乱れから検出する方法でしたが、本番ではLRF－S2が正常に動作したため、バックアップの手段が使われることはありませんでした。

LRF－S1とLRF－S2では、軽量化のために、データ処理回路を共通にしています。繰り返しになりますが、「はやぶさ」の重量制限は厳しく、10グラムでも軽くするための工夫ならなんでもやったのですが、回路の共通化によって生じるデメリットもありました。

それは、2つのLRFを同時に使えなくなるということです。タッチダウンフェーズになると、LRFはS2に切り替わるので、S1は利用できなくなります。後でタッチダウン時の挙動を解析するためには、近くでもS1を使いたかったのですが、これは断念するしかありませんでした。

（3）光学カメラとターゲットマーカー

「はやぶさ」には、望遠カメラ（ONC－T）と2台の広角カメラ（ONC－W1／W2）という、合計3台の光学カメラが搭載されています（光学カメラについては3章参照）。タッチダウンの航法誘導ではこの中のONC－W1を使っています（図7－8、図7－9）。

イトカワへのタッチダウンにおいて課題だったのは、自転による横方向の速度をどうキャンセルするかです。イトカワは1周12時間という速さで自転しているため、まっすぐ降下していくと、「はやぶさ」に対して地面が横方向に移動していきます。サンプラーホーンが接地したとき、この速度があまりに大きいと、探査機が横転する恐れがあるので、「はや

図7－8　広角カメラ（ONC-W1）

ぶさ」もイトカワの自転にあわせて横方向に移動させる必要があります。地上での実験によって、この地表との相対速度は秒速8センチメートル以下にしたいという要求がありました。

位置の制御は当然スラスタの噴射によって行いますが、そのためにまず必要なのは、横方向の相対速度がどのくらいかを知ることです。こういうことは、人間が目で見て判断すれば一発ですが、機械が自律的に考えるというのは意外と難しいのです。

当初、これを画像処理だけで何とかしようと考えていましたが、「はやぶさ」は太陽を背にして接近していくため、地表の反射率が高いときには地形の認識が困難になる恐れがあり、これは断念。その代わりに何か人工的な目印を置けばいいのではということで、電波源の搭載も考えましたが、装置が大きくなったり電源も別途必要になるため、この案も不採用となりました。

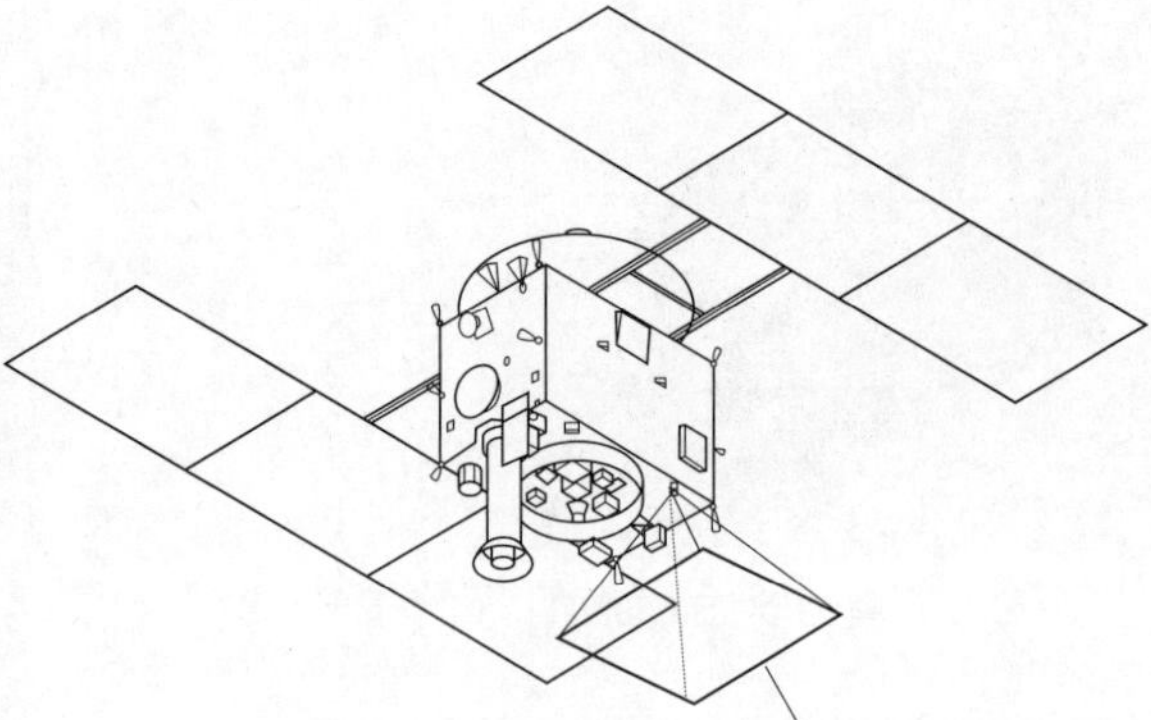

図7－9　ONC-W1の撮影範囲

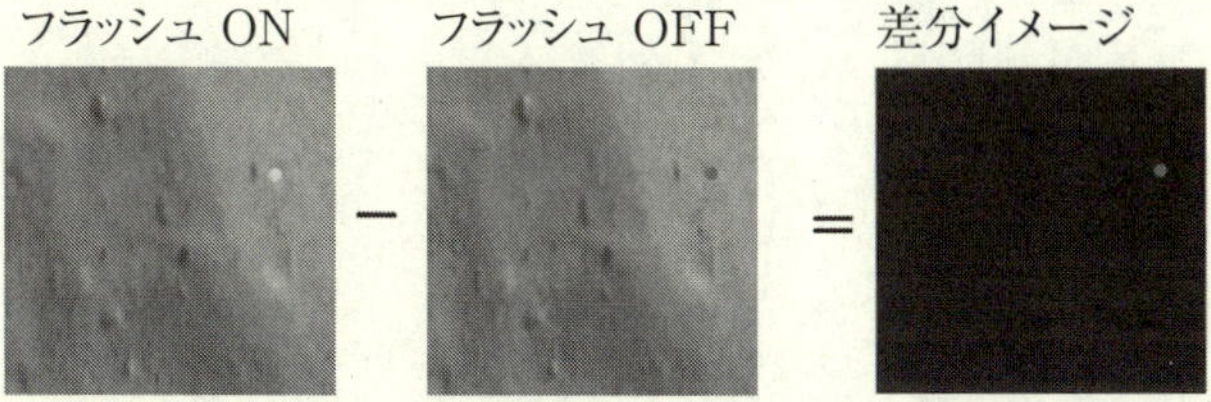

図7－10　フラッシュON（左）とOFF（中）の画像で差分を取ると、ターゲットマーカーの位置が分かる（右）

次に考えたのが、ターゲットマーカーを用いる方法です（詳細は後述）。ターゲットマーカーには、再帰性反射シートという、入ってきた方向と同じ向きに光を反射する特殊な素材が使われており、フラッシュをたくことで周囲と容易に区別ができます。具体的には、フラッシュのON／OFFを切り替えた2枚の画像を連続撮影し、その差分を取ります。フラッシュを使った画像ではターゲットマーカーが光って白く写っているので、画像の引き算をすればターゲットマーカーだけが浮かび上がってくるのです（図7－10）。

あまり注目されることはありませんが、このフラッシュの開発にも苦労しました。回路の中で高電圧を使っており、チャージしたエネルギーを一気に放出するものだったので、安全性や信頼性の確保には気を遣いました。宇宙空間でフラッシュを使うことは今までなかったので、これも新規に開発しなければなりませんでしたが、おそらくフラッシュを装備した探査機というのは、「はやぶさ」が世界で初めてではないでしょうか。

一方、ターゲットマーカーの開発で課題だったのは、いかにして反発係数を低く抑えるかということです。ターゲットマーカーを投下したらなるべく早く地面の上で止まってほしい。高度30メートルから落とすので、数回のバウンドで止めるためには、反発係数を0・1以下にするのが目標でした。反発係数が0・1なら、跳ね返る高さは1回目のバウンドで3メートル、2回目で30センチメートル、3回目には3センチメートルまで下がります。

我々が開発の参考にしたのは、子供が遊びに使うお手玉でした。さすがに小豆を宇宙に持って行くわけにはいかないので、中身はビーズ状のポリイミドですが、原理はお手玉と全く同じです。外側は薄いアルミでできているものの、最初は宇宙でも使える布で作ろうとしていたくらいでした。

アルミにしたのは、布だと打ち上げ時の振動衝撃でターゲットマーカーが潰れた状態になる恐れがあったからです。布を使った落下実験で確かめたところ、外側が潰れていると中のビーズが動かなくなってしまい、着地した際にかなり跳ね上がってしまうことが分かりました。一度潰れても、布なのでまたもとの形状に戻る可能性もありますが、どんな状態であっても確実に機能させるためには金属にした方がいいと判断して、転がり防止用のため4本のトゲも付けました（図7-11）。

もう1つ工夫したのはターゲットマーカーの放出方法です。普通に考えればバネを使うとこ

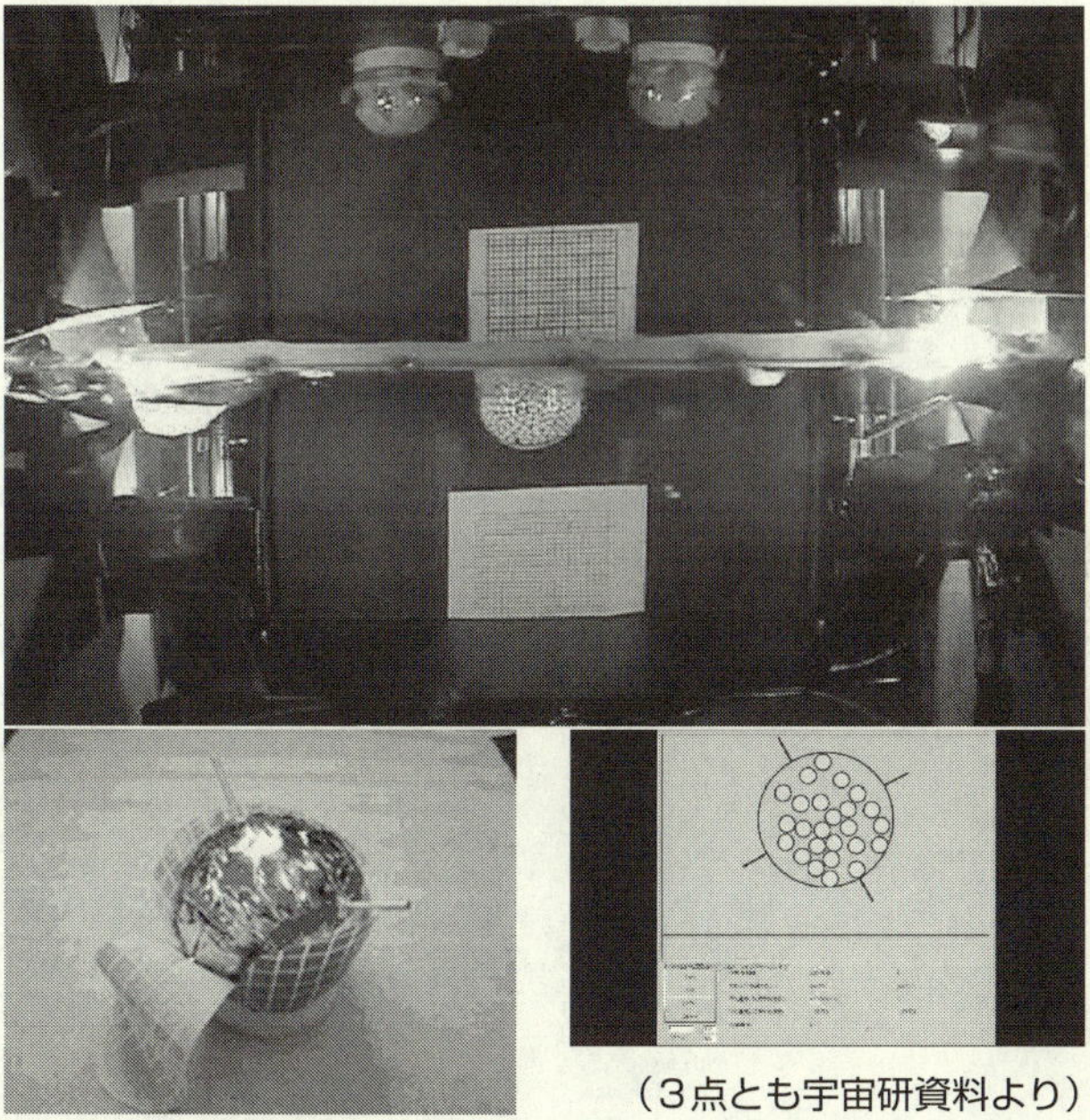

（3点とも宇宙研資料より）

図7－11　（左下）ターゲットマーカー（直径約10cm）、実験の様子（上）、シミュレーション（右下）

ろですが、うまく真っ直ぐに飛ばすのが難しい上、これだと装置のための重量も必要になってしまいます。

我々が採用した方法はもっとシンプルです。まずターゲットマーカーは探査機の底面にワイヤーで固定しておきます。これで打ち上げ時の振動衝撃は問題ありません。放出するときにはこのワイヤーを火工品（火薬を使った部品）で切断するだけ。タッチダウンの降下中、高度30メートルの少し手前でワイヤーを切っておいて、それからスラスタ

図7－12　ファンビームセンサー（FBS）。送信用（左）と受信用（右）があり、これを4セット搭載した

を噴射して降下を止めれば、自由になっていたターゲットマーカーはそのまま押し出される形で放出されます。これなら分離する装置は全く不要で、しかも確実です。

（4）ファンビームセンサー（FBS）

探査機の安全のために搭載したのがファンビームセンサー（FBS）です（図7－12）。イトカワに到着して観測を開始するまで、地表がどうなっているかは分からなかったのですが、もし大きな岩がゴツゴツしているような地形なら、タッチダウンのときに、機体がぶつかって損傷する恐れがあります。特に、「はやぶさ」は太陽電池パネルが大きくせり出しているので、ここをぶつけるとかなり危険なことになります。

FBSは太陽電池パネルを守るために、機体の側面4ヵ所に搭載されています。それぞれが扇状のレーザー光を出し、太陽電池パネルの下方を監視しています（図7－13）。もし

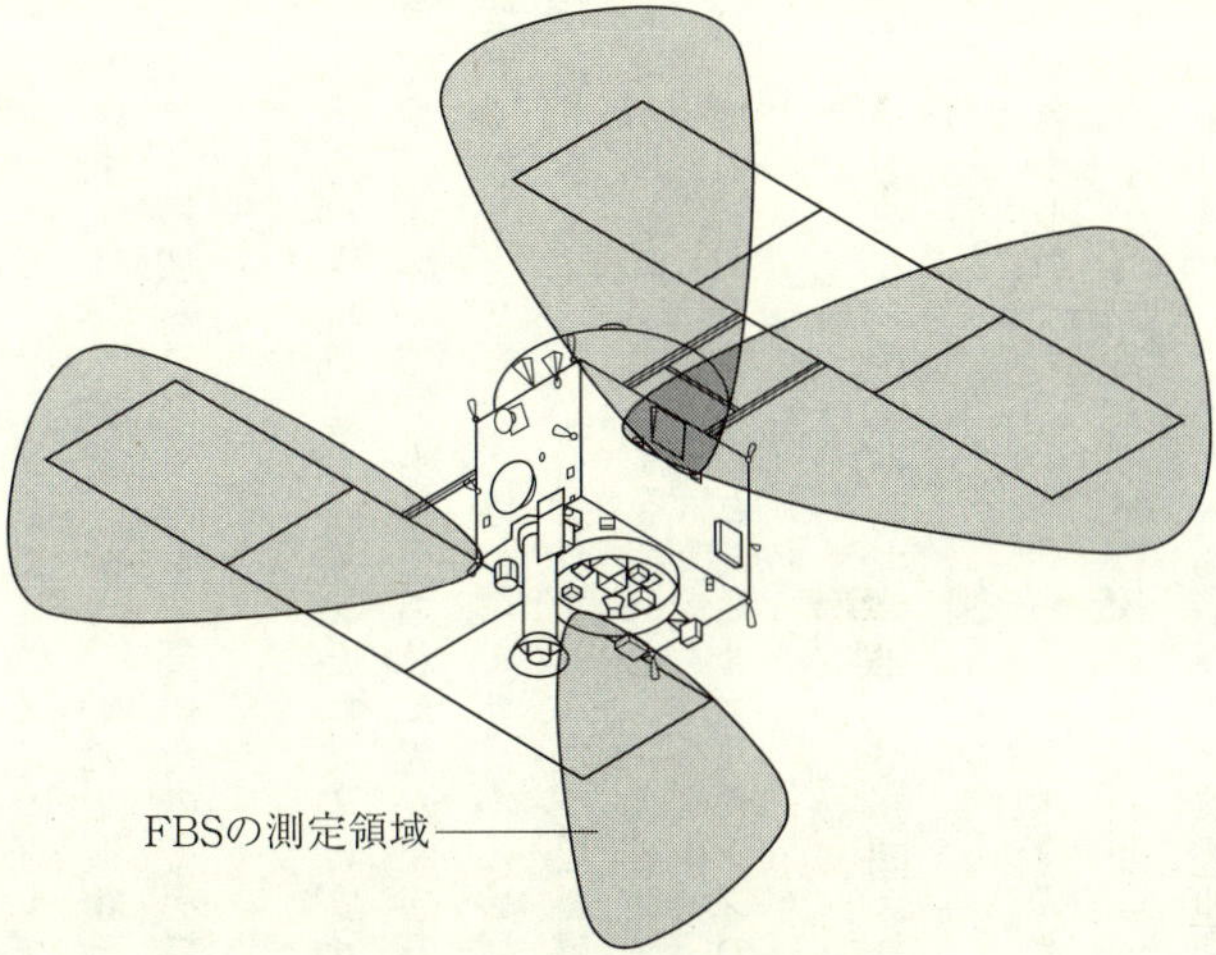

図7－13　FBSの検出エリア

反射光を検出すれば、そこに何か物体があるということなので、「はやぶさ」は降下シーケンスを中止して、離脱するようにプログラムされています。

ただし、あまり感度が良すぎると誤検出が増えて困るので、大体10センチメートル以上の岩があったら検出するように感度が調整されています。さらに1回だけだとノイズの可能性もあるので、連続して検出したときのみ、障害物と認識するようにしました。

幻と消えた写真

本番のタッチダウンでは、1回目のときに、ＦＢＳに反応があったために、降下は途中で中止されました。このとき、実際には何も障害物がなかったと思われるので、ＦＢＳ

の故障や誤動作が疑われましたが、いろいろと試験をしてきましたので、これはどうも考えにくい。打ち上げの直後、畳んでいた太陽電池パネルを展開するときに、ちょうどFBSの検出エリアを横切ることが分かっていたのでテストしていたのですが、このときは正しく動作することが確認されています。

もう1つ可能性として考えられるのは、小惑星の表面近くにダストが漂っていた、という事態です。小さい塵でも積分されて光が集まると岩に見えてしまうかもしれないのですが、実際に何を検出していたのかは謎です。あるいは、イトカワ表面に何か反射特性のいい岩があり、反射光を捉えたのかもしれませんが、見た感じではそんなものはなさそうなので、可能性としてはかなり低いでしょう。

いずれにしても、ここで降下シーケンスは中止となったので、本来であればスラスタを噴射して離脱するはずでした。しかし噴射後、探査機が安全な姿勢範囲を越えたため、上昇を中断。そのまま自由落下して、地表で数回のバウンドの後に、「はやぶさ」は30分ほどイトカワ上に不時着していました（図7－14）。

姿勢が乱れたのは、おそらくスラスタのどれかの噴射が若干遅れたためではないかと考えています。上昇するときは、探査機の底面（－z軸）にある4台のスラスタを同時に噴射する必要がありますが、どうしても各スラスタの立ち上がりには若干のバラツキが出ます。このとき、

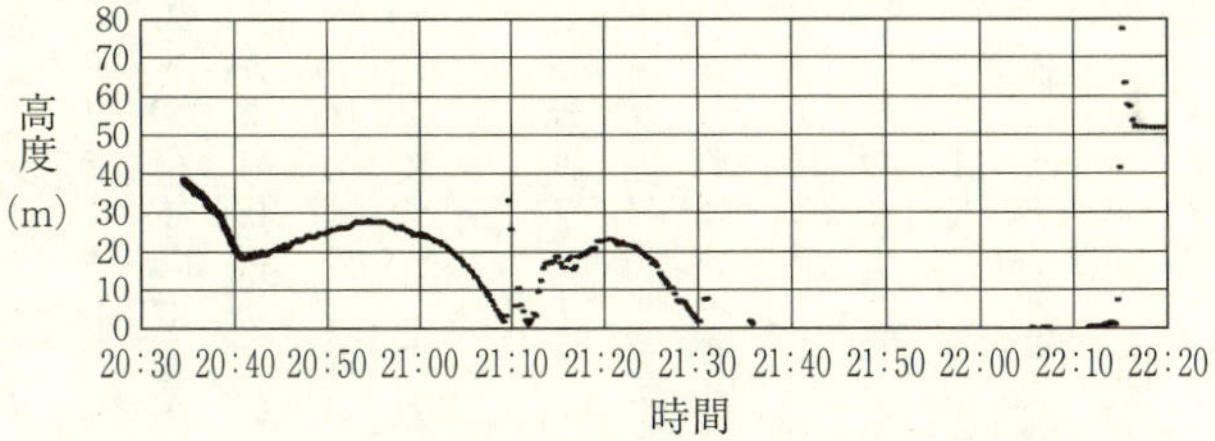

図7－14　タッチダウン1回目の「はやぶさ」の動き
（宇宙研資料より）

たまたま1台の遅れが大きく、そのために姿勢が傾いてしまった可能性があります。姿勢が崩れたまま噴射を続けると、逆にイトカワに激突する恐れもあったので、上昇を中止するよう組み込んでありました。

また2回目のタッチダウンでは、シーケンスを最後まで実行することができたのですが、離脱後にスラスタの燃料漏れが起きて、探査機からの通信が途絶えるという事故が起きました。

実はこのとき、接近中に高度15メートルという至近距離から写真を撮影していました。これは今まで最も近くからイトカワを撮影したものになり、もしかしたら1回目のタッチダウンで「はやぶさ」がバウンドした跡も写っている可能性がありましたが、燃料漏れによる姿勢喪失でバッテリが上がってしまい、この停電状態のためデータが消えてしまいました。

大変貴重なデータであり、世の中をあっと言わせるようなデータが取れたと思っていただけに、これは非常に残念でした。撮影後、カメラの電源が落ちても大丈夫なように、画像データだけは急いでデータレコーダーの方に移しておいたのですが、まさか探査機本体の電源が落ちるとは……。データレコーダーと言っても、HDDのようなものではなく、実体は揮発性のメモリなので、全体の電源が落ちてしまえばデータは消えてしまいます。

かなり接近していたので、もしかしたらピンぼけだったかもしれませんが、正直、これは見てみたかったです。実際のところ、通信が途絶する前に地球にデータを送るような時間はなかったのですが、こればかりは悔やんでも悔やみきれないところです。

〈コラム7－1〉「WCT」は成功のサイン？

2回目のタッチダウンの後、的川泰宣先生（JAXA名誉教授）が管制室の中継カメラに向かってVサインを出して、プレスルームで待機していた記者に成功が伝わりました（図7－15）。このエピソードは有名なので、知っている人も多いでしょう。

このとき、的川先生は管制卓の画面に出ていた「WCT」という文字を見て、Vサインを出していました。このWCTとは何を表しているのでしょうか。サンプルの採取に成功？　いいえ、違います。実はこれは、サンプルが採取できたかどうかには、直接的には関係がないのです。

「はやぶさ」の光学カメラの航法演算機能には、様々なモードが用意されています（3章参照）。タッチダウンの一連のプロセスの中で、このモードが何回か切り替わりますが、最後にはWCT

になるようセットされていました。WCTになっていれば、組み込んでいた命令が全て実行できたと判断できるわけです。

ただし、これは「CPUが命令を出した」だけであって、この命令を受けて「弾丸が発射された」ことの証明にはなっていません。実際、残念なことに、弾丸は発射されなかった可能性が高いことが、後になって明らかになりました（8章参照）。

結果的に間違えてしまった的川先生には大変気の毒でしたが、「このモードを見ればタッチダウンの確認ができますよ」と的川先生に教えたのは、実は私なのでした。

図7－15　思わずVサインを出した的川先生
©JAXA

さらなる高度化にも

次世代の人材を育てるためにも、基本的に「はやぶさ2」は若手に任せたいと思っていますが、アドバイスだけはしていくつもりです。私が「はやぶさ」で学んだことや経験したことは、全て伝えていかなければなりませんから。

「はやぶさ2」では、もっと高度な着陸方法にチャレンジしてほしいと思っています。今の技術では、狙ったところにピンポイントで降りるようなことはできませんが、将来的には「その石を持ってきてほしい」とか「そこをもっと良く見せてほしい」というような要求がきっと出てくるはずです。

技術的に凝った方法はいくらでもできますが、信頼性をどう確保するかが難しいところです。「はやぶさ」ではリハーサルも含め、イトカワで5回の降下を実施しており、いろんな試験ができました。地上で試験できることは限られるので、これは非常に貴重な機会でした。「はやぶさ2」でも、いろいろな新技術を盛り込んで、現地で挑戦できたらいいと思います。

8――イトカワの試料採取を成功させたサンプラー

矢野　創

宇宙航空研究開発機構・宇宙科学研究所・固体惑星科学研究系、および月・惑星探査プログラムグループ・事業推進室・研究開発室・システムズエンジニアリング室助教。慶應義塾大学大学院・特別招聘准教授。小惑星、彗星、流星、宇宙塵など、太陽系小天体に関する研究から、惑星系、地球型惑星、生命前駆物質の起源と進化の解明に取り組む。「はやぶさ」では科学チームメンバーと運用スーパーバイザーのほかに、試料採取装置（サンプラー）の開発・運用とカプセル回収隊の方探本部、科学・輸送班を担当。

「はやぶさ」の目的は、他天体から試料（サンプル）を採取して地球に持ち帰る（リターン）ための技術、すなわちサンプルリターン技術を確立することである。この「採取」の部分を担当するのが、この章で述べる「サンプラー（試料採取装置）」。「はやぶさ」がいかにしてイトカワから表面物質を採取するのか、詳しく仕組みを見ていく。

タイプ	特徴
S型（岩石質）	小惑星帯の内側に多く分布している
C型（炭素質）	中程に分布。含水鉱物や有機物も含む
D型/P型（超炭素質）	外縁に分布。C型より炭素化合物が豊富
M型（金属質）	金属が露出して明るい反射特性を持つ

表8－1　主な小惑星のタイプと特徴

求められるのは「ユーティリティープレイヤー」

小惑星サンプルリターンの難しさは、初訪問の天体でサンプルの採取までしなくてはならないことです。小惑星の数は非常に多く、そのほとんどが未探査。これまでに探査機が接近して表面の様子が分かっているものは、エロス（長さ33キロメートル）などごくわずかで、小惑星のほとんどはどんな形をしているのかまったく分かっていません。もちろんイトカワも、「はやぶさ」が近くへ行くまでは、どんな小惑星なのか、詳しいことは天体望遠鏡の観察による「点光源」としての情報しか分かっていませんでした。すでに何十機も探査機が飛んでいる月や火星とは対照的です。

一括りに小惑星と言っても、小惑星には様々なタイプがあります（表8－1）。また同じ天体へ探査機を送れる打ち上げウィンドウの間隔も、月や火星や木星に比べると格段に長くなります。初訪問地へ現地調査用の第一弾探査機を向かわせて全球データを取得してから、次にサンプル採取用の第二弾探査機を送っていては、長い年月がかかり、コストも高くなってしまいます。限られた予算の中で、様々な小惑星からサンプルリターンを実施するには、初めて行く場所であっても、一発でサンプル採取を成功させる必要があるのです。これは小惑星サンプルリターンの宿命と言えるでしょう。

実際に行ってみないと表面がどうなっているのか分からない小惑星に行って、確実にサンプルを採取しなければならない。これは実に難しい課題です。表面を覆っているのが大きな岩なのか、砂利なのか、それとも粉体なのか。小惑星表面がどんな状態であっても、サンプルを取得できる「ユーティリティープレイヤー」のような装置を用意しなければならないのです。岩ならこの装置、砂利なら別の装置といった具合に、場合分けした複数の装置を搭載できれば理想的ですが、「はやぶさ」のような小さな探査機ではそんなぜいたくは許されません。

サンプラーに割り当てられた重量はわずか10キログラム。その制限の中で、

・表面がどんな状態でもサンプルを採取できること
・サンプル採取のために着陸できるのは1秒間だけ
・サンプル採取は最大3回実施できること

といった条件を満たす装置を1種類だけ作れ、というのが我々に与えられた課題でした。

出ては消えた様々なアイデア

「はやぶさ」は、世界初の小惑星サンプルリターンに挑戦した、非常に野心的なプロジェクトです。どうやったらうまく採取できるのか、前例がなかったこともあって、我々は一から、自分たちだけで考える必要がありました。

小惑星表面が岩でも砂利でも粉体でも一定量以上のサンプルを採取するために、我々は今回、弾丸（プロジェクタイル）を発射して小惑星表面を砕き、浮き上がってきたものを集めるという方式を採用しました。

検討段階では、弾丸発射方式以外にも、様々なアイデアが出ました。前例がないだけに、とにかく知恵を集めようと、宇宙研のスタッフ、メーカーの技術者、学生など、立場を問わず、大勢の関係者から自由に意見を出してもらったところ、10〜20個くらいの提案が集まりました。

パッと思いつくのは「ロボットアームで掘る」でしょう。この場合、小惑星の重力が弱いことが問題になります。掘ろうとすると反動で探査機が浮き上がってしまうので、小惑星表面に探査機を固定するために、アンカーのようなものを打つ必要がありますが、表面がどういう状態なのか分からないのに、これがうまくやれるのか。また3回実施するには、アンカーや分離機構が3組必要となります。これでは500キログラムの探査機が成立しなくなってしまいます。

いろいろ思考実験を行ったり星取表をつけて比較していく中で、当初のアイデアがパラパラと落ちていって、最終的な有効案として3つほどに絞られました。それが、弾丸発射方式と、トリモチ方式と、ブラシ方式でした。

前述のように、結論としては弾丸発射方式に決まったのですが、理由として一番大きかったのは、固い岩盤であってもサンプルを採取できる方法だったからです。粘着材に付着させるトリモチ方式や掃除機のようにかき集めるブラシ方式では、砂利や粉体の場合には使えても、もし表面が固い岩だったら、せいぜい表面のホコリ程度しか集めることができません。

そのほか、ブラシ方式には、ホーンの先端に電気的な駆動部分が必要になるという難点がありました。もしこの部分が故障したら何もできなくなってしまいます。またトリモチ方式は採取自体はシンプルですが、使った後にトリモチを探査機内部にしまい込む機構も必要になります。しかも一枚岩ではあまり役に立たないという欠点があります。

弾丸発射方式であれば、岩なら砕けるし、砂利や粉体なら着弾時の衝撃で舞い上げられます。撃ってから1秒待てば、サンプルの方から円筒と円錐を組み合わせたホーンの内部を通って、探査機の中に入ってくるので、トリモチ方式やブラシ方式のような特別な仕組みがいりません。そこがこの方式の美しいところです。

この方式で得られる1回のサンプルの量としては、最大10グラム、最小でも0・1グラム程度と見積もられました。このことは、何度も微小無重力実験を行って確認しました。

もちろん小惑星サンプルリターンにおいて、これが唯一絶対の方法だとは思いません。ですが、今回のミッションで与えられた制約の中では、おそらくベストな方法だったでしょう。

極端な例ですが、もし再びイトカワに訪問するようなことがあれば、そのときは弾丸発射方式以外の方法を採用することも十分あり得るでしょう。我々はすでにイトカワ全球の詳細な地形情報を持っていて、安全に着陸できる平原、通称「ミューゼスの海」領域に砂利が集まっていることを知っています。あとは探査機の着陸精度さえ向上できれば、トリモチ方式やブラシ方式を最適化した方がきっと、採取できる量も容易に増やせるでしょう。つまり事前に天体表面の状況が確実に分かっているのであれば、今回とは別の判断もあり得るわけです。

各サブシステムの構成

「はやぶさ」のサンプラーは、以下の5つのサブシステムで構成されています（図8－1）。外部に露出しているサンプラーホーンだけがどうしても目立ってしまいますが、これはあくまでもサブシステムの1つです。サンプラーはこの5つの要素によって、初めて「サンプルを採取してカプセルに納める」という機能を実現しているのです。

・サンプラーホーン

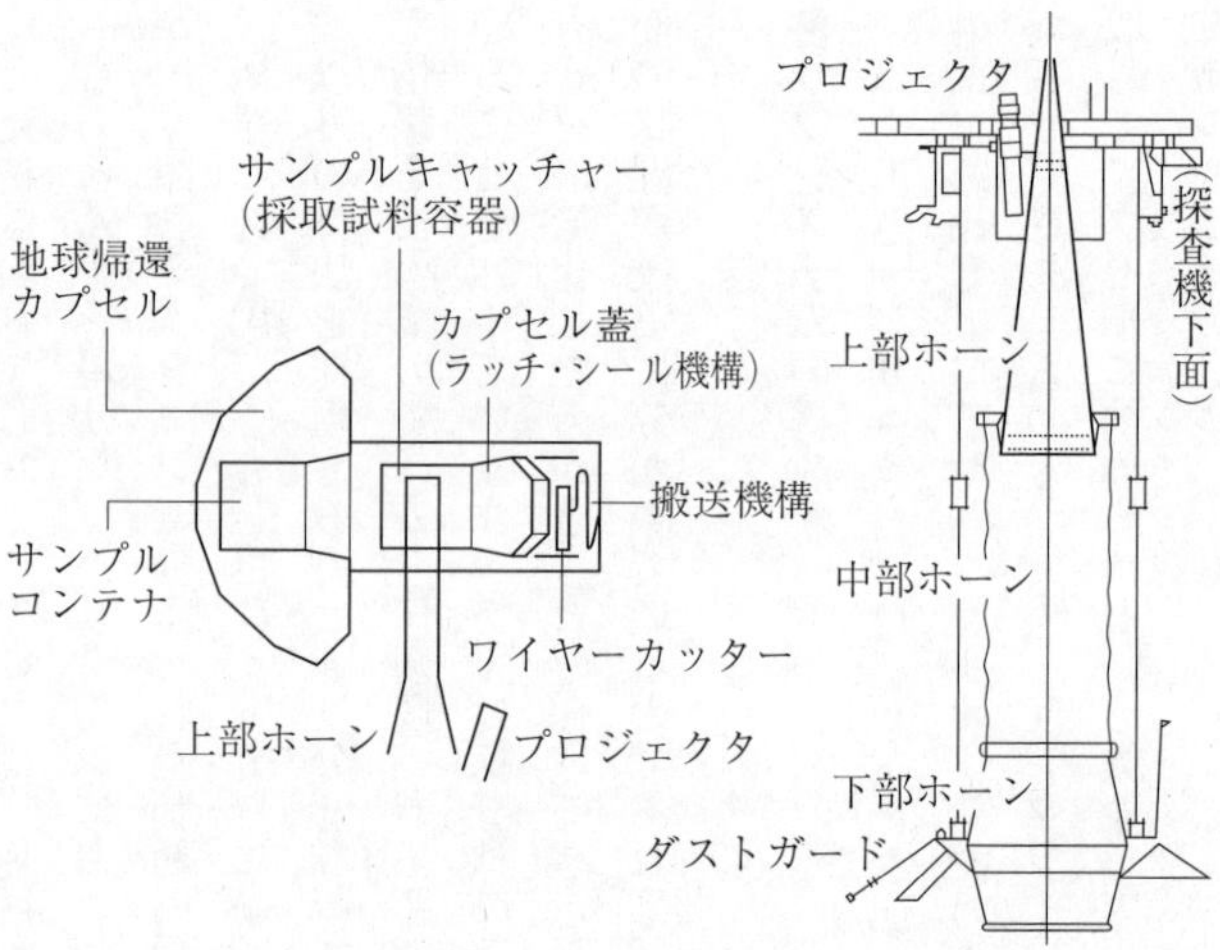

図8－1　サンプラーの全体構成

・プロジェクタ（射出装置）
・サンプルキャッチャーとカプセル蓋
・サンプルコンテナ
・搬送機構

弾丸（プロジェクタイル）を発射してサンプルを採取するということはすでに述べましたが、浮かび上がったサンプルがどのようにしてカプセルまで回収されるのか、ここで構造やメカニズムについて詳しく解説していきましょう。

（1）サンプラーホーン

サンプラーホーンは、先端の内径20センチメートル、長さ1メートル程度の円筒と円錐を組み合わせた形をした装置です。弾丸の衝突によって飛び散ったサンプルをなるべく多く回収するという役割があり、タッチダウン時に唯一接地するのがこの部分です（図8－1右）。

サンプラーホーンは探査機側から、上部ホーン、中部（布）ホーン、下部ホーンという3つのパートに分かれています。上部ホーンと下部ホーンはアルミ製ですが、布ホーンは蛇腹になっており、タッチダウンの瞬間にはここが縮んで、衝撃を吸収します（図8－2）。

図8－2　サンプラーホーン。布ホーンの部分は蛇腹になっている　©JAXA

上部ホーンは円錐状になっていて、その先に回収容器であるサンプルキャッチャーが置かれています。舞い上がったサンプルが円錐で反射しながら集まるように、この角度は設定されています。下部ホーンは円筒状になっています。弾丸が衝突した際、小惑星表面からはある範囲の角度でサンプルが飛び散ると考えられます。ほぼ垂直に直接上部ホーンに向かうものもあれば、45度の角度で飛び出して下部ホーンの内壁に衝突するものもあるはずです。採取できる量をなるべく増やしたいので、下部ホーンにぶつかったサンプルを上部ホーンに向かって跳ね返すように、この内壁の角度も調整されています。

下部ホーンの外側には、さらにスカートが付いていて、もしホーンの内壁から外へサンプルが飛散しても探査機本体に直接ぶつかることを防止しています。平らな表面へまっすぐ降下して弾丸を発射すれば、下部ホーンがぴったり接地しているのでほとんど外には飛び散らないはずですが、一定以上斜めの角度で接地したままで発射してしまうと、破片がホーンの外側に漏れ出し、その一部は探査機本体や太陽電池パネルに当たってしまう可能性があるからです。

もちろん、「はやぶさ」はタッチダウンのときにはローカルな地面に対して垂直にサンプラーホーンを突き立てるように姿勢が制御されていますが、最悪のケースを想定しておく必要があります。未知の天体表面ですから様々な条件により、サンプルの採取が十分にできない場合でも、探査機を壊すことだけは絶対に避けなくてはならないので、弾丸の着弾点から探査機を隠すように、スカートでガードされています。というわけで、このスカートの正式名称はダストガードなのです。

上部ホーンと下部ホーンの中間にあるのが布ホーン（中部ホーン）です。この部分は防弾チョッキと同じ素材でできていて、二重らせん形バネで伸ばしています。弾丸を発射して、もしそれが跳ね返ってきた場合、ここを突き破られると探査機にぶつかってしまいます。この「自打球」を防ぐために、丈夫な防弾チョッキになっているのです。跳ね返さずに衝撃を吸収するものなので、ここにぶつかるサンプルは上向きのエネルギーが消費されるため上部ホーンまで到達しにくくなりますが、探査機が壊れては元も子もないので、ここは安全を優先するしかありません。

それならば、なぜ上下のホーンと同じように金属製にしなかったのかと思うかもしれませんが、この部分が蛇腹になっているのは、ホーンが縮むようにしているためです。これは、着地の衝撃を吸収したり、不整地にならってホーンの先端をかぶせる役割のほか、打ち上げ時には折りたたんでおかないと、ロケットのフェアリングの中に探査機が収まらない、というサイズ上の事情もありました。

またサンプラーホーンの色にも意味があります。イトカワ観測のためのセンサー類はホーンと同じ底面（−Z軸）に搭載されていますが、その視野にホーンが入ってしまっては観測できる領域が狭くなってしまうので、なるべくホーンから離れた位置に設置されています。つまり直接は見えないようになっていますが、実際には迷光があり得るので、その対策として、下部ホーンの外壁はつや消しブラックに塗装されています。

（2）プロジェクタ（射出装置）

小惑星表面に弾丸（プロジェクタイル）を撃ち込むための装置がプロジェクタです。「はやぶさ」にはこれが3本搭載されており、最大3回の発射が可能となっていました。

プロジェクタは、上部ホーンの横に設置されています（図8－1参照）。上部ホーンはアルミ製ですが、プロジェクタのために穴が3つ開けられており（打ち上げ時にはアルミ箔で塞がれている）、弾丸を発射したらここからホーン内部に入る仕組みです。弾丸を発射するとアルミ箔に穴が開いてしまい、そこに飛んできたサンプルは回収できなくなりますが、割合としてはごくわずかなので全体への影響はほとんどありません。

弾丸はタンタル製で、1個の質量は5グラム。発射コマンドが発行されてプロジェクタの火薬に点火されると、これが秒速300メートルで飛び出して小惑星表面を撃ち砕きます（図8－3）。タンタル（Ta：密度16・654g／㎤）が使われたのは、密度が高くてなおかつ加工性が良かったからです。クレーターを大きくして、サンプルの放出量を増やすためには、弾丸は少しでも重い方が良いのです。

タンタルを使ったのには、地球帰還後にサンプルを分析するときに、小惑星物質と明確に区別したかったからという理由もありました。これが鉄だったりアルミの破片だったりすると人工物なのか小惑星物質に含まれる金属なのか混乱するかもしれませんが、タンタルは小惑星にはほぼ存在しませんので、確実にプロジェクタイルの物質と天然物質は区別できます。他にもより密度の大きな金（Au：密度19・32g／㎤）を使うというアイデアもありましたが、これは予算的に無理でした。

弾丸は電球のような形で（図8‐4）、サボと呼ばれる円柱状のアルミ製の部品にねじ込まれています。サボはピストンの役割があり、火薬が爆発すると勢いよく押し出されますが、プロジェクタの出口のところで止まるようになっており、そこでねじ山が切れて弾丸だけが飛んでいく仕組みです。サボは変形して銃口の隙間を塞《ふさ》ぐので、火薬の燃焼ガスが漏れて小惑星表面が汚染されるのも防ぎます。

図8－3　イトカワ表面に打ち込まれた弾丸。（上）プロジェクタから発射、（中）表面を撃ち砕く、（下）サンプルが舞い上がる（イメージ画像）
©JAXA

最終的なタッチダウンを検出するためには、探査機本体からサンプラーホーンを見下

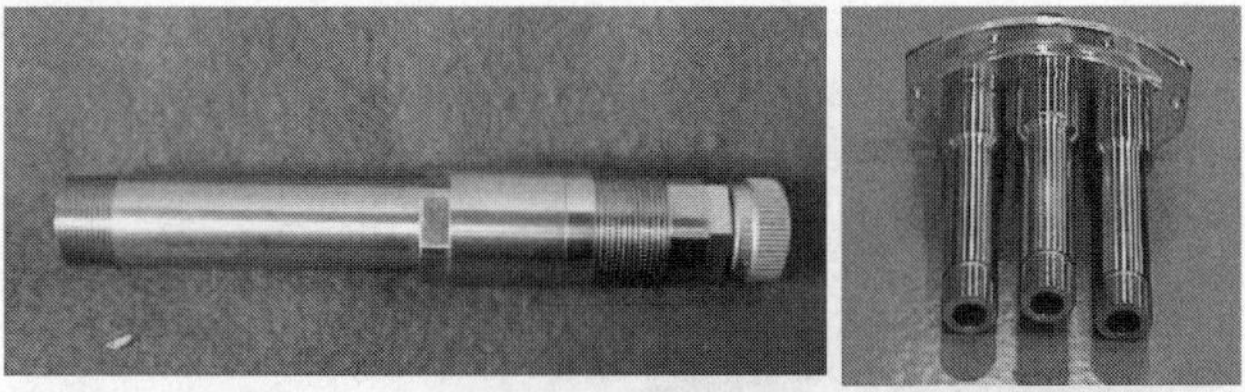
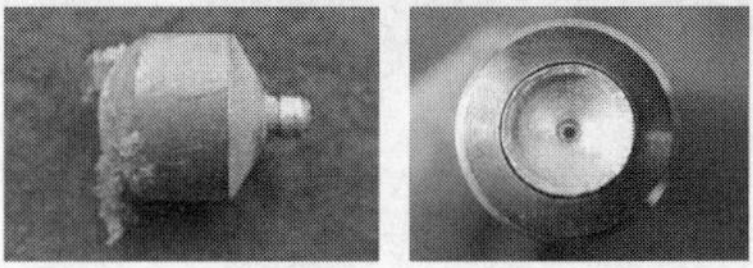

図8－4　プロジェクタと弾丸
©JAXA

ろす形で設置されたレーザーレンジファインダ（ＬＲＦ－S2）を使います。これで、ホーン先端までの距離を測っており、それが高さ方向で1センチメートル縮んだらタッチダウンしたと判断して、弾丸の発射コマンドを出すようにしています（図7－7参照）。探査機はタッチダウン時に毎秒10センチメートルで降りるので、着地0・1秒後に弾丸発射が行われます。着陸を検出するためのセンサーはＬＲＦ－S2だけですが、このバックアップとして、探査機の加速度センサーも使えるようにしていました。ただ本番ではＬＲＦ－S2が正常に機能したので、加速度センサーのデータを着地の判断には使いませんでした。

（3）サンプルキャッチャーとカプセル蓋

上部ホーンのさらに上に伸びている部分を我々は「首」と呼んでいます。弾丸によって巻き上げられたサンプルはこの内径2センチメートルの細いチューブを通って、探査機内部のキャッチャーと呼ばれる容器まで辿り着くように設計されています（図8－5）。首の出口には45度の斜面が付いた反射板をもつ「頭」があり、上昇してきたサンプルはここで反射されてキャッチャー内部に入ります。

キャッチャーは直径48ミリメートル、高さ57ミリメートルの円筒形で、内部の仕切りによってA室とB室の2つの部屋に分けられています。それぞれに別々のサンプルを格納することが可能です。円筒の中央部分には「回転ドア」（回転筒キャップ）があり、この回転ドアの向きによって、どちらの部屋にサンプルを入れるのかが決まります。

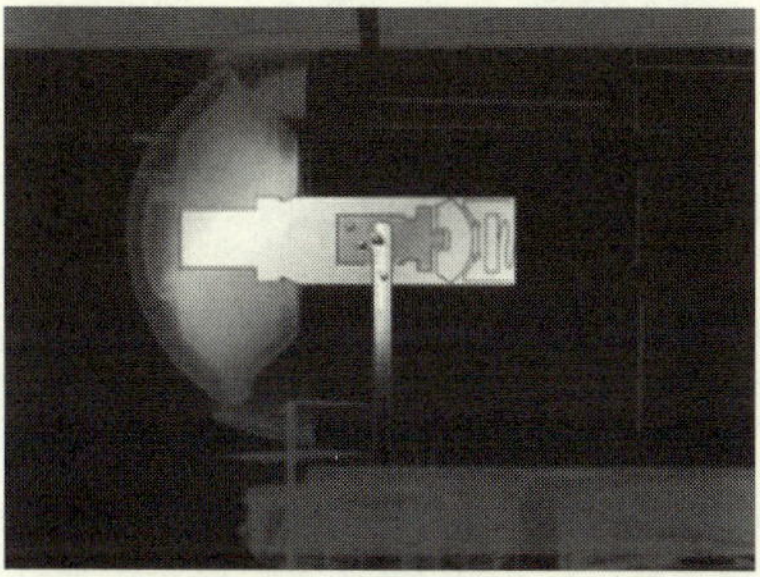

図8－5　サンプルキャッチャーへ回収されるサンプル　©JAXA

打ち上げ時にはB室側が開いており、1回目のタッチダウンでこちらを使用。回転ドアを120度回転させるとB室は閉じられて今度はA室側が開くので、その状態で2回目のタッチダウンを実施しました。その後、さらに120度回転させると、A室の入り口が塞がる仕組みです（図8－6）。この構造は、実は三色ふりかけの容器がヒントになっています。

カプセル蓋はその名称の通り、帰還カプセル内に設置さ

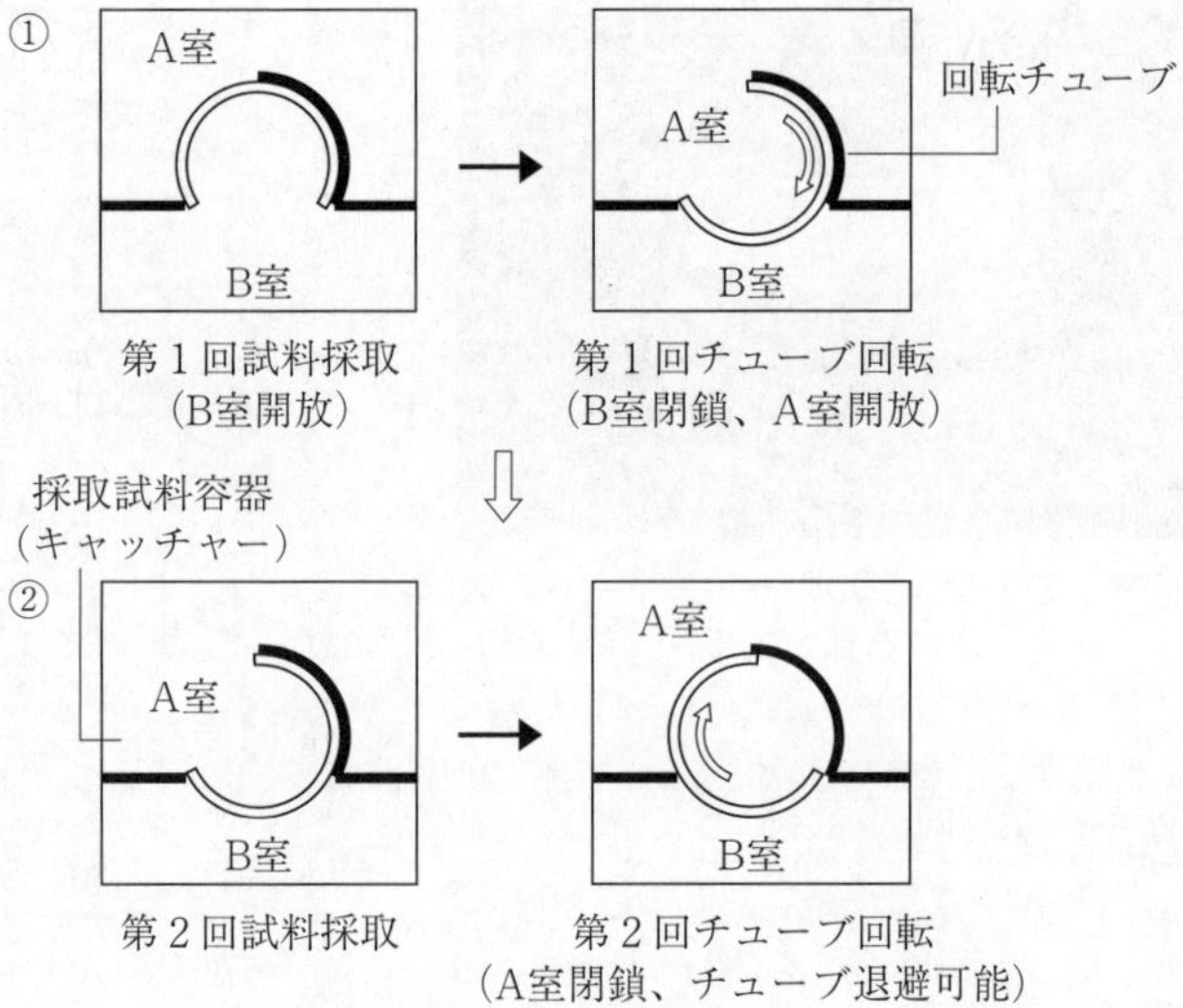

図8－6　回転ドアの仕組み
(宇宙研資料より)

れているサンプルコンテナの蓋になっている部分で、サンプルキャッチャーとは一体化しています。タッチダウンが全て終わってから、後述の搬送機構によってサンプルコンテナに挿入され、サンプルキャッチャーは真空密閉されます。

(4)サンプルコンテナ

帰還カプセル側にあって、サンプルキャッチャーを格納する容器がサンプルコンテナです。この部分は最初からカプセルの中央に組み込まれていますが、カプセル蓋と結合して機能するために、サブシステムの区分としてはカプセル側ではなく、サンプラーの一部ということになります。

サンプルコンテナとカプセル蓋が結合したとき、求められる役割は2つあります。1つは、再突入時の高熱から内部を守ること。そのため背面アブレータと呼ばれる材質が蓋の上面についていて、蓋を閉じるとカプセルと一体化される設計になっています。

もう1つはサンプルキャッチャーを密封して真空を保つこと。再突入後、地球の大気でサンプルが汚染されることを防ぐために、カプセルをクリーンルームに

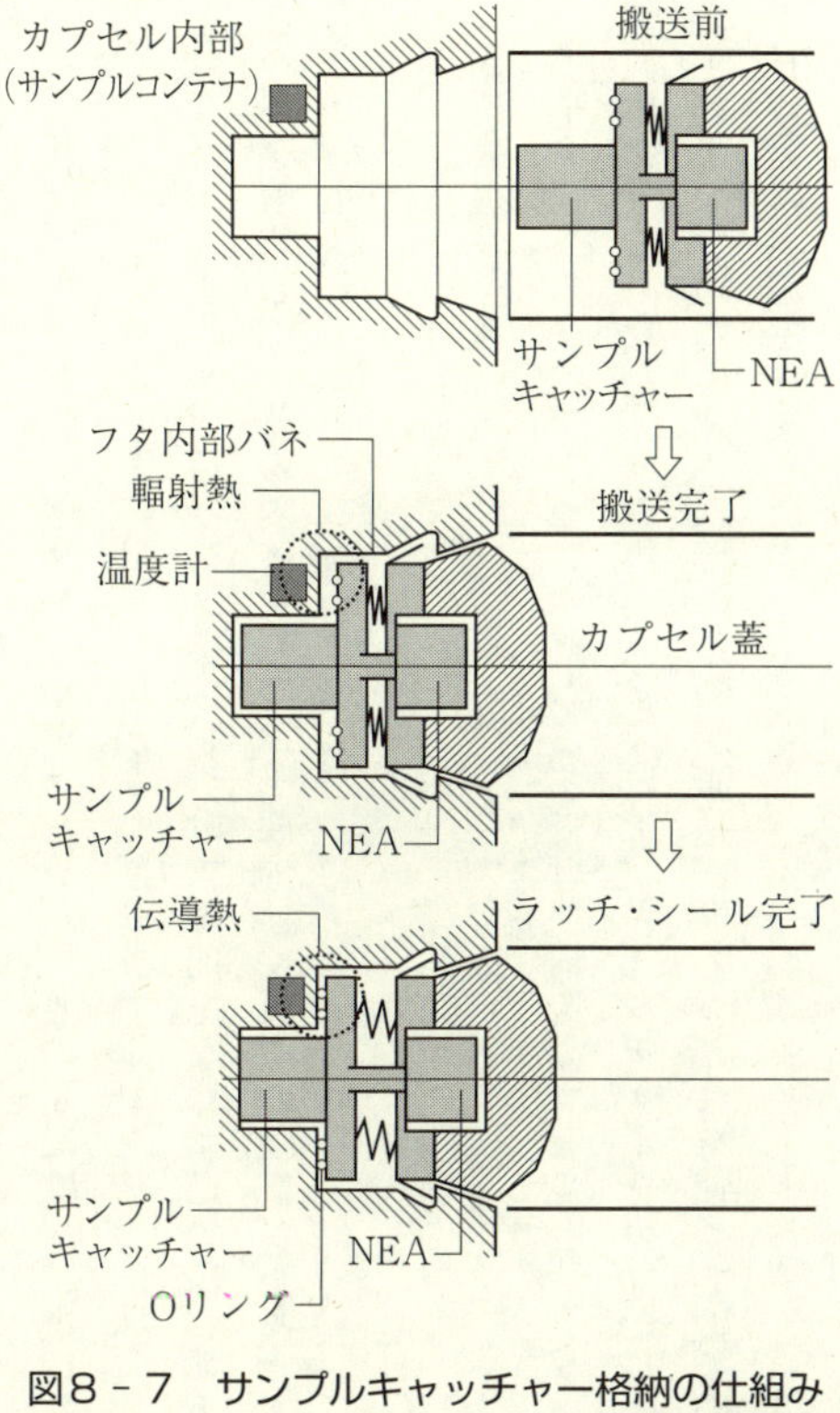

図8－7　サンプルキャッチャー格納の仕組み
（宇宙研資料より）

輸送して開封するまで、科学的に要求される水準で気密を保っておく必要があります。このために、サンプルコンテナとサンプルキャッチャーとの間には、二重Oリングが挟まっています(図8-7)。カプセル蓋にはラッチがあり、サンプルコンテナに挿入した時点で抜けないようにはなっていますが、Oリングを押しつけて隙間をなくすために、挿入後に蓋内部に仕込まれたバネを解放して、蓋の内側からラッチ部分と反対側のサンプルキャッチャーの両方に同時に圧力をかけるようになっています。

(5) 搬送機構

イトカワへのタッチダウンが終わるまでは、帰還カプセルとサンプルキャッチャーは離れた位置にありましたが、地球再突入までには、キャッチャーをカプセル内に収納する必要があります。そのために用意されているのが搬送機構で、これを使って蓋を閉める運用は2007年1月17日に実施されました。

手順は以下の通りです。最初、サンプルキャッチャーにホーンの「首」が突き刺さった状態になっていますので、まずはこれを下方向に待避。次に、形状記憶合金のバネを使ってサンプルキャッチャーと一体化したカプセル蓋を押し出し、サンプルコンテナに挿入、蓋内のバネを解放させてOリングの密閉を行ってから、蓋の押しつけ力を緩めた上で、信号ケーブルをワイヤーカッターで切断します（図8－8）。なお、この「カプセル蓋閉め運用」には、リチウムイオン電池の充電が必要だったのですが、11個中4個がすでに使えなくなっていたので、バイパス回路を使って生き残っている電池にゆっくり充電させるという「裏技」で実現させました。

搬送機構で難しかったのは、これらの動作を全て一発勝負の機械的な仕組みを直列に並べて実現していたために、もしうまくいかなくても、やり直すことができなかったことです。サンプル採取のときに紛れ込んだ砂が搬送機構の中で何か悪さをしないか心配でしたが、結果としては問題なく蓋閉めを完了することができました。

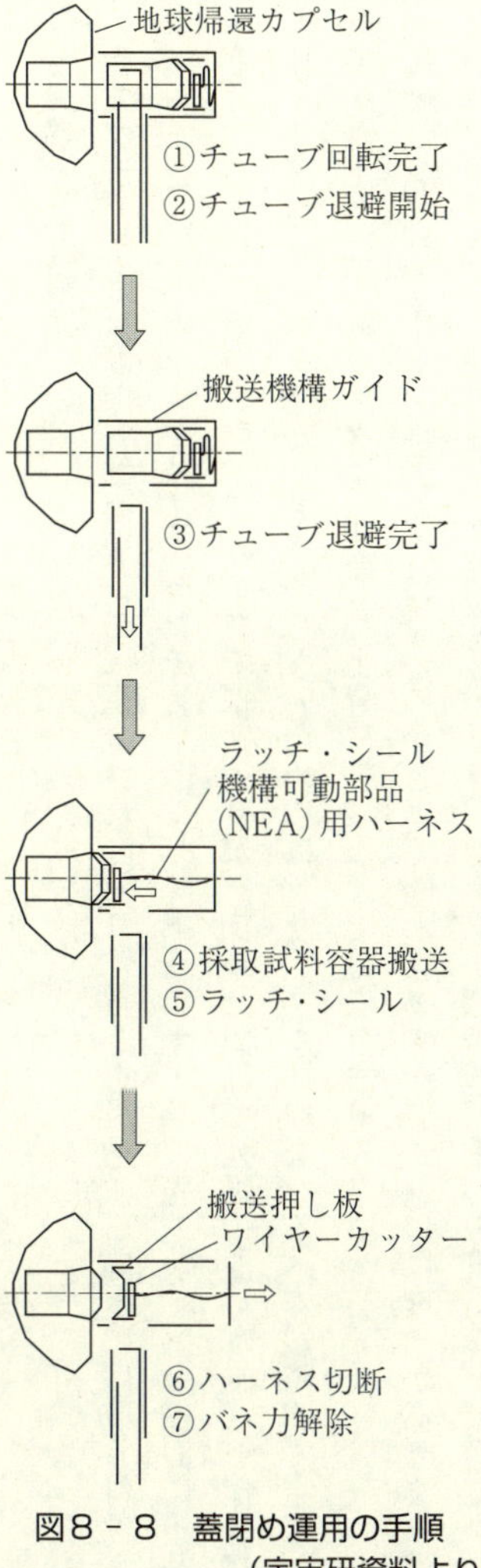

図8－8　蓋閉め運用の手順
（宇宙研資料より）

部分最適と全体最適

サンプラーホーンは探査機の端っこに搭載されており、重心を貫通する向きには取り付けられていません。そのため、秒速10センチメートルで降下してホーンの先端が小惑星表面に接触すると、バランスを崩して、そのままでは探査機がグラリと倒れて太陽電池パネルなど探査機本体を故障させかねません。そうならないためには、サンプル採取をなるべく短時間で完了させて、ただちに、スラスタを噴射して上昇に転じなくてはなりません。

なぜサンプラーホーンが真ん中にないのかとよく聞かれますが、これには理由があります。確かに、着地時の姿勢の安定を第一に考えれば、ホーンが探査機の重心を貫くのが最適です。実際、「はやぶさ」の初期構想ではそうしたオーソドックスなデザインも検討されました。しかし、そうするとキャッチャーとカプセルの位置が遠く離れてしまい、搬送機構の経路が長くなってしまいます。前述のように蓋閉めはやり直しがきかないので、リスクが大きくなります。システム全体の安全性からすれば、これは望ましいことではありません。

一方、サンプラーホーンをカプセル側に寄せておけば、搬送機構の長さは最短ですみます。着地時に姿勢は崩れやすくなるものの、1~2秒程度のタッチダウンであれば、探査機が倒れきらないうちにスラスタ噴射による上昇で十分に間に合います。化学推進は宇宙で長く使われている技術であり、すでに信頼性は確立されています。誰も試したことがない新しい技術で避けられないリスクはなるべく信頼性の高い「枯れた」技術に背負ってもらうという安全策を取ることにしました。全体を考えれば、これが一番リスクの小さい設計ということになります。「姿勢の安定」というのは、1つの要素でしかありません。このように一部分に最適な解を寄せ集めたとしても、それが探査機の運用全体にとっても最適な解になるとは限りません。探査機のような複雑なシステムを設計するときには、この「部分最適」と「全体最適」を間違えないようにすることが重要です。

これは何もサンプラーに限った話ではなくて、「はやぶさ」全体がこういった観点から設計されているのです。ある部分を最適化することで、全体の重量が増えたり、リスクが大きくなったりしてはかえって困る。本質はどこにあるのか。これは「マスト（絶対に外せない項目）」なのか「ベター（ないよりはあった方がよい項目）」なのか。ギリギリまで議論をして、1つ1つの採用不採用を決めていきました。全体最適の観点から、「はやぶさ」の設計を見直してみると興味深いと思います。

発射されなかった弾丸

「はやぶさ」は最大で3発の弾丸を発射できるのですが、イトカワでは本番までに数回のリハーサルを行っており、12月初旬の地球帰還のタイミングを考慮しても、タッチダウン本番に挑めるのは最大で2回ということになりました。最大で2回と言っても、2回目の実施が必ずしも保証されているわけではありません。1回目でうまくいけば、安全を取って2回目をやらずに帰還するかもしれません。あるいは1回目でサンプラーホーンが壊れてしまうとか、何かトラブルが起きる可能性もあります。探査機が万全の状態でなかったこともあり、1回目のチャンスを最大限に生かしたいという気持ちがありました。そこでサンプル量を最大限に取得すべく、プロジェクタを連射モードにして、弾丸を0・2秒間隔で2発撃つように設定しました。

1回目の挑戦では、自由落下で3回ほどバウンドして不時着しましたが、障害物を検出してタッチダウンを中止した時点で無駄玉を撃つことを避けるためにプロジェクタにはソフトウェア的な安全装置がかけられたため、弾丸は発射されていません。つまり、ホーンが接地しても弾丸を撃たなかったこと自体はサンプラーの仕組みが正しく作動した結果です。ただタッチダウンを中止した後も、降下を続けて接地したことは予想外でした。

2回目については、実施すべきかどうかの議論がありました。この時点ですでに姿勢制御系の故障に見舞われており、探査機は万全の状態ではありません。不時着による機器の故障はまだ顕在化していませんでしたが、何らかのダメージを負っている可能性もあります。プロジェクトチームの中では、『はやぶさ』は工学実証を目的としており、地球に戻ってカプセルを分離するまでがミッション。サンプルが本当に取れたかどうかは問題ではない。今なら帰れる、帰るべきだ」という意見が出ていました。

一方で、「『はやぶさ』は単発のミッションではない。小惑星サンプルリターンを日本のお家芸として続けていく、そういうビジョンがあって、『はやぶさ』はその技術を取得するための練習機だ。しかもここまでリハーサルを積み重ねてきて、タッチダウン運用のテクニックは最高レベルに達している。次回こそサンプル採取が成功する確率が最も高い。ここでサンプル採取に挑まないで、何のための『はやぶさ』なんだ」という意見を、私も含めて展開するメンバーもいました。両者の意見をよく聞いたうえで川口先生は、プロジェクトマネージャーとして、2回目のタッチダウンの実施を決断しました。

予定通りに地球に帰還するためには、遅くとも12月初旬にはイトカワを出発しなくてはなりません。これが最後のチャンスです。何が何でも着陸まで持っていこうと、中止シーケンスはできるだけ取り払いました。多少のリスクは覚悟の上です。

そして臨んだ2回目。タッチダウンは完璧に実行されました。LRF-S2がサンプラーホーンの縮みを検出し、弾丸の発射コマンドを発行。弾丸は発射された「はず」でした。

しかしあとの調査で、一連のコマンドの中に、安全装置をかけるコマンドが紛れ込んでいたことが明らかになりました。安全装置がかかっていれば、発射コマンドが出ても、弾丸は発射されません。本来ならプロジェクタの火薬室が通電して着火される時の信号がメモリに残っているはずでしたが、タッチダウン後に起きた燃料漏れ、通信途絶の中で探査機は電力を失い、揮発性メモリのデータは失われてしまいました。今となってはもう事実を示す証拠は残っていません。

ただ、ウーメラで回収したカプセルを日本に持ち帰ってきて、最初にエックス線CTでサンプルコンテナの中身を調べる検査に私も立ち会ったとき、1ミリメートル間隔で撮影された画像を見ていて、タッチダウン2回目の弾丸は撃たれていないと確信しました。もし撃っていれば、数ミリメートル以上の岩石のかけらか、あるいは細かい粉体が集まったある程度の厚さをもつ層にはなっているはずです。この検査はあくまでもカプセルの破損の有無を調べるものでしたが、そういった影のようなものは見えませんでした。

その後、キュレーション設備内の窒素充填チェンバーの中でサンプルキャッチャーが開封され、中から見つかった微粒子がイトカワ由来であると判明しました。これにより人類は、起源が明らかな小惑星物質を歴史上はじめて入手し、これまで世界中の研究室や博物館に蓄積された隕石や宇宙塵試料の再分類がはじまり、新しい光に照らされることでしょう。この日のために過去15年を費やしてきた一科学者としては大変喜ばしいことなのですが、顕微鏡レベルの微粒子しか入っていなかったことからも、弾丸が発射されていなかったのは確実であり、サンプラーの開発担当者としては断腸の思いです。ハードウェアをどれだけ完璧に作っても、プロジェクタのトリガーを探査機の自律プログラムが引いてくれない限り、その本来の性能は発揮されないからです。

〈コラム8－1〉 意外だった？ A室からの微粒子発見

カプセル帰還後にサンプルキャッチャーを開封したところ、2回目のタッチダウンで使われたA室からも微粒子が見つかり、これがイトカワのものであることが判明しました。「はやぶさ」は秒速10センチメートルで降下して地表に接触。この1秒後には離脱するので、1メートル上にあるA室まで粒子が届くためには、秒速1メートル以上、つまりぶつかった速度の10倍以上の速度で飛び出す必要があります。これは物理的に考えにくいため、A室にはホーン先端の衝突を原因とした微粒子は何も入っていないだろう、というのが大方の見方でした。

私は追加の無重量実験を行って、弾丸が発射されていなくても不時着していた1回目ならホーンを砂礫に突き立てたことで舞い上がった粒子がB室に入る可能性があることは確認していました。一方、2回目は短時間で離陸したために、A室に肉眼で見えるような粒子はないだろうと思っていましたが、その一方で、「顕微鏡レベルの微粒子なら可能性はある」とも見ていました。実は、小惑星の表面には月面同様に、浮遊微粒子があるかもしれないという説が、10年ほど前から出ていました。太陽光によって帯電した微粒子が浮き上がるというもので、降下中にこれを採取した可能性は否定できません。

ただし、A室とB室の間にある回転ドアには1ミリメートル程度のクリアランスがあって、この隙間を通ってB室から紛れ込んだ可能性も排除できません。確実な動作のためにはこのくらいのクリアランスが必要だったという事情もありますが、イトカワ到着以前の惑星科学の常識では、直径1キロメートルにも満たない小さな小惑星の表面状態としては、主に岩盤が想定されていて、マイクロメートルオーダーの微粒子が主体となった分厚い粉体層を主眼においた設計にはなっていませんでした。「世界初の発見」だったかもしれませんが、残念ながら今となっては断定は難しいところです。

「はやぶさ2」での改良点

「はやぶさ2」のサンプラーは、基本的には初代「はやぶさ」の仕組みを踏襲する予定です。初代サンプラーのサブシステムの稼働は、動作が許されなかったプロジェクタ発射を除けば、全て正常だったことが宇宙で実証されたからです。特に今回は打ち上げまでの開発期間が短く、重量もそれほど増やせないので、サブシステムの根幹部分はほとんどを再利用したいと考えています。

しかしその中で、採取できる量を増やす工夫は入れたいと思います。例えば、同じ5グラムの弾丸でも、形状を変えたり、回転を加えたりすることで、イトカワのミューゼスの海領域のような粉体・砂礫層であれば、採取量が1桁増える可能性があります。これなら装置の質量もほぼ変えずにできるので、今研究しているところです。

また、別の手段を追加できないかと検討しています。ミューゼスの海のような、平坦で安全な砂礫の平原が小さな小惑星表面にもあるという発見が、イトカワ探査の貴重な教訓です。そこで具体的には、第3世代の「はやぶさMk-Ⅱ」に向けて過去3年ほど開発を進めてきた、宇宙空間で使える独自の粘着材を使ったトリモチ方式を、大幅に前倒しして「はやぶさ2」に搭載できるかどうか検討してみました。もし目的天体に岩しかなくても、そのときは弾丸発射方式が使えるので問題ありません。2種類の方式を搭載して同時に使用できれば冗長にもなります。

秘話――「はやぶさ」を探せ！　救出運用の舞台裏

大島　武

ＮＥＣ　宇宙システム事業部・エキスパートエンジニア。「はやぶさ」システムマネージャーとして、探査機全体の技術とりまとめを担当。

第１部で述べられているように、「はやぶさ」の救出運用での問題点は、探査機の受信機の待ち受け周波数が実際にいくつになっているのか、正確には分からなかったことでした。この周波数に合わせないと、探査機にコマンドを送ることができません。コマンドが通らないと、「はやぶさ」は電波を出してくれませんし、電波が来なければ、「はやぶさ」の位置や状況も分かりません。まずは、この周波数を探し出すこと、全てはそれにかかっていました。

基本的に、「はやぶさ」はある決まった周波数の電波を受信するようになっていますが、発振器には温度依存性があるために、実際の受信周波数はそこから多少ずれていま す。どのくらいのずれがあるのか分からないために、臼田の地上局からコマンドを送信する前に、まず「スイープ」と呼ばれる作業を行って、探査機側と地上側の周波数を合わせるようにします。

探査機に搭載するような小型の受信機では、待ち受け周波数の幅が非常に狭く、そこから少しでもずれていると、電波が来ても気が付きません。ですが、一旦この周波数（ベストロック周波数）で電波を受信すれば、それをロックして追従する機能があるので、周波数が変わってもコマンドを受信できるようになります。スイープとは、地上から電波の周波数を変化させて、探査機にロックさせることです。

スイープした範囲にベストロック周波数があればコマンドが送信可能になりますが、ロックしたかどうかはまだ分からないので、スイープ後にとにかくコマンドを打って探査機からの反応を待ちます。通常の運用では、スイープは毎秒100ヘルツで行っていましたが、受信レベルが低いとロックが難しくなるため、このときは毎秒10ヘルツというスローペースで周波数を上げていきました。

ただし、救出運用では、もう1つ問題がありました。燃料漏れにより、「はやぶさ」はスピンしていると考えられており、その状態によっては、断続的にしか電波を受信できない恐れがあったのです。この対策として、100ヘルツ程度という狭い範囲でスイープを行ってから同じコマンドを6回繰り返して送信するようにしました。何も反応がなければ周波数が違ったということなので、次の範囲をスイープして、同じ事を行います。気が遠くなるような作業ですが、毎日可視の時間帯にはこれをひたすら繰り返していて、そのためのソフトも新たに作って管制システムには追加してありました。

ところで、毎日の運用の一番最初に、100ヘルツスイープとは別に、1回だけ広範囲スイープも行っていました。これは、連続的に受信できる向きに探査機のアンテナが来ていることを想定していたものでしたが、実は2006年1月23日に「はやぶさ」からの電波を受信できたのはこの方法のときでした。救出運用の開始当初、広範囲スイープは18キロヘルツの範囲(予測周波数のマイナス16キロヘルツからプラス2キロヘルツまで)で行っていましたが、探査機の温度がもともと想定していた範囲を逸脱している可能性があったので、12月20日からは42キロヘルツにまで捜索範囲を広げていました。

せっかく用意した複雑な手順の方ではなくて、シンプルな方法であっさりと見つかってしまったのは少し複雑な心境ですが、実際のところ、スピンの速度が想定よりも速すぎたので、最初に説明した方法でコマンドを通すのは難しかったと思います。セーフホールドモードと同じ0・1rpmくらいであれば、側面にもある中利得アンテナ(MGA)で通信が可能なはずでしたが、実際の回転速度は１ｒｐｍもあって、これではコマンドを通す時間がほとんどありません。

ちなみに、このとき「はやぶさ」で電波を受信したのは上面にあるＬＧＡでした。みそすり状の回転がｚ軸周りに収束して、アンテナの向きと地球との角度が70度にまで近づいたために、連続的に通信できるようになったのです。

9――イトカワの試料を地球に届けた再突入カプセル

山田哲哉

宇宙航空研究開発機構・宇宙科学研究所・宇宙航行システム研究系准教授。
地球再突入・惑星突入の飛行力学、空力加熱からの熱防御システムおよび熱防御材料、高エンタルピー気体力学とその診断（レーザー分光等）。
「はやぶさ」では耐熱カプセルの開発、回収に携わる。

「はやぶさ」の目的は「小惑星のサンプルを地球に持ち帰る」ことである（正確には「サンプルリターンの技術を確立する」ことなのだが、ここでは区別しない）。そのために必要になるのが、大気圏への再突入技術。カプセルを安全に、正確に落として回収しないと、せっかく持ち帰った貴重なサンプルが失われてしまう。

再突入の技術は、「はやぶさ」のようなサンプルリターンミッションだけでなく、有人往還飛行にも必須となるものである。「はやぶさ」のカプセルはとても小さなものだったが、将来への大きな期待も詰まっていた。どんな技術を実装したのか、本章で詳しく見ていきたい。

カプセルは飛行システム

ご存じの通り、我々の地球は厚さ100キロメートル程度の大気に覆われています。大気は生物にとっては大変ありがたいものなのですが、再突入にとっては、これはなかなか厄介な代物です。宇宙から飛び込んできた物体は、大気のために高熱にさらされるので、この熱に耐えることができなければ、流れ星のように燃え尽きてしまうでしょう。これでは、地球にサンプルを届けることはできません。

図9－1　この中華鍋のようなものが再突入カプセル　©JAXA

「はやぶさ」には小型の「再突入カプセル」が搭載されていました。探査機本体が再突入する必要はないので、分離したカプセルだけを地球に落として、中に入っているサンプルを回収するわけです。再突入カプセルは、高熱に耐えるというところから、耐熱カプセルと呼ばれることもあります（図9－1）。

ちなみに単なる「突入」ではなく、「再突入」と表現するのには、もともと地球大気の中から出ていったものが再び戻ってくるという意味が込められています。大気があることで、推進剤を使って逆噴射することがなくても、機体を減速することが可能になるのですが、その代わり、空気から機体が加熱される「空力加熱」に耐えなければならないという課題が発生します。

これまで、「イトカワに辿り着く」、「サンプルを採取する」、「地球まで戻ってくる」という関門を、苦労しながらも突破してきた「はやぶさ」です。地球再突入は最後の関門であり、再突入カプセルはリレーで言うとアンカー走者のようなものです。今まで全く出番はありませんでしたが、ここで万が一にも転んでしまうわけにはいきません。そういう意味でプレッシャーもありました。

中身のサンプルコンテナを燃やさずに運び、無事に回収させるまでが再突入カプセルの役割になります。耐熱に関する部分ばかりが注目されがちですが、実は、所定の高度でパラシュートを開いたり、ビーコン信号を出したりと、一連のシーケンスを正しく動作させることも重要なのです。再突入カプセルはそれ自体が単独で飛行する「システム」であり、そのための機能があの小さなカプセルには詰め込まれています。

熱はストーブ1万5000台分！

「はやぶさ」の再突入カプセルは、秒速12キロメートルという超高速で大気に突入します。これは時速にするとおよそ4万3000キロメートル。普通では想像できない速度ですが、これは地球周回軌道から再突入する「スペースシャトル」や「ソユーズ」に比べてもかなり高速です。その分、熱的には厳しくなってしまうのですが、「はやぶさ」の場合は惑星間の軌道から直接地球に落とすしかないので、突入速度に関しては我々に選択の余地はありませんでした。

再突入時によく話題になる「空力加熱」は、大気との摩擦熱で熱くなることと誤解している人も多いのですが、このとき高熱になるのは摩擦熱ではなくて、実は、断熱圧縮により機体にあたる空気が高温化するためなのです。摩擦熱もゼロではありませんが、影響として支配的なのは空力加熱です。

断熱状態で空気を圧縮すると気温は上昇します。逆に空気を膨張させると気温は下がります。これは物理法則で決まっていることです。カプセルが超高速で大気中を飛行するとき、カプセル前面の空気は横に逃げる間もなく急激に圧縮されて高温になります。秒速12キロメートルで再突入する「はやぶさ」のカプセルの場合、前面の空気の気温は1万~2万度にも達する見込みで、このときの空気は電離したプラズマ状態になっています。

我々が重視する数字に「加熱率」というものがあります。単位はMW/㎡(メガワット/平方メートル)で、単位面積あたりに受ける熱量を表しています。「はやぶさ」の場合、この加熱率は15MW/㎡、つまり1平方メートルあたり15メガワットというエネルギーが入ってくることを示しており、これは1000ワットの電気ストーブが1万5000台分という、膨大な熱量に相当します。この加熱の強さは、「スペースシャトル」の30倍、「アポロ」の10倍という値です。

スペースシャトルは翼があるので、ある程度時間をかけて、空気の薄い高高度で減速することができます。しかし「はやぶさ」のカプセルは、弾道突入で一気に落ちるしかありません。加熱率の大きさには、「降り方」による差もあるのです。

再突入カプセルは、これだけの熱に耐えなければなりません。しかも、サンプルの変質を避けるために内部を50度C以下に抑えないといけない。そのため、途中で切り離される前面ヒートシールド裏で50度C、着地後もずっとついているサンプラアブレータ直裏で80度C、という要求が我々には課せられました。今回は岩石主体のS型小惑星であったのでこのくらいで良かったのですが、サンプルの物質によってこの要求温度は変わってきます。

さらに難易度を上げているのが、厳しい重量制限。「はやぶさ」は全体でも500キログラムという超軽量の探査機なので、カプセルに割り当てられたのは当初、わずかに20キログラムしかありませんでした。軽量化を重ね、最終的にカプセル重量は16・3キログラムにまで抑えることができたのですが、たったこれだけの重量の中に、必要な機器が全て積み込まれているのです。

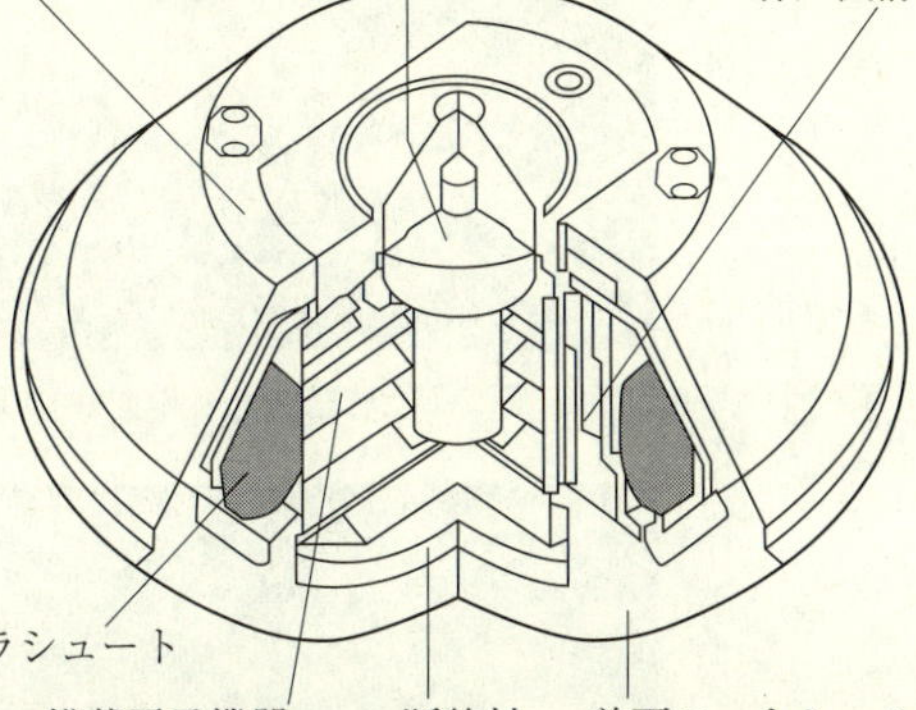

図９－２　再突入カプセルの構成
（宇宙研資料より）

日本にとって、惑星間軌道からの再突入は初めての経験でしたが、世界的に見ても、それほど例が多いわけではありません。「はやぶさ」の前には、太陽風を採取した「ジェネシス」（２００４年）、彗星のチリを集めた「スターダスト」（２００６年）の２例（いずれも米国）があるだけだったので、ＮＡＳＡも「はやぶさ」に注目し、オーストラリアでの「はやぶさ」カプセルの再突入には観測機を飛ばすほどでした。

以下に、「はやぶさ」の再突入カプセルの詳細を述べていくことにします。

再突入カプセルの構造

再突入カプセルは、「パラシュート」「インスツルメントモジュール」「ヒートシールド」といった要素から構成されています

（図9－2）。

（1）パラシュート

何もしないで落下すると地面に激突してカプセルが壊れてしまうので、降下の途中でパラシュートを開いて、降下速度を秒速7メートルにまで減速します。ただし、展開する高度が高すぎると空気が薄くてパラシュートが膨らまないし、高度が低すぎると減速が間に合わなくなります。どこで展開しても良いわけではなく、大体5～10キロメートルの高度で作動する必要があります。なお軽量化のために、素材にはポリエステルが採用されています（図9－3）。

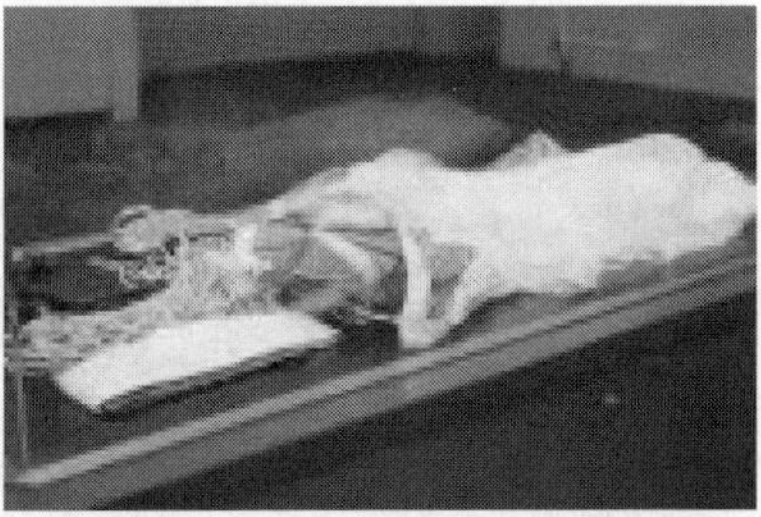

図9－3　パラシュート　©JAXA

図9－4　インスツルメントモジュール　©JAXA

（2）インスツルメントモジュール

カプセルのコア部分です。中央にサンプルコンテナが格納されており、その周囲に電子機器

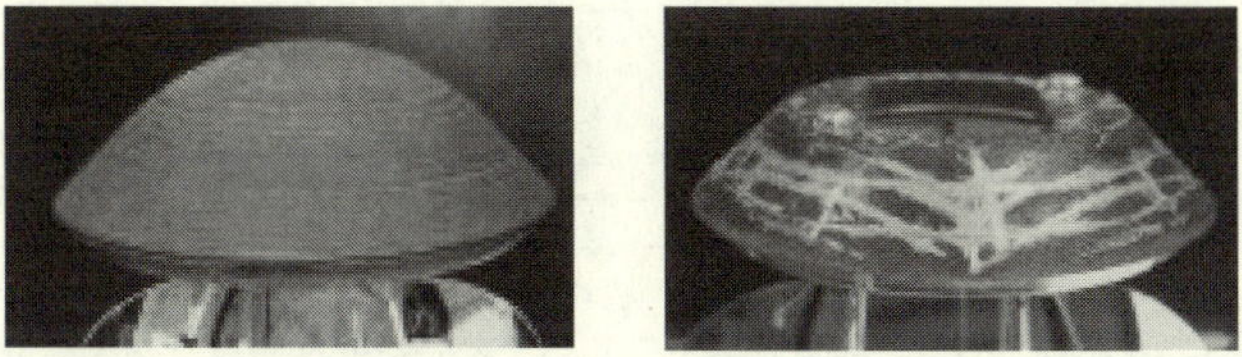

図9－5　空力加熱からインスツルメントモジュールを保護するヒートシールド。（左）前面部、（右）背面部
©JAXA

の基板を配置。パラシュートの開傘で50Gもの加速度がかかるために、基板の間は樹脂を詰めて全て補強されています（基板同士が接触して壊れてしまうと、降下地点を探すためのビーコン信号が出なくなってしまうため）。基板には、演算装置としてFPGA（プログラム可能な集積回路）が搭載されており、そのほか加速度センサーやタイマーなどの回路も用意されています（図9－4）。

（3）ヒートシールド

空力加熱からインスツルメントモジュールを保護するために、カプセルの周囲を覆っている耐熱材のカバーです（図9－5）。前面ヒートシールド（同図左）と背面ヒートシールド（同図右）の2つに分かれていて、熱くなったヒートシールドからインスツルメントモジュールに熱が伝わることを避けるために、パラシュートを開くタイミングで分離して破棄されます。背面ヒートシールドには、分離されたとき、パラシュートを引っ張り出すという役割もあります。

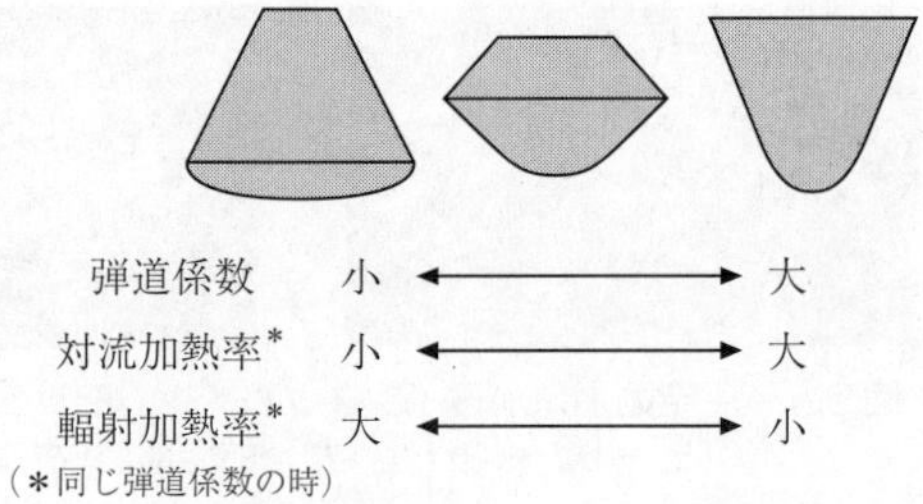

図9－6　検討段階で考えられたカプセルの形状と飛行環境の比較
（宇宙研資料より）

再突入カプセルはよく「蓋のついた中華鍋」に例えられます。なぜこのような形をしているのかというと、飛行時の安定性を確保するためなのです。

加熱率というものは固定したパラメータではなく、突入面の丸み具合によっても変化します。これは曲率半径の平方根に反比例しており、つまり、同じ形状であれば大きいカプセルの方が、同じサイズであれば平べったい（＝曲率半径が大きい）方が加熱はマイルドになります。熱的に有利になるので、初期検討ではもっと平らなカプセルも考えたのですが、この場合、突入して速度が下がってきたところで揺れが大きくなる、という問題がありました（図9－6）。

激しく揺れると、パラシュートが開かなくなる恐れがありました。開傘のための仕組みを何重にも組み込むことも考えられましたが、重量とサイズが大きくなるので実現は難しい。確実にパラシュートを開くためには、ある程度安定して飛行する必要があったので、「はやぶさ」のカプセルは現状の曲率半径20センチメートルに決まりました。これでも完全に安定というわけではありませんが、最悪でも30度以下には揺れを抑えられる計算になっています。

耐熱のための仕組み

熱的にもっとも厳しいのは前面ヒートシールド（前述の例えでは鍋の部分）です。この部分は、前述の通り空力加熱によって1万～2万度にも達した空気にさらされることになります。こんな高熱には金属では到底耐えることはできないので、ここにはCFRP（炭素繊維強化プラスチック）という素材が使われています。CFRPは、炭素ファイバーの布に樹脂を混ぜて焼成したもので、前面ヒートシールドには、これが25～36ミリメートルの厚さで使われています。さらにその内側には白い綿状の断熱材の層が10ミリメートルほどあります。特に宇宙機用に耐熱機能をもたせたCFRPを「アブレータ」と呼びます。

アブレータは、自身が「溶ける」ことで、内部へ熱が入り込むことを防いでいます。高熱に炙《あぶ》られて表面は炭化しますが、その内側には樹脂が溶け出す熱分解層が形成されます。炭化層は3000度C程度になりますが、熱分解層の温度は大体400～900度C（樹脂の種類にもよる）です。この分解反応は吸熱反応なので、溶けてガスを発生することで熱を吸収しています。お湯が沸騰している間は温度が100度C以上にならないのと原理は同じです。

またここで発生したガスは細かい孔を通って表面に吹き出し、数十マイクロメートルオーダーの薄い層を形成します。「断熱」というほどの効果はありませんが、1万～2万度Cの熱い空気が直接当たるのを防いでおり、熱の伝わりを緩やかにしています。

「溶ける」というと「大丈夫か」と思われるかもしれませんが、十分な厚さを持たせることで一定の時間を耐えることができます。アブレータは、ロケットのノズルなどでも利用されていて、実際に「はやぶさ」のヒートシールドには、M－Vロケットでの技術が活かされています。

一方、背面ヒートシールド（前述の例えでは蓋の部分）は前面ほどの加熱はないと思っていましたが、シミュレーションによる予測が難しかったために、最悪のケースとして1平方メートル当たり1・5メガワットを設定し、その加熱に耐えられるように設計しました。背面側のCFRPは11ミリメートルの厚さで、前面に比べるとかなり薄いのですが、回収した背面ヒートシールドを分析したところ、CFRPはほとんど削れておらず、加熱による分解もほとんど受けていないことが分かりました。

予想よりも加熱が弱かった理由は不明ですが、表面を覆っていたポリイミド（金色の樹脂フィルム）が溶けてアルミが残っていることから、温度としてはそれぞれの融点の間であったことは確実で、大体400～500度C程度にしかならなかったものと推定されます。ただし背面側の輻射加熱のメカニズムは複雑で、条件によってどのくらい変化するのか予測は難しいので、今回の結果をもってして「次回はもっと薄くできる」と考えるのは危険です。ここは慎重に考えるべきだと思います。

アブレータは強度と軽量性に優れており、広く利用されている素材です。炭素繊維と樹脂（一般的なフェノールが使われている）で作られていることは前に述べましたが、「はやぶさ」のカプセルでは、繊維の編み方がちょっと変わっていることがポイントです。

実は地上での試験において、熱分解層で発生したガスが表面にうまく抜けずに、炭化層を持ち上げてしまうという現象が発生したことがありました。これが本番で起きるとカプセルの形が変わってしまう危険性があったので、この現象を回避するために、前面ヒートシールドの底面付近には、格子状に切れ目を入れてあります。我々はこれを「ラティス（lattice）アブレータ」とか、（よりなじみやすく）「すだれアブレータ」と呼んでいますが、このスリットによってガスを抜けやすくしています。

帰還後、各地で開催されたカプセル展示で、「メロンパンみたい」と言われることがあるのはこの部分です。回収された前面ヒートシールドは樹脂が蒸発して繊維部分がむきだしになっていますが、よく見てみると、「中華鍋」の底付近に継ぎ目があることが分かると思います。この内側がラティスアブレータの部分です。

その周囲の斜面部分では、アブレータの繊維を斜めに積み重ねています。これによって、ガスが外側に抜けやすいようにしています（図9‐7）。

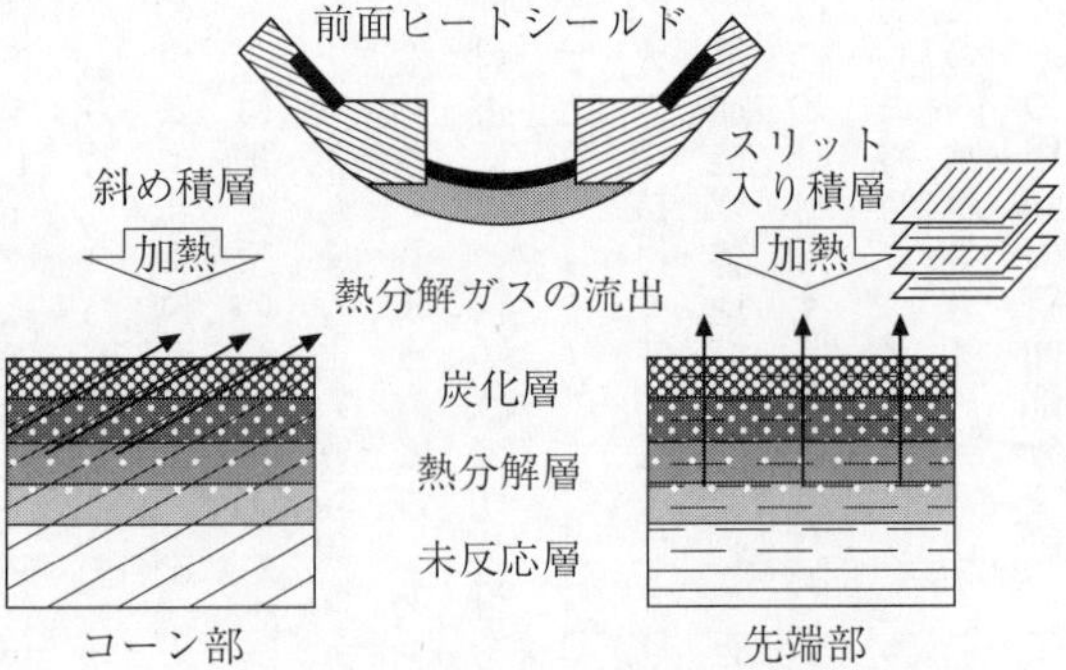

図9‐7　前面ヒートシールドの断面図。繊維はこのように積層されガスを逃がす構造になっている（宇宙研資料より）

再突入のシーケンス

探査機本体から分離されて、地上に着陸、回収されるまでが再突入カプセルの仕事です（図9‐8）。カプセルは分離されて「はいおしまい」ではなく、分離後も1つ1つ決められた手順に従って動作しているのですが、どんなことをやっていたのか、順を追って説明しましょう。

（1）カプセル分離

再突入カプセルは、地球から約7万キロメートル（月までの距離の5分の1程度）のところで、母船である「はやぶさ」本体から分離されました（図9‐8①）。これは再突入の3時間前、2010年6月13日19時51分（日本時間、以下同じ）のことです。

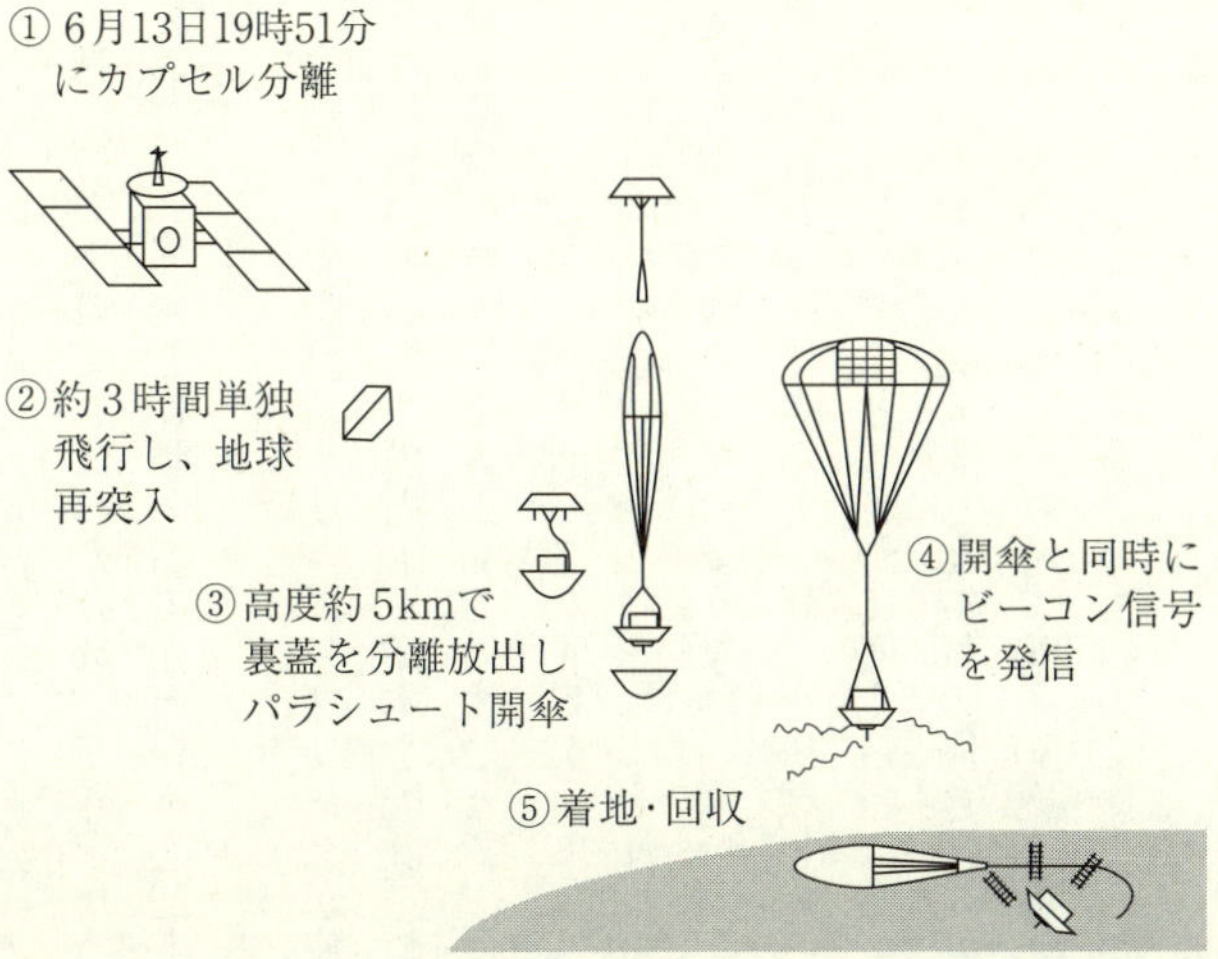
① 6月13日19時51分
にカプセル分離
②約3時間単独
飛行し、地球
再突入
③高度約5kmで
裏蓋を分離放出し
パラシュート開傘
④開傘と同時に
ビーコン信号
を発信
⑤着地・回収

図9－8　再突入から回収までのシーケンス　（宇宙研資料より）

分離に先立ち、探査機本体とカプセルとを繋ぐアンビリカルケーブルの切断が行われました。タイマーの設定時間などカプセルの各種パラメータは、最初から固定されているわけではなく、このケーブルを通して、探査機側から設定できるようになっています。当然ながら、これが繋がったままだと分離できないので、ギロチンのようなワイヤーカッターを使って切断します。

最初はコネクタを引き抜くような方法も考えたのですが、機構が複雑になる上、途中で引っかかって抜けなくなる心配がありました。ワイヤーカッターなら火工品（火薬を使った部品）が作動するだけで機能します。シンプルな方が故障も少ないので、この方法を採用しました。

ちなみに、宇宙で火工品というものは、もっとも信頼できる作動部品です。「はやぶさ」は帰還が3年遅れてしまったため、7年という長い旅になりました。メーカーの保証期間は過ぎており、ちゃんと作動するのかという心配もありましたが、結果的には全て正常に動作しました。

分離には樹脂製のヘリカルスプリングが使われています。これは茹《ゆ》でる前のスパゲティのような形状のもので、円周上に18本を配置。ねじって縮めた状態でカプセルが固定されており、探査機側のラッチを火工品で外すことで、ゆっくりと前方に押し出されます。ねじられていたので、スプリングが伸びると同時にスピンもかかる仕組みになっています。

進行方向を中心軸として回転してくれるのがベストなのですが、18本にばらつきがあったりすると、ふらつくコマのようなニューテーション運動（みそすり運動）になる可能性がありま す。これを検出できるセンサーを搭載していなかったので、実際にどうだったかは分かりませんが、もしかするとズレが10度くらいはあったかもしれません。

もっとも、再突入すると空気の働きでニューテーション運動は3～4度くらいまで収束する計算になっており、分離時に20～30度くらいあったとしても問題はありません。分離後に探査機のカメラで撮影することも狙っていましたが、これは失敗。今となっては確認する方法はありません。

分離に際して、心配だったのはカプセルの「凍死問題」です。カプセルは小型のため、熱容量が小さく、分離後にどんどん冷えてしまいます。ここで困るのは、搭載されているリチウム1次電池の電圧低下。もしマイナス20度Cを下回ると低電圧によってDCコンバータが反転して、電子機器が動かなくなる恐れもありました。そうなると、パラシュートは開かないし、ビーコンも出ません。

対策としては、分離前にヒーターで温めておくしかありません。しかし、「はやぶさ」は一度燃料漏れを起こし、姿勢を維持できなくなったことがありました。もし探査機内部にそのときの燃料が凍って残っていたら、温度を上げることで気化して、ガスがまた吹き出す恐れがあります。今の「はやぶさ」には、そうなったらもう姿勢を戻すだけの力は残っていないので、再突入どころではなくなってしまいます。

地球軌道まで戻ってきて、ただでさえ太陽の光が強くなっています。ここで今まで以上の温度にするのは危険なので、機体の温度をチェックしながら、細心の注意を払ってカプセルをなんとか6度Cまで温めました。元々の計画では20度Cにする予定で、最悪でも10度Cくらいには上げたかったのですが、これ以上やると探査機本体の温度も上がってしまうのでこれが限界でした。

分離時の温度が6度Cだと、計算上はマイナス15度Cくらいまで下がる可能性がありました。結構ヒヤヒヤものの運用でしたが、最後まできちんと動作したので、温度は大丈夫だったのでしょう。カプセルに温度センサーの値を記録する装置は搭載できなかったので、こちらも実際に何度Cまで下がったのかは分かりません。

（2）再突入・パラシュート開傘

22時51分、カプセルは高度200キロメートルで大気圏に再突入しました。地上からは、火球となって飛行しているカプセルが観測できました（図9-9）。

その5分後の22時56分には、カプセルは高度5キロメートルまで降下してきて、ここでヒートシールドを分離（図9-8③、図9-10）、パラシュートが開き、この4秒後に、ビーコンの発信を開始しています（図9-8④）。

パラシュートは高度5～10キロメートルの範囲で開かせる必要がありましたが、このタイミングの検出には、加速度センサーが使われています。カプセルは再突入した後、降下していくと空気が濃くなってきて、その抵抗を受けます。これによって減速されるので、加速度の大きさを見ていれば、ある程度は高度の推定が可能です。具体的には5Gに設定されていましたが、この検出をトリガーとして、タイマーを起動。所定秒の後に高度5キロメートルになっているはずなので、そこでヒートシールドを分離する予定でした。

図9－9　地上から撮影されたカプセルの再突入。満月のようにあたりを照らし、影ができるほどだった
（撮影／KAGAYA）

ただし、これは加速度センサーが正常に機能していることが前提となります。もし壊れていたら、タイミングが狂ってしまいます。軌道上では加速度センサーの試験は一度もしていない上（ほぼ無重力の宇宙空間では何Gもの加速度を受けることがないためテストできない）、少しおかしな出力も見られたので、正直あまり自信は持てませんでした。

センサーの出力値には温度によるドリフト（変動）があります。この特性については地上での試験でデータを取得していたので、再突入の3ヵ月前に探査機側で温度をいろいろと変えてみて、このドリフトがどう動くか調べてみたところ、地上試験と同様の傾向が得られたため、少なくとも動作していることは確認できました。が、感度がどうなのか、5Gを受けて本

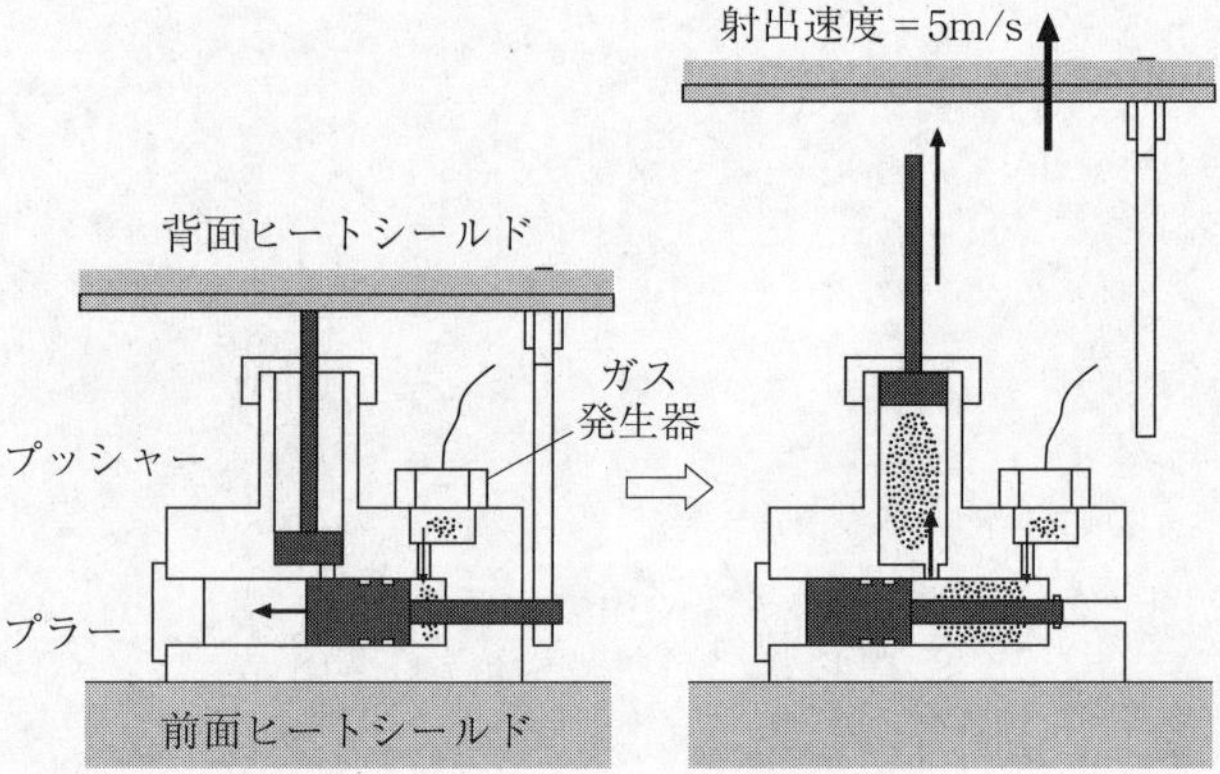

図9－10　ヒートシールドの分離方法

当に5Gの出力になるのかという点については、これだけでは分かりません。

加速度センサーを完全には信用できないため、感度が鈍くても、逆に敏感過ぎてもパラシュートが正常な範囲の高度で開くようにパラメータを選びました。正常であれば5キロメートル。誤作動でいきなりトリガーを出しても10キロメートル、どんなに鈍くても3キロメートルで開くように解析を重ね、絶妙のパラメータ値を決定しました。ビーコンの受信時刻からいつパラシュートが開いたか分かるのですが、結果としてはほぼ狙い通りの5キロメートルで開傘したようです。これからすると、加速度センサーは正常だったようです。

パラシュートを実際に展開させるのは、背面ヒートシールドの役目です。パラシュートを入れた袋の先端が背面ヒートシールドに繋がっており、ヒートシールドが分離して離れていくときに、インスツルメントモジュールからパラシュートを引き出すようになっています。

上下のヒートシールドは貝柱のような部分（2ヵ所）で繋がっていますが、分離のときには、火工品を爆発させて貝柱を切断。その直後に爆発のガス圧でピストンを押し出して、その力で背面ヒートシールドを吹き飛ばします（図9-10）。

ちなみに、ヒートシールドの気密性が高すぎると、この分離がうまくいきません。カプセルには500キログラムくらいの大気圧がかかっているので、火工品の力くらいでは押し負けてしまいます。そのため、外の空気が、再突入中に、ある程度は内部に取り込まれるようになっているのですが、通気を良くし過ぎると、内部に熱が伝わってしまって危険です。このバランスが難しいところで、いろいろ設計を工夫したり試験で確かめたりして、空気孔の直径を1・5ミリメートルにしました。背面ヒートシールドにはこれが2ヵ所開けてあって、計算上、内部はおそらく0・7気圧くらいにはなっていたはずです。

（3） 着陸

そうして着陸したのが23時08分（図9-8⑤）。場所は予想したエリアのほぼど真ん中でした（図9-11）。

図9－11　地上で発見されたカプセル
©JAXA

このとき再突入カプセルには、最後にもう1つ仕事が残っていました。パラシュートが繋がったままだと、強い風が吹いたときに引きずられて、カプセルに傷がつく恐れがありました。最悪破損するかもしれません。それを防ぐために、繋がっている部分を切り離すのです。また、降下中にせっかく正確な方向探知をしていたので、地上に降りてから移動しないようにするという意味もあります。

カプセルはどうやって地上に着いたと判断しているのか。これにはタイマーが使われています。前述の加速度センサーがトリガーを出してからの時間を指定していますが、時間が短すぎるとまだ降下中なのに作動する恐れがあるし、時間が長すぎると地上で引きずられる心配があります。実際の時間は大気密度などの状態によっても変わってくるため、そういった分散も考慮して、99パーセント以上の確率で地上に降りているだろうという値を設定しています。

23時56分、捜索ヘリがカプセル本体を発見。翌14日の14時頃には、続いてヒートシールドも見つかりました。ヒートシールドには、再突入に関する貴重なデータが刻まれており、何とし

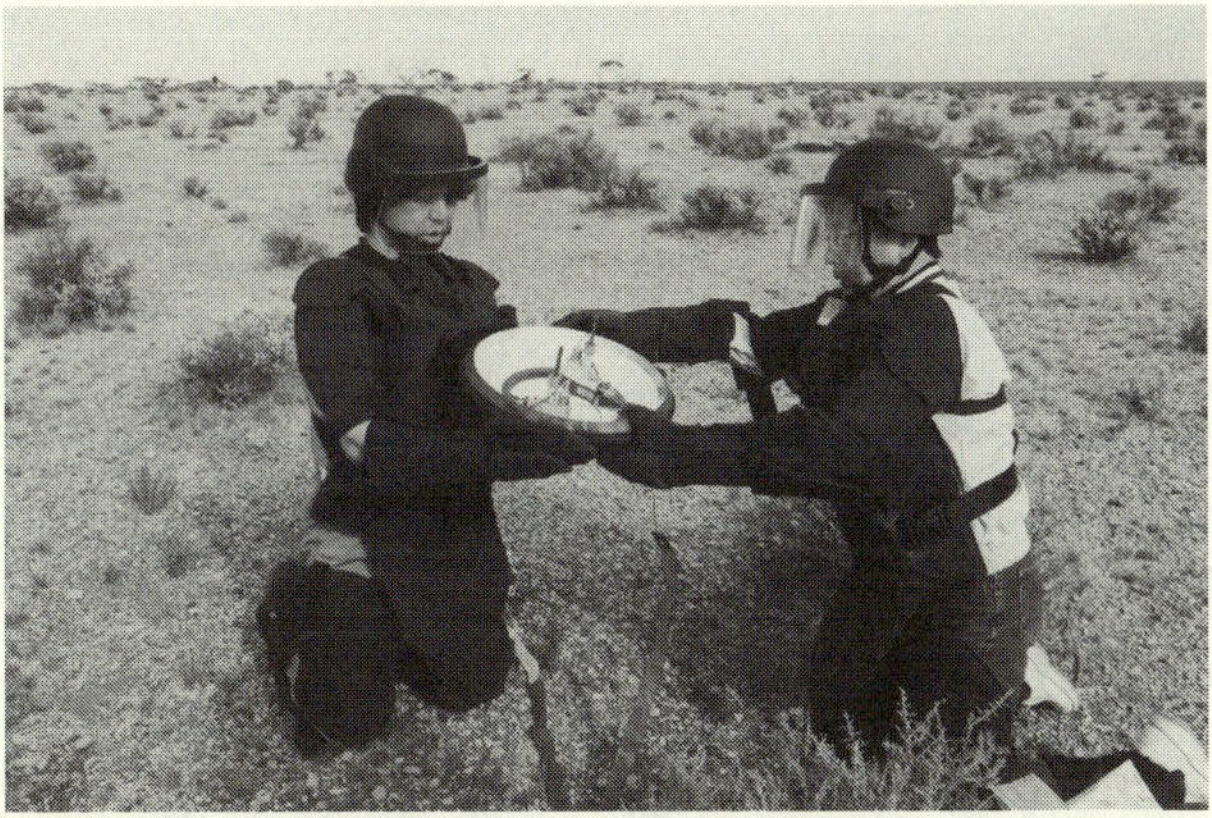

図9－12　ヒートシールドを回収した筆者（左）　©JAXA

ても回収したかったので、安堵《あんど》しました。

「完璧だった」と伝えられることが多いカプセルの再突入ですが、実は担当者としてはかなり不安でした。私は、カプセルパラメータの設定値を決定するや、再突入前日に大急ぎでオーストラリアに飛び、(かねてから回収練習等をまとめてきた経緯もあり）回収班として作業に加わったのですが、カプセルが見つかった時は本当に感無量でした（図9－12）。

「はやぶさ2」や有人にも

「はやぶさ」では無事再突入に成功しましたが、「はやぶさ」に使われた耐熱材料はまだ重すぎて、開発の担当者としては全く満足していません。

この分野ではやはり米国が抜きん出ていて、「スターダスト」では「はやぶさ」の耐熱材料の5分の

1程度の重量のものが使われていました。「ガリレオ」では、プローブ（観測機）を木星大気に突入させましたが、重力が大きいために速度は秒速47キロメートルにも達し、加熱率は「はやぶさ」以上であったはずです。「はやぶさ」クラスの超高速な再突入は、米国ですらそれほど機会が多いわけではありませんが、やはりかけている予算や人員が違いすぎるという印象はあります。

我々も現在、超軽量アブレータの開発を進めているところです。素材はまだ明らかにできませんが、これまでの5分の1程度の重量になる見込みです。残念ながら、耐熱性についてはまだ「はやぶさ」並みの性能はありませんが、現在検討が進められているHTV－R（「宇宙ステーション補給機」（HTV）に回収機能を付加したもの。現状のHTVでは国際宇宙ステーション（ISS）に物資を運ぶことしかできないが、宇宙で実験したサンプル等を地上に持ち帰ることができるようになる。2010年代半ばの打ち上げを目指して検討が進められている）や将来の有人カプセル等も視野に入れた場合、軽くて耐熱性がそこそこの材料も必要なはずです。地球周回軌道からの再突入では、「はやぶさ」ほどの加熱は受けません。「はやぶさ」の耐熱材料にはまだ不向きですが、軽い方が大型化しやすいというメリットがあり、バリエーションの1つとして考えています。

「はやぶさ2」に関しては、ヒートシールドは現状のまま行く予定です。打ち上げが近いため、改良するには時間が足りませんし、前述のように、超軽量アブレータはまだ惑星間遷移軌道からの再突入には耐えられません。

「はやぶさ2」では、「1999JU3」という小惑星を目指すことになっていますが、再突入の速度については、「はやぶさ」と同等になる見込みです。ただ、「1999JU3」は有機物があると期待されるC型小惑星であるため、高温による変質を避けるために、カプセル内の温度要求はさらに厳しくなるかもしれません。「はやぶさ」のカプセルのままでも、前面は全く問題ありませんが、背面の蓋部分からじわじわ温まる可能性はあるので、何らかの対策は必要になるでしょう。

一方、システムとしては、改良したい点はいくつかあります。今回は16・3キログラムというギリギリの飛行重量であったために余裕がなかったのですが、できればレートセンサー等は入れたいところです。これがあれば、カプセルを回収してから飛行中にどういった運動をしていたか分かるようになり、今後の開発にデータを活かすことができます。今回は搭載できなかったために、飛行中の運動については推測するしかありませんでした。

宇宙研では、「はやぶさ2」の後に、より大型化した「はやぶさマーク2」というミッションも考えられていますが、探査対象として有力なウイルソン・ハリントンという涸《こ》渇《かつ》彗星核の小惑星に行った場合には、地球への再突入速度は秒速14・2キロメートルにもなる見込みです。空力加熱の大きさは速度の3乗に比例するため、これではとても同じカプセルでは耐えられません。

ただ、前述のように加熱率は必ずしも決まったものではなく、カプセルの形や軌道などを工夫することで変えることはできるので、カプセルを大きくしたり突入角度を変えるなどして、加熱率をなんとか1平方メートル当たり20メガワット程度にまで抑えたいと考えています。

10——地球のラストショット

橋本樹明

2010年6月13日、「はやぶさ」本体はカプセルを分離してその役割を終えたが、広角カメラにはまだ最後の仕事が残っていた。7年の長旅を終えて帰還した「はやぶさ」に故郷の姿を見せてあげたいという川口先生の想いから、地球を撮影するというラストミッションが追加されていたのだ。

まさかの再登板

ラストショットは当初の計画にはなかったので、イトカワでの役目を終えた光学航法カメラ（ONC）は長らく電源が落とされ、保温もされていませんでした。何年間も低温で放置されていたため、正常に動作するという保証はなく、電源を投入したときに探査機本体に悪影響が出る恐れもあったので、起動するのはカプセルを分離して、本来の仕事が全て終わってからという取り決めになっていました。

19時51分（日本時間）、カプセルの分離に成功し、歓喜に沸く管制室の中で、私はその輪に加わることもなく、撮影の準備に取りかかりました。「はやぶさ」に残された時間はあと2時間半ほど（大気圏に再突入して燃え尽きるまでにはもう少しだけ時間があるが、その前に日本から見て「はやぶさ」が水平線の向こうに沈むので、通信ができなくなる）。急がないと間に合わなくなってしまいます。

この撮影に使えるのは広角カメラのONC－W2しかありませんでした。このとき、「はやぶさ」はカプセルがある前面（－x軸）を地球に向けて、太陽電池パネルを太陽に向けた姿勢になっていたために、ONC－T／W1がある底面（－z軸）は何もない方角を向いていました。z軸周りのリアクションホイールだけは最後まで壊れなかったので、姿勢を回転させて側面（－y

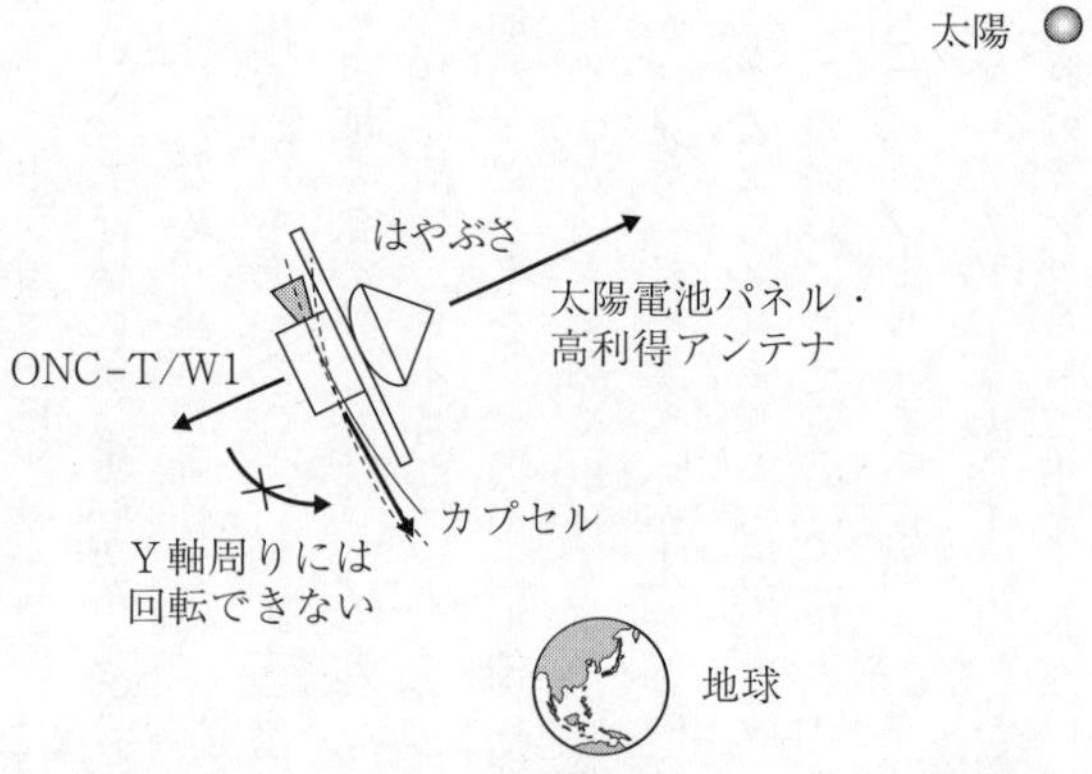

図10－1　カプセル分離時の「はやぶさ」の姿勢

軸）のONC－W2を地球に向けることは可能でしたが、底面を地球に向けるような手段はもう残されていなかったのです（図10－1）。

もし仮にそういった制御が可能だったとしても、バッテリも壊れていたので、姿勢を変えたらその瞬間に太陽電池に光が当たらなくなって、探査機全体の電源が落ちてしまいます。側面にカメラがあったからこそ、ラストショットが可能になったのです。

ウルトラCの姿勢制御

この撮影が簡単でなかった理由の1つは、カプセル分離の反動により、「はやぶさ」本体の姿勢が大きく乱れたことです。カプセルをバネで押し出した後、「はやぶさ」本体は大きなニューテーション運動（みそすり運動）を起こしており、このままでは写真を撮ってもブレてしまいます。我々はまず、この揺れを抑え込む必要がありました。

ところが、姿勢を制御しようにも、この時点で大きなトルクを出せるのは、z軸周りのリアクションホイールのみ。これはz軸周りの制御には使えますが、振動はx軸・y軸周りでも起きています。普通なら、これはもうどうしようもないところです。

しかし、ここで諦めないのが「はやぶさ」運用チームのすばらしいところです。NECの白川さんが制御する方法を考え出し、そのための支援ツールを用意してくれました。

ここで注目したのは、探査機の見かけ上のz軸と、質量分布による実際のz軸（慣性主軸）との間のわずかなずれ。リアクションホイールの回転軸は前者に合っていて、通常は慣性主軸も一致するように質量分布が調整されていますが、推進剤が消費されて減っていたり、カプセル分の重量がごっそりなくなったりして、このとき、探査機の質量バランスは少し崩れていました。慣性主軸が数度ずれていたために、リアクションホイールでz軸周りに動かそうとすると、わずかにx軸・y軸周りにもトルクが発生するのです。

普通なら、このトルクは探査機にとっては単なる擾乱《じょうらん》であり、邪魔なだけの存在ですが、このときはこれが利用できました。ニューテーション運動の位相を見て、タイミング良くリアクションホイールの回転数を変化させれば、x軸とy軸周りにトルクが働いて、振動を徐々に小さくすることができるのです。白川さんがツールの画面を見て、探査機の位相を確認、ホイール回転数の加減速の指示を出して、うまく制御してくれました。

この方法でニューテーションは抑えられましたが、1つ誤算がありました。振動を止めた時点で、予測ではカメラの向きが地球から90度ずれた姿勢になっているはずだったのですが、実際にはほぼ反対向き、180度もずれていることが分かったのです。姿勢を反転するには40分もかかってしまう。残り時間があと1時間に迫ったときのことです。これでは撮影に回せる時間がほとんどありません。

半ば諦めつつ、それでも撮影の準備だけはしていたところ、21時42分ごろ、思いのほか早く、「カメラの視野に地球が入った」との連絡を受けました。これには驚きました。普通の姿勢変更コマンドでは間に合わないので、白川さんがマニュアルでリアクションホイールの回転数を大きく変えて、急いで回転させていたのです。本来のミッションは全て終わっており、万が一壊れても構わない状況であったからこそできた運用です。

実は8枚あったラストショット

一方、私が担当していた撮影作業も難航していました。

ラストショットというと、あの最後の1枚がとても有名になったのですが、実はその前から撮影していた画像が何枚かありました。とりあえずカメラの状態だけでも確認したかったので、姿勢が安定する前からテスト撮影を開始していたのです（図10－2）。

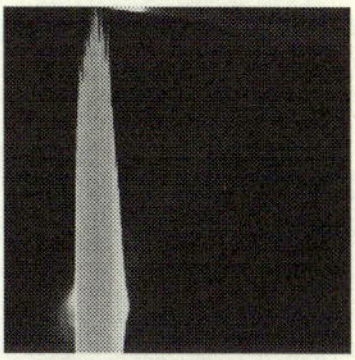

①おそらく写っているのは地球（20:22）

②地球は写っていない（20:28）

③太陽光が反射し迷光が写る（20:37）

④地球は写っていない（20:55）

⑤迷光が大きい（21:03）

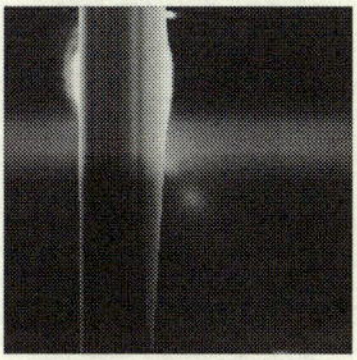

⑥おそらく写っているのは地球（21:47）

⑦何も写っていない（21:56）

図10－2　一連のラストショット

5枚目まではまだ揺れている最中でした（①〜⑤）。スタートラッカが使えず、地球がどこにあるのか分からない状態だったので、失敗はもともと想定内。もし運良く視野に入っていたとしても、カメラが揺れているのでブレた画像になることは確実です。

しかし6枚目になっても、依然として成功への手がかりは得られません（⑥）。カメラは確かに地球を向いているはずなのに、地球が写っていない。なんだかよく分からない、上下にブレたような写真になってしまいました。続いて撮影した7枚目は、同じ姿勢で撮影したはずなのに、今度はなぜか、何も写っていません（⑦）。

「はやぶさ」の光学航法カメラには、いくつかの撮影モードが用意されています。航法で使うためのモードが航法ダンプモードなのですが、実は先ほどの7枚目までは、全てこのモードで撮影を行いました。このモードにしたのは、運用の手順がとにかく簡単だったからです。画像サイズは512×512ピクセルに圧縮されてしまいますが、その分ダウンロードは早く終わります。このとき、地球との通信には低利得アンテナが使われていましたが、地球のすぐそばまで来ていたので、通信速度は毎秒8キロビットくらい出せるようになっていました（実際には振動もあったので4キロビットに制限）。しかし、送信のビットレートが1キロビットに固定されるという、アンテナとは無関係な制約が航法ダンプモードにはあって、本来の通信速度は出ていませんでしたが、それでも1枚あたり5分くらいでダウンロードできました。

7枚目になぜ何も写っていないのか、理由がよく分からずに困惑しましたが、消感（通信が途絶えること）の時間は刻々と迫っています。悩んでいる時間もなかったので、ここで最後の勝負に出ました。カメラのモードを、科学観測用のモードに切り替えることにしたのです。撮影手順は少し複雑になってしまいますが、これならフルサイズでの画像を得ることができます。7枚目までの経験で、スミア（明るい光源を撮影したときに筋が出る現象）補正がうまくいっていないようだったので、8枚目ではこの機能もオフにしました。

7枚目に何も写っていない理由はいまだにわかりませんが、今となっては原因を調べるすべはありません。ONCは、保存温度条件以下に冷えた時期もあったと思われるので、回路の一部に損傷があったのかもしれません。

ラストショット秘話

科学観測用のモードには、サイエンス割り込み撮像モードとサイエンスモードの2種類があります。前者はイトカワ近傍の運用で使ったモードです。航法演算をしつつ、時々割り込んで科学観測するためのモードで、ホームポジション保持やタッチダウン運用のときもこのモードが使われました。一方後者のモードでは航法演算は行わず、純粋に撮影するだけとなります。

ラストショットでは、もちろん写真を撮りたいだけなので航法演算は必要なかったのですが、実はサイエンス割り込み撮像モードの方を使っています。これは、軌道上での実績が豊富だったために、安心できたからです。サイエンスモードの方は、ほとんど使ったことがありませんでした。もうやり直す時間はないため、最後には確実さを重視して判断しました。

当初、フルサイズ画像でも10分ほどでダウンロードできると思っており、もう1枚くらいはいけるつもりだったのですが、実際に8枚目を撮影してみたら予想よりも時間がかかりそうで、もう1枚どころか、この1枚の取得も終わらないことになってしまいました。地球は画像の上の方に写っており、それでも問題はなかったのですが、ラストショットの下方4分の1が欠けているのは、途中で通信が切れてしまったからです（図10‐3）。

ダウンロードに時間がかかったのは、思ったよりも明るい部分が多い画像だったので、圧縮率が低くなっていたためです。圧縮方式はＪＰＥＧで、画像によってファイルサイズは変わってくるのですが、画質のパラメータを最高に設定（Ｑ＝１００）していたこともあって、サイズが意外と大きくなってしまいました。通信速度が毎秒に4キロビットのままで、8キロビットに上げられなかったのも影響しています。

ラストショットを撮った直後、もう1枚いけると考え、画像のダウンロード中に9枚目も撮影していました。これが〝真のラストショット〟だったのですが、ダウンロードを開始する前に消感時間になり、幻の1枚になってしまいました。カメラのメモリ内にデータが入っており、そこ

図10－3　ラストショット（22:02:27）　©JAXA

には地球も写っていたはずです。

ところでラストショットでは、サイエンス割り込み撮像モードにしていたので、必要なくても何らかの航法演算を行う必要がありました。処理結果を何かに使うわけではないため、これは本当に何でも良かったのですが、こだわりを持ってあえてWCTモード（イトカワの中心方向を計算するモード）に入れていました。

そのため演算結果は、画像上の座標で地球の位置を示していました。「はやぶさ」は画像を見て、地球の位置もしっかりと理解していたのです。

秘話——もう1つのラストショット。ミネルバが撮った「はやぶさ」　吉光徹雄

宇宙航空研究開発機構・宇宙科学研究所・宇宙情報・エネルギー工学研究系准教授。専門はロボティクス。現在は、次世代の小天体探査ロボットや月探査ロボット、超小型衛星などについて研究を進めている。「はやぶさ」搭載の超小型ロボット「ミネルバ」の開発を担当。

「はやぶさ」に搭載されていた「ミネルバ」は、小惑星表面を移動探査するために作られた世界初のローバです。「はやぶさ」同様、工学実証を目的としたものでしたが、イトカワ表面に降りて至近距離から観測することで、科学的な成果を上げることも狙っていました。ミネルバは、直径12センチメートル、高さ10センチメートルの正16角柱です（図1）。側面には2×2センチの太陽電池セルが貼られ、どんな方角を向いていても2ワット程度発電できるようになっています。

開発当初、「1キログラム以下の重量で作れ」というのが要求だったため、本体はたっ

たの５９１グラム、「はやぶさ」側に取り付ける土台やカバーなどを含めても１・５キログラムくらいです。この中には、電源・通信・データ処理など、通常の探査機に必要な機能のほとんどが詰め込まれています。

ところでミネルバの外観をいくら眺めても、移動のための車輪などが見当たりません。実は内部にＤＣモーターが入っていて、これが回転すると角運動量保存の法則により、本体にはそれとは逆方向に回転するような力が働きます。イトカワ表面の重力は非常に小さいので、小さな力でも小惑星表面から跳び上がることができて、ミネルバは小惑星の表面をピョンピョンとジャンプしながら、移動していくのです。

当初、「はやぶさ」への搭載が予定されていたＮＡＳＡのナノローバ「ＳＳＶ（Small Scientific Vehicle)」は、４輪駆動の車輪型でしたが、「同じものを作っても面白くない」ということで、移動の手段には最初からホッピング方式を考えていました。車輪型よりも移動が速く（ＳＳＶは秒速１・５ミリメートル）、外部に可動部がないので防塵対策が不要、といったメリットもありました。

図１　ミネルバ
©JAXA

ミネルバには、観測機器としてカメラと温度計が搭載されていました。カメラは前方に２つ、後方に１つで、前方のカメラは小惑星表面で近くの地形をステレオ視し、後方のカメラはホッピング中に上空から小惑星表面を撮影する予定でした。ミネルバは「はやぶさ」が上昇中に分離されたため、イトカワ表面に降りることはできませんでしたが、1枚だけ画像を送ってきました。それには、「はやぶさ」の太陽電池パドルの一部が写っていました（図2）。

この画像の大きさは160×80ピクセルで、本来なら160×120ピクセルのはずが、下側の3分の1が送信されていません。これは、途中で通信が切れたわけではなく、ミネルバ自身が判断して送信してこなかったのです。

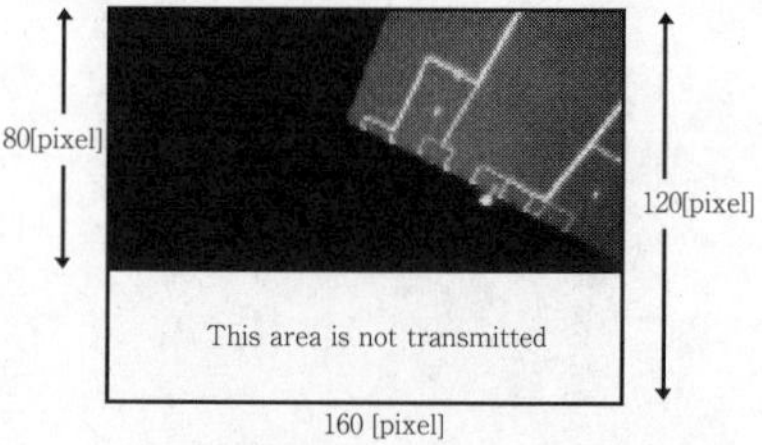

図2　ミネルバが撮影した「はやぶさ」の太陽電池パドル。下の3分の1は送信されなかった　©JAXA

ミネルバは完全自律で動作するロボットです。自律性は「はやぶさ」以上とも言えますが、その1つが自律画像判断機能です。何も写っていない場合や、黒い部分などは意味がないため、画像保存せずに破棄するようになっていました。ミネルバは姿勢制御ができないので、ホッピング中には、50パーセントの確率で何もない宇宙空間を撮影してしまいます。データの送信効率を上げるために実装した機能ですが、分離後に1枚だけしかデータを送ってこなかったということが、逆にこの自律機能がうまく働いたことを示しています。

あとがき

この本は、これまでに出版された「はやぶさ」に関する本と違って、それぞれの分野を担当した方々が直接に綴った探査機「はやぶさ」の技術の真髄の集大成です。できごとを単に追うだけではなく、それらの個々の技術要素が、どのような発想で作られたのか、また設計されたのかが、他書に類をみない精度、充実度で記述されています。プロジェクトで元々想定して対処していた故障は、実は、リアクションホイール1台の故障だけでした。その後の、いろいろな思いがけない故障、不具合に対しては、その都度、プロジェクトチームメンバーが、創意工夫を重ね、切り抜けてきたわけです。通信が途絶したときには、想定に想定を重ね、「はやぶさ」に指令を送り、復旧させることができました。また、イオンエンジンが寿命を迎えたときにも、理論的には可能だったバイパス手段を試行錯誤のうえに、実現できました。それらは、言わば、「運」をひろったと言えます。

しかし、運をひろえたことは、我々プロジェクトチームの能力の高さを物語るものです。私は、このチームを心から誇りに思っています。運はどこにでもころがっているものです。ころがってくるものです。これは、ノーベル賞を受賞した著名な先生方もときどきおっしゃることです。しかし、運をひろうことは、凡庸な努力や能力ではできません。運も実力と言われる所以です。

この「はやぶさ」プロジェクトチームの力があってこそ、絶体絶命のときにも自信をもって決断できたと言えるわけですし、本書に書き綴られた、技術の裏づけ、技術者・研究者たちの思いもよらぬ発想力が、「はやぶさ」を帰還させることができた大きな原動力となりました。

多くの若い方々が、本書を読み、宇宙開発のみならず、科学技術の楽しさ、すばらしさを実感して、明日の日本、世界を支えるような人材に育ってほしいと心から願っています。

平成23年3月

「はやぶさ」プロジェクトマネージャー　川口淳一郎

監修者略歴

川口淳一郎（かわぐち・じゅんいちろう）
１９５５年生まれ。１９７８年、京都大学工学部機械工学科卒業、１９８３年東京大学大学院工学系研究科航空学専攻博士課程修了。工学博士。同年、文部省宇宙科学研究所システム研究系助手、２０００年に同研究所教授。２００３年宇宙航空研究開発機構宇宙科学研究本部に改組。２００６年宇宙航空研究開発機構宇宙科学研究所宇宙航行システム研究系教授。同研究主幹。２００７年月・惑星探査プログラムグループのプログラムディレクタを併任。

執筆者略歴（五十音順）

安部正真（あべ・まさなお）
１９６７年生まれ。１９９０年東京大学理学部卒業、同大学大学院修士課程修了、博士課程中退。博士（理学）。１９９４年より文部省宇宙科学研究所助手、２００８年より宇宙航空研究開発機構宇宙科学研究所准教授。月・惑星探査プログラムグループ研究開発室、同システムズ・エンジニアリング室併任。総合研究大学院大学准教授併任。

大島　武（おおしま・たけし）
１９６６年生まれ。１９８８年東京大学工学部電子工学科卒業、１９９０年同大学大学院修士課程修了。同年ＮＥＣ入社。宇宙開発事業部配属。衛星搭載デジタル機器開発を経て、１９９６年より、小惑星探査機「はやぶさ」システムマネージャー。２００３年より、金星探査機「あかつき」システムマネージャー。２００７年より、金星探査機「あかつき」ＮＥＣ側プロジェクトマネージャー。現在、ＮＥＣ宇宙システム事業部エキスパートエンジニア。

國中　均（くになか・ひとし）
１９６０年生まれ。１９８３年京都大学卒業。１９８８年東京大学大学院博士課程修了。同年文部省宇宙科学研究所助手。２００５年より宇宙航空研究開発機構宇宙科学研究所教授。東京大学大学院教授併任。

久保田　孝（くぼた・たかし）
1960年生まれ。1986年東京大学工学部卒業、同大学大学院博士課程修了。工学博士。富士通研究所研究員を経て、文部省宇宙科学研究所助手、助教授。2008年より宇宙航空研究開発機構宇宙科学研究所教授。月・惑星探査プログラムグループ特有バス機器グループ長、東京大学大学院工学系研究科教授併任。1997年～1998年NASAジェット推進研究所客員科学者。

小湊　隆（こみなと・たかし）
1973年生まれ。1997年電気通信大学卒業、1999年電気通信大学大学院博士前期課程修了。同年NEC航空宇宙システム入社。以降「はやぶさ」の軌道計画の開発および軌道運用に従事。2007年NEC宇宙システム事業部に出向。現在同事業部主任。

白川健一（しらかわ・けんいち）
1964年生まれ。1988年東京理科大学理学部卒業。同年NEC航空宇宙システム入社、人工衛星の軌道・姿勢制御の開発に従事。現在同社航空宇宙システムエキスパートエンジニア。

萩野慎二（はぎの・しんじ）
1959年生まれ。1983年東京大学工学部卒業、1985年東京大学大学院工学系研究科修士課程修了。同年NEC入社、「あけぼの」「GEOTAIL」「はるか」「はやぶさ」「あかつき」等の科学衛星全般の開発に従事。日本航空宇宙学会会員。現在NEC宇宙システム事業部シニアマネージャー。

橋本樹明（はしもと・たつあき）
1963年生まれ。1985年東京大学工学部卒業、1990年同大学大学院博士課程修了。工学博士。文部省宇宙科学研究所助手、助教授を経て、2005年より宇宙航空研究開発機構宇宙科学研究所教授。1998～1999年にNASAジェット推進研究所客員研究員。2007年より東京大学大学院工学系研究科電気系工学専攻教授を併任。

堀内康男（ほりうち・やすお）
1964年生まれ。1988年京都大学工学部卒業、1990年東京大学大学院工学系研究科修士課程修了。同年NEC入社、「はやぶさ」「きらり」「だいち」等の人工衛星搭載推進システムの開発に従事。2003年より小型衛星・イオンエンジンの海外事業推進を担当。現在、同社宇宙事業開発戦略室シニアマネージャー。

矢野　創（やの・はじめ）
1967年生まれ。1995年英国ケント大学院物理学研究所宇宙科学科博士課程修了。Ph.D.。2007年PMP認定。文部省宇宙科学研究所・日本学術振興会特別研究員、NASAジョンソン宇宙センター・NRC研究員を経て、1999年より宇宙航空研究開発機構宇宙科学研究所助教。月・惑星探査プログラムグループ事業推進室、研究開発室、システムズ・エンジニアリング室併任。総合研究大学院大学物理科学研究科宇宙科学専攻助教、および慶應義塾大学大学院システムデザイン・マネジメント研究科特別招聘准教授も務める。

山田哲哉（やまだ・てつや）
1993年東京大学大学院工学系研究科航空学専攻博士課程修了。工学博士。日本学術振興会特別研究員。1994年より文部省宇宙科学研究所助手を経て、現在、宇宙航空研究開発機構宇宙科学研究所准教授。

吉光徹雄（よしみつ・てつお）
1970年生まれ。1992年東京大学工学部電子工学科卒業。2000年東京大学大学院工学系研究科電子工学専攻博士後期課程修了。工学博士。同年、文部省宇宙科学研究所助手、現在、宇宙航空研究開発機構宇宙科学研究所宇宙情報・エネルギー工学研究系准教授。

「はやぶさ」プロジェクトの記録

年	月日	内容
1993		「小惑星サンプルリターン・ワーキンググループ」立ち上げ。
1996		第20号科学衛星「ＭＵＳＥＳ-Ｃ」（サンプルリターン技術の実証を目的）の開発スタート。
1998		目的の小惑星を「１９８２ＤＢ」（ネレウス）から「１９８９ＭＬ」に変更。
2000		目的の小惑星を「１９８９ＭＬ」から「１９９８ＳＦ３６」に変更。
2002	09.25	同年12月予定の「ＭＵＳＥＳ-Ｃ」の打ち上げを２００３年5月に延期。
2003	05.09	13時29分25秒、内之浦宇宙空間観測所から打ち上げ（Ｍ-Ｖロケット5号機）。探査機の愛称を「はやぶさ」とする。
	05.27	イオンエンジンにはじめて火をいれる。
	06.25	3台のエンジンを同時に稼働させての加速を開始。スラスタAが不安定なため運転停止。
	08.06	小惑星１９９８ＳＦ３６に「ＩＴＯＫＡＷＡ（イトカワ）」と命名。
2004	05.19	「はやぶさ」地球スイングバイ成功！
	12.09	イオンエンジン作動積算時間2万時間突破！
2005	07.29	「はやぶさ」小惑星イトカワの撮影に成功！
	07.31	3基のリアクションホイールのうち1基（x軸）が故障。
	08.28	イオンエンジン往路完走。
	09.12	イトカワに到着！（距離20kmのゲートポジション）。
	09.30	イトカワから約7キロメートルの距離（ホームポジション）に到着。
	10.02	3基のリアクションホイールのうち1基（y軸）が故障。
	11.04	最初のリハーサル降下。途中異常が発生し降下を中止。
	11.09	航法誘導機能を確認するための降下試験。ターゲットマーカーを分離。
	11.12	2回目のリハーサル降下。超小型探査ロボット「ミネルバ」投下。イトカワへの着陸に失敗。
	11.20	88万人の署名入りターゲットマーカーをイトカワへ投下。第1回タッチダウン。約30分間にわたり、イトカワに不時着していた。
	11.26	2回目のタッチダウン。サンプル採取に成功と発表後、弾丸が発射されていないことが判明。

2005	12.08	燃料漏れのため姿勢が不安定となり、通信が途絶える。
	12.14	帰還予定を２０１０年６月に延期と発表。
2006	01.23	「はやぶさ」からビーコン信号を受信。
	01.26	地球との通信が復活。
	05.31	スラスタＢ、Ｄの起動試験に成功。
	06.02	「はやぶさ」によるイトカワの科学観測成果を科学雑誌『サイエンス』が特集！
2007	01.18	サンプル容器を地球帰還カプセルに収納、蓋閉め完了。
	03.28	スラスタＢ、Ｄの連続運転を開始。
	04.20	スラスタＢの中和電圧が上昇、エンジン停止。スラスタＤの単独運転に切り替え。
	04.25	地球帰還に向けた本格巡航運転を開始。
	07.28	スラスタＣの点火に成功。スラスタＣの単独運転に切り替え。
	10.18	復路第１期軌道変換を完了(イオンエンジン停止)。
2009	02.04	スラスタＤを再点火し、地球帰還へ向け第2期軌道変換を開始。
	11.04	スラスタＤの中和電圧が上昇、エンジン停止。
	11.19	スラスタＡ・Ｂを組み合わせた「クロス運転」に成功。帰還運用再開！
2010	03.27	第２期軌道変換終了。イオンエンジンの連続運転による軌道制御を終了。
	06.09	４回目の軌道修正でオーストラリア・ウーメラ砂漠への精密誘導が完了。
	06.13	午後7時51分(日本時間)、カプセル分離。午後10時51分「はやぶさ」とカプセル大気圏に突入。
	06.14	カプセル回収作業完了。ヒートシールド発見！
	06.18	カプセルのＪＡＸＡ相模原キャンパスへの輸送完了！
	06.24	サンプルコンテナ開封作業を開始。
	07.05	サンプルコンテナ内で微粒子を確認したと発表。
	11.16	見つかった微粒子約１５００個がイトカワ起源であると発表。
2011	01.22	大型放射光施設スプリング８で微粒子の初期分析がスタート。

〈ま・や行〉

〈ら・わ行〉

〈さ行〉

〈か行〉

さくいん

〈数字・欧文〉

〈あ行〉

N.D.C.538　390p　18cm

ブルーバックス　B-1722

小《しょう》惑《わく》星《せい》探《たん》査《さ》機《き》「はやぶさ」の超《ちょう》技《ぎ》術《じゅつ》

プロジェクト立ち上げから帰還までの全記録

2011年3月20日　第1刷発行
2011年8月19日　第5刷発行

監修　川口淳一郎《かわぐちじゅんいちろう》
編者　「はやぶさ」プロジェクトチーム
発行者　鈴木　哲
発行所　株式会社講談社
〒112-8001 東京都文京区音羽2-12-21
電話　出版部　03-5395-3524
販売部　03-5395-5817
業務部　03-5395-3615
印刷所　（本文印刷）慶昌堂印刷株式会社
（カバー表紙印刷）信毎書籍印刷株式会社
製本所　株式会社国宝社

定価はカバーに表示してあります。

ISBN978-4-06-257722-9

発刊のことば

科学をあなたのポケットに

二十世紀最大の特色は、それが科学時代であるということです。科学は日に日に進歩を続け、止まるところを知りません。ひと昔前の夢物語もどんどん現実化しており、今やわれわれの生活のすべてが、科学によってゆり動かされているといっても過言ではないでしょう。

そのような背景を考えれば、学者や学生はもちろん、産業人も、セールスマンも、ジャーナリストも、家庭の主婦も、みんなが科学を知らなければ、時代の流れに逆らうことになるでしょう。

ブルーバックス発刊の意義と必然性はそこにあります。このシリーズは、読む人に科学的に物を考える習慣と、科学的に物を見る目を養っていただくことを最大の目標にしています。そのためには、単に原理や法則の解説に終始するのではなくて、政治や経済など、社会科学や人文科学にも関連させて、広い視野から問題を追究していきます。科学はむずかしいという先入観を改める表現と構成、それも類書にないブルーバックスの特色であると信じます。

一九六三年九月

野間省一